Glasbau-Praxis Band 1

Jetzt diesen Titel zusätzlich als E-Book downloaden und 70 % sparen!

Als Käufer dieses Buchtitels haben Sie Anspruch auf ein besonderes Kombi-Angebot: Sie können den Titel zusätzlich zum Ihnen vorliegenden gedruckten Exemplar für nur 30 % des Normalpreises als E-Book beziehen.

Der BESONDERE VORTEIL: Im E-Book recherchieren Sie in Sekundenschnelle die gewünschten Themen und Textpassagen. Denn die E-Book-Variante ist mit einer komfortablen Volltextsuche ausgestattet!

Deshalb: Zögern Sie nicht. Laden Sie sich am besten gleich Ihre persönliche E-Book-Ausgabe dieses Titels herunter.

In 3 einfachen Schritten zum E-Book:

❶ Rufen Sie die Website **www.beuth.de/e-book** auf.

❷ Geben Sie hier Ihren persönlichen, nur einmal verwendbaren E-Book-Code ein:

2239688B791KC2A

❸ Klicken Sie das „Download-Feld" an und gehen dann weiter zum Warenkorb. Führen Sie den normalen Bestellprozess aus.

Hinweis: Der E-Book-Code wurde individuell für Sie als Erwerber dieses Buches erzeugt und darf nicht an Dritte weitergegeben werden. Mit Zurückziehung dieses Buches wird auch der damit verbundene E-Book-Code für den Download ungültig.

Prof. Dr.-Ing. Bernhard Weller
Dipl.-Ing. Philipp Krampe
Dr.-Ing. Stefan Reich

Glasbau-Praxis

Konstruktion und Bemessung

Band 1

Grundlagen

3., überarbeitete und erweiterte Auflage

Beuth Verlag GmbH · Berlin · Wien · Zürich

Bauwerk

© 2013 Beuth Verlag GmbH
Berlin · Wien · Zürich
Am DIN-Platz
Burggrafenstraße 6
10787 Berlin

Telefon: +49 30 2601-0
Telefax: +49 30 2601-1260
Internet: www.beuth.de
E-Mail: info@beuth.de

Druck und Bindung:
Medienhaus Plump GmbH, Rheinbreitbach

Gedruckt auf säurefreiem, alterungsbeständigem Papier nach DIN EN ISO 9706.

ISBN 978-3-410-22396-2

Vorwort

Konstruktiver Glasbau ist der Schwerpunkt von Forschung und Lehre am Institut für Baukonstruktion der Technischen Universität Dresden. Seit vielen Jahren wird das erarbeitete Wissen in Fachaufsätzen und Lehrbüchern veröffentlicht.

Für regelmäßige Weiterbildungen bei den Fachverbänden BF und FKG, bei den Berufsverbänden VBI und VDI sowie bei nahezu allen deutschen Ingenieurkammern wurden die Inhalte der >Glasbau-Praxis< in zwei Bänden erarbeitet.

Band 1 vermittelt einfach und verständlich die Grundlagen des Konstruktiven Glasbaus. Für die analytische Lösung werden die Berechnungstafeln erweitert. Texte der Normen und Regelwerke sind im Originalabdruck wiedergegeben.

Band 2 erklärt praxisgerecht das Bemessen und Konstruieren anhand zahlreicher prüffähiger Berechnungen, die ausführlich Schritt für Schritt mit Hinweisen auf die zugrunde liegenden Normen und Regelwerke nachvollzogen werden.

Die neue Normenreihe DIN 18008 in den Teilen 1 bis 5 ist Grundlage der Bücher. Alle Teile des Werkes sind entsprechend aktualisiert und umgestellt. Alle Lastannahmen folgen den kürzlich eingeführten Eurocodes EC 0 und EC 1.

Neben der schrittweisen Vorführung der Bemessung ist die differenzierte Darstellung von Glasbau-Konstruktionen, oft in Übersichts- und Detailzeichnungen der entsprechenden Ausführungsplanung, ein weiterer Schwerpunkt des Werkes.

Text und Bild folgen in der Gestaltung den bewährten Vorgaben des Layouts: Zum schnelleren Verständnis und zur Orientierung bei der Erarbeitung hilft die Kommentarspalte mit zahlreichen Hinweisen zu Literatur und Regelwerken.

Die Ausrichtung, aber auch die Begrenzung, auf die Erstellung prüffähiger Berechnung von tragenden Glaskonstruktionen erfordert, dass auf die Nachweise des Brandschutzes, des Wärmeschutzes und des Schallschutzes verzichtet wird.

Grundlage der Bücher ist eine umfassende Sammlung prüffähiger Berechnungen und Ausführungsdetails für den Glasbau, die Dr. Thomas Schadow maßgeblich und vorbildlich
am Dresdner Institut für Baukonstruktion aufbereitet hat.

Unter Federführung von Dr. Thorsten Weimar wurden Inhalt
und Umfang dieser Sammlung deutlich vermehrt und unter
dem Titel >Glasbau-Praxis< veröffentlicht. Als weitere Autoren kamen Felix Nicklisch und Sebastian Thieme hinzu.

Das Buch war rasch vergriffen. Eine zweite Auflage konnte
unter Mitarbeit von Kristina Härth, Philipp Krampe und Jan
Wünsch verwirklicht werden. Die Sammlung der Beispiele
wurde jetzt um einen einführenden Grundlagentext erweitert.

In der dritten Auflage haben Philipp Krampe und Dr. Stefan
Reich die Grundlagen in Band 1 weitgehend neu erarbeitet.
Aktualisierung und Erweiterung der Beispiele in Band 2 ha-
ben Michael Engelmann und Felix Nicklisch übernommen.

An dieser Stelle sei den Autoren der Vorauflagen wie auch
den Autoren der hier vorgelegten Neuausgabe in zwei Bänden für die vielen Jahre konstruktiver Zusammenarbeit am
Dresdner Institut sehr herzlich und sehr nachhaltig gedankt.

Weiterer Dank gebührt Frau Theresa Leschik, Frau Franzis-
ka Rehde sowie Herrn Johannes Hinz für die Zeichnungen.
Lob verdienen die Mitarbeiter des Beuth Verlages für die
gute Zusammenarbeit bei der Herstellung der Neuauflage.

Autoren und Verlag danken sehr für die Anregungen und
Zuschriften aus dem Kreis der Leser. Um weitere kritische
Anmerkungen und Vorschläge wird gebeten. Die Fortent-
wicklung der beiden Bände gewinnt so sehr an Qualität.

Dresden, März 2013

Bernhard Weller

Inhaltsverzeichnis

1 Konstruieren mit Glas

1.1 Glas als Baustoff

1.1.1 Definition von Glas

Heutige Anforderungen der Architektur an erhöhter Transparenz und ausgefallenen Konstruktionen aus Glas erfordern von den planenden und ausführenden Ingenieuren die Beschäftigung mit einem in der Ausbildung und in der Breite der Praxis bislang vernachlässigten und kaum beachteten Werkstoff. Glas nimmt in den tagtäglichen Bemessungsaufgaben von Ingenieurbüros nicht den gleichen Stellenwert oder Aufmerksamkeit wie die „traditionellen" Materialien Holz, Stahl oder Stahlbeton ein. Doch gerade der Werkstoff Glas setzt aufgrund seiner besonderen mechanischen, optischen und bauphysikalischen Eigenschaften eine genaue Kenntnis voraus.

Darüber hinaus erfordern nicht nur die besonderen mechanischen Eigenschaften in statisch-konstruktiver Hinsicht, sondern auch der vorrangige Einsatz von Glasbauteilen in der Gebäudehülle als raumabschließendes Element Fragestellungen über die der Tragfähigkeit und Gebrauchstauglichkeit hinaus. Bauphysikalische und optische Aspekte bleiben im Rahmen dieses Buches allerdings unberücksichtigt.

Im Bauwesen werden vorrangig Kalk-Natronsilicatgläser nach DIN EN 572-1 und Borosilicatgläser nach DIN EN 1748 für besondere Anwendungen verwendet. Die Bezeichnung der Glasarten richtet sich dabei nach den chemischen Stoffgruppen der Bestandteile. Eine allgemeine Definition für Glas ist in DIN 1259-1 aufgeführt. Demnach ist Glas ein

Das wesentliche Einsatzgebiet von Borosilicatglas besteht in Brandschutzverglasungen.

„anorganisches nichtmetallisches Material, das durch völliges Aufschmelzen einer Mischung von Rohmaterialien bei hohen Temperaturen erhalten wird, wobei eine homogene Flüssigkeit entsteht, die dann bis zum festen Zustand abgekühlt wird, üblicherweise ohne Kristallisation."

1.1.2 Allgemeine Eigenschaften von Glas

[Wagner 2008]

Die wesentlichen Kennwerte von Glas werden in den entsprechenden Produktnormen definiert. Darüber hinaus liefert weiterführende Literatur andere, für die Planung hilfreiche Angaben zu nicht alltäglich genutzten Eigenschaften. Die in den Regelwerken angegebenen Werte sind für alle Hersteller und Produkte verbindlich. Die Literaturangaben können im Einzelfall Schwankungen und Abweichungen unterliegen.

Tabelle 1.1
Allgemeine Eigenschaften von Glas
[a] nach DIN EN 572
[b] nach DIN EN 1748
[c] nach DIN 18008-1
[d] [Wagner 2008]
[e] nach DIN EN 410
[f] [Kerkhof 1970]

Eigenschaft	Einheit	Kalk-Natron-silicatglas[a]	Borosilicat-glas[b]
Dichte ρ	kg/m^3	2500	2200 – 2500
Härte (Knoop) $HK_{0,1/20}$	N/mm^2	6000	4500 – 6000
Ritzhärte (Mohs)	–	5 – 6	k. A.
Elastizitätsmodul E	N/mm^2	70000	60000 – 70000
Poissonzahl ν	–	0,20 / 0,23[c]	0,20
Charakteristische Biegezugfestigkeit f_k	N/mm^2	45	45
Druckfestigkeit[d]	N/mm^2	700 – 900	k. A.
Spezifische Wärmekapazität c	J/(kg·K)	720	800
Wärmeleitfähigkeit λ	W/(m·K)	1,00	1,00
Mittlerer thermischer Ausdehnungskoeffizient α_T	K^{-1}	$9{,}0 \cdot 10^{-6}$	$3{,}1 - 6{,}0 \cdot 10^{-6}$
Temperaturwechsel-beständigkeit	K	40	80
Brechungsindex n	–	1,50	1,50
Lichttransmission τ_L für 4 mm Dicke[e]	–	0,87	k. A.
Gesamtenergiedurchlass-grad g für 4 mm Dicke[e]	–	0,80	k. A.
Emissivität ε	–	0,837	0,837
Maximale Rissausbrei-tungsgeschwindigkeit	m/s	1520[f]	k. A.

Die Eigenschaften von Glas lassen sich in verschiedene Kategorien einteilen. Neben den mechanischen Kennwerten wie Dichte, Elastizitätsmodul und Querkontraktion sind hauptsächlich die optischen und thermischen Eigenschaften von besonderem Interesse. Zu den wesentlichen optischen Kennwerten zählen die Lichttransmission, Reflektion, Absorption und die Brechung. Hiermit lassen sich vor allem die

Transparenz und der Energiedurchlass von verschiedenen Verglasungen beschreiben. Die thermischen Eigenschaften wie Wärmeleitfähigkeit und Emissivität genügen heutigen Anforderungen hinsichtlich der Energieeinsparung nicht. Besondere bauphysikalische Erfordernisse des Wärme- und Sonnenschutzes können nur durch beschichtete, gefügte und anderweitig weiterverarbeitete Glasprodukte wie dem Mehrscheiben-Isolierglas erreicht werden.

Die Festigkeit von Glas, eine der für den Tragwerksplaner wesentlichen Eigenschaften, lässt sich beim Glas nicht als eine feste mechanische Kenngröße definieren. Die Glasfestigkeit ist immer von der qualitativen Beschaffenheit seiner Oberfläche und zahlreichen weiteren Faktoren abhängig.

1.1.3 Chemische Zusammensetzung

Handelsübliche Baugläser wie Kalk-Natron- und Borosilicatglas gehören zu den Alkali-Kalk-Silikatgläsern und bestehen aus maximal fünf bis sechs verschiedenen Elementen. Grundbaustein ist das Siliziumoxid (SiO_2) mit einem Massenanteil von etwa 70 %. Alkalien wie Natriumoxid (Na_2O) und Kaliumoxid (K_2O) senken die Schmelztemperatur von Kieselglas, setzen aber gleichzeitig die chemische Beständigkeit herab. Diese wird durch die Zugabe von Erdalkalien wie Calciumoxid (CaO), Magnesiumoxid (MgO) oder Aluminiumoxid (Al_2O_3) wieder angehoben.

Kieselglas ist reines SiO_2 mit einer unregelmäßigen Struktur.

Bestandteil	Name	Kalk-Natron-silicatglas[a]	Borosilicatglas[b]
SiO_2	Siliziumoxid	69 % – 74 %	70 % – 87 %
CaO	Calziumoxid	5 % – 14 %	–
B_2O_3 / SrO	Bortrioxid	–	7 % – 15 %
Na_2O / K_2O	Natriumoxid Kaliumoxid	10 % – 16 %	0 % – 8 %
MgO	Magnesiumoxid	0 % – 6 %	–
Al_2O_3	Aluminiumoxid	0 % – 3 %	0 % – 8 %

Tabelle 1.2
Bestandteile und chemische Zusammensetzung von Glas
[a] nach DIN EN 572-1
[b] nach DIN EN 1748-1

Weiter bewirkt eine Zugabe von Altglas eine weitere Herabsetzung der Schmelztemperatur und somit eine Energieeinsparung im Herstellungsprozess. Der Anteil an Recyclingmaterial aus der Flachglasproduktion und -bearbeitung beträgt bis zu 25 %, je nach Verfügbarkeit der Glasreste.

Die Beimischung von Bortrioxid (B_2O_3) erhöht die Schockbeständigkeit gegen schnelle Temperaturwechsel (Temperaturwechselbeständigkeit) und senkt gleichzeitig den thermischen Ausdehnungskoeffizienten. Beides begünstigt einen Einsatz von Borosilicatglas für Anwendungen von Glas bei hohen Temperaturen wie zum Beispiel bei Brandschutzverglasungen. Weitere Zuschläge von Metallen, Alkalien oder Erdalkalien in Mindermengen bewirken unterschiedliche Veränderungen der Eigenschaften. Metalloxide beeinflussen in der Regel die optischen Eigenschaften in Form von Trübungen, Einfärbungen oder Veränderungen der Brechung. Handelsübliches Bauglas erscheint immer leicht grünlich, wobei dieser Effekt mit größerer Scheibendicke zunimmt. Dieses liegt an geringen, herstellungsbedingten Mengen an Eisenoxiden, die nur durch die Verwendung von Ausgangsstoffen mit hohem Reinheitsgrad oder aufwendiger Reinigung der Bestandteile reduziert werden können.

Bei Gläsern mit reduziertem Eisenoxidanteil spricht man von eisenarmem Glas oder Weißglas.

Tabelle 1.3
Bestandteile in Mindermengen und ihre Auswirkungen

Wirkung / Veränderung	Bestandteil
Thermische Eigenschaften	Bortrioxid (B_2O_3)
Mechanische Eigenschaften	Aluminiumoxid (Al_2O_3)
Chemische Beständigkeit	Magnesiumoxid (MgO)
Optische Eigenschaften - Färbung	Kupfer (Cu^{2+}), Chrom (Cr^{3+} / Cr^{6+}), Mangan (Mn^{3+}), Titan (Ti^{3+}), Eisen (Fe^{2+} / Fe^{3+}), Kobalt (Co^{2+} / Co^{3+}), Vanadium (V^{3+})
Optische Eigenschaften - Brechung	Bleioxid (PbO), Bariumoxid (BaO)

[Zachariasen 1932], [Zachariasen 1933], [Petzold 1990] und [Scholze 1988]

Zur Beschreibung des molekularen Aufbaus von Glas existieren in der Literatur verschiedene Modelle. Zur Erklärung der wesentlichen Eigenschaften erweist sich das Modell von Zachariasen von 1932 als besonders geeignet, welches nachfolgend beschrieben wird.

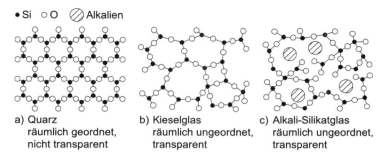

● Si ○ O ⊘ Alkalien

a) Quarz
   räumlich geordnet,
   nicht transparent

b) Kieselglas
   räumlich ungeordnet,
   transparent

c) Alkali-Silikatglas
   räumlich ungeordnet,
   transparent

Bild 1.1
Molekular-struktureller
Aufbau von Glas im
Vergleich
[Zachariasen 1933]

In einem Siliziumoxidkristall oder Quarz verbindet sich jedes Sauerstoff-Ion mit zwei Silizium-Ionen. Die Struktur besteht dann aus einem räumlich regelmäßigen Gitter, welches aus Siliziumoxid-Tetraedern aufgebaut ist. Im Gegensatz zu Quarzkristall besitzt Kieselglas ein räumlich unstrukturiertes Netzwerk. Beim Alkali-Silikatglas, zu dem handelsübliches Flachglas zählt, wird diese räumliche Unordnung zusätzlich durch Alkalioxide aufgesprengt. Die Struktur besteht somit aus einem räumlich zufällig verteilten Netzwerk von SiO_4-Tetraedern, den Netzwerkbildnern, mit einer Einbettung von Alkalioxiden als Netzwerkwandler. Die Netzwerkwandler bewirken, dass sich in deren Nachbarschaft die Silizium-Ionen nur mit einem Sauerstoff-Ion verbinden.

Weiter wird neben dem ungeordneten Netzwerk ebenfalls eine statistisch räumliche Verteilung der Netzwerkwandler angenommen. Dieses begründet die Isotropie des Werkstoffs. In einem hinreichend großen Volumenelement sind alle Bausteine und somit die Richtungen der Eigenschaften statistisch gleich verteilt. Im Gegensatz zu einem Silizium-Quarzkristall weist Glas allerdings keine Fernordnung seiner molekularen Struktur auf. Einzig in der Nahordnung lässt sich eine Regelmäßigkeit erkennen. Glas ist daher auch den amorphen Materialien zuzuordnen.

Fernordnung bezeichnet gleiche geometrische Bindungsverhältnisse in Stoffen in unendlicher Ausdehnung wie bei reinen Kristallen. Bei einer Nahordnung besteht keine Korrelation der Verhältnisse zum übernächsten Nachbarn wie bei Flüssigkeiten.

Ein wesentlicher Effekt lässt sich mit dem Modell des ungeordneten Netzwerkes aber beschreiben. Ideale Kristalle weisen mit zunehmender Erwärmung ab einer bestimmten Temperatur Sprünge in ihren Eigenschaften auf (Bild 1.2). So nimmt beispielsweise das Volumen neben anderen Eigenschaften ab der Umwandlungs- T_U und Schmelztemperatur T_S sprungartig zu. Gleiches gilt für den reversiblen Vorgang der Abkühlung. Bei einem regelmäßigen Gitter aus gleichen Bausteinen wie bei Kristallen oder Metallen weisen alle atomaren Bindungen ein annähernd gleiches Energieniveau auf. Alle Moleküle weisen die gleiche Schwingungsamplitude bei Erwärmung auf. Bei der Schmelztemperatur werden dann die Bindungen fast gleichzeitig gelöst.

Bei Erwärmung von Gläsern über die Schmelztemperatur hinaus bildet sich kein solcher Sprung, sondern ein kontinuierlicher Übergang aus. Die Annahme des räumlich ungeordneten Netzwerks liefert für dieses Verhalten die Antwort, weil in einer solchen Struktur nicht nur die Bausteine unregelmäßig verteilt sind, sondern auch verschiedene und verschieden starke atomare Bindungsarten vorliegen. Diese werden nicht schlagartig bei einer diskreten Temperatur, sondern nach und nach in einem Temperaturintervall, dem Transformationsbereich, aufgespalten. Gläser weisen keinen Schmelzpunkt im thermodynamischen Sinne auf, sondern gehen bei Erwärmung vom festen über einen plastischviskosen in den geschmolzenen Zustand über. Diese rheologische Eigenschaft ist Voraussetzung zur Herstellung von thermisch vorgespannten Gläsern.

Bei der Transformationstemperatur nimmt die Verformbarkeit von Glas schnell zu. Dieses entspricht einer Viskosität von etwa 10^{12} Pa·s.

Bild 1.2
Glasverhalten bei Temperatursteigerung im Vergleich zu Kristallen
T_U Umwandlungstemperatur
T_G Transformationstemperatur
T_S Schmelztemperatur

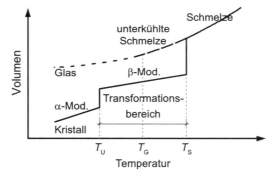

[Petzold 1990] und [Scholze 1988]

Beim Vorgang der Abkühlung ist die relativ rasche Viskositätszunahme ab der Transformationstemperatur T_G der Grund für die fehlende Kristallisation von Glas. Für diese muss ein ausreichend langer Zeitraum mit einer Viskosität unterhalb eines bestimmten Niveaus vorliegen, damit sich die Moleküle in einer geregelten Form anordnen können. Erst dann können sich sogenannte Kristallisationskeime bilden. Dieser Zeitraum ist bei Glas nicht ausreichend lang. Zur fehlenden Kristallisation kommt noch hinzu, dass sich unterhalb der Schmelztemperatur bei zunehmender Viskosität und somit verringerter Bewegungsmöglichkeit der Moleküle kein thermodynamisches Gleichgewicht mehr einstellt. Es liegt dann der sogenannte metastabile Zustand einer unterkühlten Flüssigkeit vor. Die zugehörige metastabile Gleichgewichtskurve läuft asymptotisch aus, weil ab einer bestimmten Viskosität Platzwechselvorgänge zur Erreichung eines Gleichgewichtszustands nicht mehr möglich sind.

Es muss aber angemerkt werden, dass das Modell nach Zachariasen nicht zur Erklärung aller Phänomene ausreicht und somit der Erweiterung bedarf.

[Petzold 1990] und [Scholze 1988]

1.1.4 Transparenz

Seiner Transparenz räumt Glas einen besonderen Stellenwert unter den Baustoffen ein. Glas ist für die Wellenlängen des sichtbaren Bereichs des elektromagnetischen Spektrums durchlässig. Infrarot- und UV-Strahlung werden dagegen fast vollständig in ihrem Durchgang geblockt. Dieses wird zum einen durch das Fehlen von Phasengrenzen oder Teilkristallisationen mit Größen im sichtbaren Bereich ermöglicht. Sollten wie nach einigen Theorien teilkristallisierte oder entmischte Bereiche mit Phasengrenzen vorliegen, so sind diese kleiner als 380 nm, was der unteren Grenze der Wellenlänge des sichtbaren Lichtspektrums entspricht.

[Petzold 1990] und [Scholze 1988]

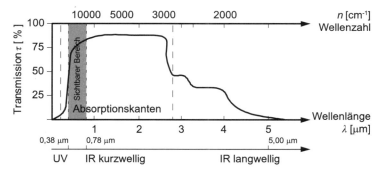

Bild 1.3
Transmission- und Absorptionskurven in Abhängigkeit der Wellenlänge

Weiterhin weist Glas im sichtbaren Bereich des elektromagnetischen Spektrums eine sogenannte Bandlücke auf. Sichtbares Licht als elektromagnetische Strahlung in Form von Photonen tritt mit den Elektronen oder Kernen von Atomen in Wechselwirkung. Eine Absorption von Photonen ist nur bei bestimmten Energieniveaus und somit bestimmten Wellenlängen des Lichts möglich. Die Bindungsverhältnisse

Ausgelöschte Farben erscheinen immer im Komplementärkontrast, d. h. erscheint das Glas grün, wird die Wellenlänge absorbiert, die der roten Farbe entspricht.

innerhalb des Glases erlauben keine Absorption von Photonen mit Wellenlängen des sichtbaren Lichts. Abweichend davon absorbieren Mindermengen von Metalloxiden im Glas das Licht in bestimmten Wellenlängen und lassen somit das Glas gefärbt erscheinen.

1.1.5 Sprödigkeit

Bedingt durch den strukturellen Aufbau zeigt Glas ein ausgeprägt sprödes Materialverhalten. Glas verhält sich bis zur Bruchdehnungsgrenze von etwa 0,10 % ideal linear-elastisch. Plastisches Verhalten stellt sich wie bei metallischen Werkstoffen nicht ein. Bei Erreichen der Dehngrenze brechen die atomaren Bindungen des Werkstoffs schlagartig, irreversibel und ohne vorherige Ankündigung durch plastische Verformungen auf. Dieses Verhalten erfordert gegenüber Werkstoffen mit plastischem Arbeitsvermögen besondere Aufmerksamkeit und räumt Glas eine Sonderstellung in statisch-konstruktiver Hinsicht ein.

Bild 1.4
Qualitative Darstellung der Spannungs-Dehnungs-Diagramme von Glas und Stahl im Vergleich

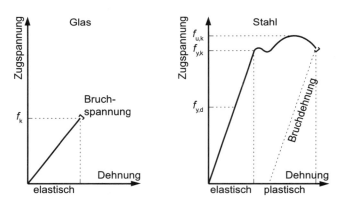

Durch eine Vorspannung ergibt sich keine Veränderung der elastischen Eigenschaften. Nur die Beanspruchbarkeit des Produktes wird gesteigert.

1.2   Festigkeit von Glas

1.2.1   Bruchmechanik

Die Festigkeit von Glas lässt sich nicht als Materialkennwert wie bei anderen Werkstoffen definieren. Sie ist von der Größe und Form der Kerben, Fehlstellen und Risse in der zugbeanspruchten Oberfläche abhängig. Somit spielt die Qualität der Oberfläche eine wesentliche Rolle für die Festigkeit von Glas.

Diese Zusammenhänge zwischen wirkender Spannung und Oberflächendefekt lassen sich mit der Bruchmechanik sehr gut beschreiben. Die Bruchmechanik erlaubt Aussagen über das mechanische Verhalten der Werkstoffe bis auf die molekulare Ebene beziehungsweise die Betrachtung und Berücksichtigung von Fehlern in Form von Rissen oder Kerben im Material. Bei Werkstoffen mit einem plastischen Arbeitsvermögen sind Risse und Kerben bei makroskopischer Betrachtung wegen der Möglichkeit des Spannungsabbaus beziehungsweise der Spannungsumlagerung durch Fließvorgänge nicht weiter von Bedeutung. Bei spröden Materialien können sich dagegen Spannungsspitzen an den Unstetigkeitsstellen der Defekte nicht umlagern oder abbauen. Diese Spannungen bauen sich an diesen Stellen vielmehr überproportional stark auf, und der Bruch tritt dort ein.

Glas lässt sich daher aufgrund seines Sprödbruchverhaltens nur mit den Methoden der Bruchmechanik zuverlässig und zufriedenstellend beschreiben. Darüber hinaus sind aufgrund der linear-elastischen Spannungs-Dehnungs-Beziehung weitere direkte Vorgaben der linear-elastischen Bruchmechanik erfüllt. Für die weiteren Betrachtungen sind als wirkende Spannungen immer Zugspannungen gemeint, weil diese eine Rissaufweitung und einen Rissfortschritt bewirken. Oberflächendruckspannungen verschließen solche Fehlstellen und sind somit bruchmechanisch günstig.

Mit bruchmechanischen Methoden lässt sich mit Energiebilanzen im molekularen Bereich die maximal mögliche Bruch- oder Zerreißspannung ermitteln. Die makroskopische Zugfestigkeit wird diesen Wert wegen der direkten Berücksichtigung der molekularen Bindungskraft zwischen zwei Atomen nie überschreiten. Bei einem mikroskopischen Zerreißvor-

Die Herleitungen und die zugehörige Nomenklatur stammen aus [Kerkhof 1970], wenn nicht anders angegeben.

gang auf molekularer Ebene muss die gegen die kohäsiven Bindungskräfte der Atome geleistete Arbeit gleich der Oberflächenenergie der zwei neu entstandenen Bruchflächen sein. Aus diesem Gleichgewicht lässt sich dann die theoretische Festigkeit ermitteln:

$$2 \cdot \frac{\sigma_F^2}{E} \cdot r_0 = 2 \cdot \alpha \qquad \Rightarrow \qquad \sigma_F = \sqrt{\frac{E \cdot \alpha}{r_0}}$$

σ_F molekulare Festigkeit [N/mm^2]

E Elastizitätsmodul des Glases [N/mm^2]

α freie spezifische Oberflächenenergie [N/mm^2·m]

r_0 mittlerer Ionenabstand [m]

[Demischew 1966]   Mit den Werten E = 70000 N/mm^2, α = 0,30 · 10^{-6} N/mm^2 und r_0 = 2 · 10^{-10} m ergibt sich eine theoretische Festigkeit von etwa σ_F = 10000 N/mm^2. Diese theoretische Festigkeit setzt ein fehlerfreies und homogenes Material voraus, welches in der Realität nicht vorhanden ist. Wenn an der Spitze eines Risses vorausgesetzt wird, dass dieser bei einer Kerbspannung gleich der molekularen Festigkeit weiter aufreißt, kann auf die makroskopische Gebrauchsfestigkeit geschlossen werden:

$$\sigma_G = \sqrt{\frac{E \cdot \alpha}{a}}$$

σ_G Gebrauchsfestigkeit [N/mm^2]

a Anfangsrisstiefe [m]

Die Variablen E und α stellen feste Materialkennwerte dar. Die einzige, messbare Größe ist die Anfangsrisstiefe. Somit ist es möglich, eine Festigkeitsabnahme in Abhängigkeit der Risstiefe zu definieren, beziehungsweise kann bei einer vorgegebenen Spannung auf die Größe des bruchauslösenden Defekts geschlossen werden. Daraus kann weiter bei einer Berücksichtigung von kinematischen Energieanteilen während des Zerreißvorgangs die theoretische, maximale Rissausbreitungsgeschwindigkeit ermittelt werden:

[Kerkhof 1970]

$$v_{B,max} = 2 \cdot \sqrt{\frac{\alpha}{\rho \cdot r_0}}$$

$v_{B,max}$ Rissausbreitungsgeschwindigkeit [m/s]

ρ Dichte [kg/m^3]

Mit den Werten ρ = 2500 kg/m^3, α = 0,30 $\cdot$ 10^{-6} N/mm^2 und r_0 = 2 $\cdot$ 10^{-10} m ergibt sich eine mit Messergebnissen sehr gut übereinstimmende maximale Rissausbreitungsgeschwindigkeit von $v_{B,max}$ = 1520 m/s für Kalk-Natronsilicatglas.

Die Verhältnisse bei Bruchbeginn mit dem Anstieg der Rissausbreitungsgeschwindigkeit bis auf einen maximalen Wert ermöglichen die Methoden der Bruchspiegelanalyse oder Fraktographie. Die Beschleunigung der Rissausbreitungsgeschwindigkeit nimmt in Abhängigkeit der wirkenden Spannung zu. In Bereichen des anlaufenden Risses ist die Bruchoberfläche glatt. In Bereichen hoher Geschwindigkeiten raut die Fläche auf, und bei Erreichen der maximalen Rissausbreitungsgeschwindigkeit verzweigt sich der Riss. Die Weglänge l vom Bruchursprung bis zur sogenannten Rauzone ist proportional zu $1/\sigma^2$ beziehungsweise das Produkt $\sigma^2 \cdot l$ ist stets konstant. Der resultierende Wert ist die Bruchspiegelkonstante.

Besonders deutlich wird dieses Verhalten bei Einscheibensicherheitsglas (ESG). Durch die Vorspannung liegt eine hohe gespeicherte Spannung beziehungsweise ein hohes inneres Energieniveau vor. Der anlaufende Riss beschleunigt sehr schnell und erreicht bereits nach einer sehr kurzen Wegstrecke die maximale Ausbreitungsgeschwindigkeit und verzweigt sich anschließend. Dadurch ergibt sich das sehr krümelige Bruchbild beim ESG.

Die praktische Festigkeit von Glas liegt um einige Größenordnungen unterhalb der theoretischen. Ursächlich für diese Festigkeitsabnahme sind Risse in der zugbeanspruchten Oberfläche des Materials. Vor einer Kerbspitze nehmen die Spannungen im Festkörper überproportional zu.

Bild 1.5
Spannungszunahme an
der Kerb- oder Riss-
spitze

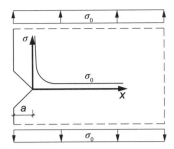

Die allgemeinen Grund-
lagen der Bruchmecha-
nik wurden von Griffith
entwickelt.

Dieser Spannungsanstieg ist von der Form dieses Defekts
abhängig. Je geringer der Radius, das heißt je spitzer die
Kerbe ist, desto stärker steigen die Spannungen an. Gleiches gilt für die Tiefe des Defekts. In bruchmechanischer
Hinsicht sind die Schärfe der Kerbe und seine Tiefe über
den folgenden Zusammenhang äquivalent:

$$\sigma = 2 \cdot \sigma_0 \cdot \sqrt{\frac{a}{r_k}}$$

σ_0 von außen wirkende Spannung [N/mm^2]

r_k Radius der Kerbspitze [m]

Die Einführung von K_I
ist eine Weiterentwick-
lung der Grundlagen
von Griffith durch Irwin.

Beim Übergang von der Kerbe zum Riss ($r_0 \rightarrow 0$) ist dieser
Anstieg mit den Mitteln der Kerbspannungslehre nicht mehr
quantitativ beschreibbar. Erst durch die Einführung des
Spannungsintensitätsfaktors K_I ist eine Berechnung möglich.
Der Spannungsintensitätsfaktor ist abhängig von der Riss-
öffnungsart beziehungsweise welche rissöffnende Spannung
vorliegt. In der linear-elastischen Bruchmechanik werden
drei verschiedene Rissöffnungsarten betrachtet.

Bild 1.6
Rissöffnungsarten und
verursachende Span-
nungen

Modus I:
Aufklaffung

Modus II:
Längsscherung

Modus III:
Querscherung

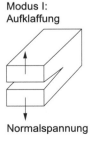

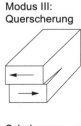

Normalspannung

Schubspannung

Schubspannung

Spröde Werkstoffe wie Glas folgen hinsichtlich der Bruchausbreitung dem Normalspannungsgesetz. Nach diesem öffnet sich der Riss, bei dem der Winkel zwischen der Rissachse und der Hauptzugspannung eine Senkrechte bildet. Allerdings ist in einem realen Material diese Modellvorstellung nicht gegeben, sondern es liegen Risse mit verschiedenen Geometrien und Winkeln zur Hauptzugspannung statistisch verteilt vor. Allerdings wird sich in diesem Fall der Riss im Verlauf der Bruchausbreitung mit seiner Ausrichtung neigen, bis Rissneigung und Spannung wieder normal zueinander stehen. Alle weiteren Betrachtungen beschränken sich daher auf den Modus I der Rissöffnungsarten. Der Intensitätsfaktor ist dann definiert zu:

[Kerkhof 1970]

$$K_I = \sigma_0 \cdot f \cdot \sqrt{a}$$

K_I Spannungsintensitätsfaktor [N/mm$^2 \cdot$m$^{1/2}$]
f Formfaktor, gebräuchlich 1,99

Der Spannungsintensitätsfaktor stellt im Gegensatz zur Festigkeit einen echten Materialparameter dar. Wenn σ_0 einen Wert erreicht, bei dem der Bruch eintritt, ist der zugehörige K_I der kritische Spannungsintensitätsfaktor K_{Ic}. Die zu K_{Ic} zugehörige Rissausbreitungsgeschwindigkeit ist stets die maximale Rissausbreitungsgeschwindigkeit $v_{B,max}$.

In der Literatur wird dieser Wert K_{Ic} auch als Bruchzähigkeit bezeichnet.

Werkstoff	K_{Ic} [N/mm$^2 \cdot$m$^{1/2}$]
Glas	0,78
Beton	0,20 – 1,40
Stahl	50
Aluminium	14 – 28

Tabelle 1.4
Spannungsintensitätsfaktoren K_{Ic} für verschiedene Werkstoffe

Das Risswachstum verlangsamt sich bei Spannungsintensitätsfaktoren, die unter dem kritischen Wert liegen. Die jeweilige, logarithmierte Geschwindigkeit log v_B ist in guter Näherung in einem weiten Bereich direkt proportional zum vorliegenden Intensitätsfaktor K_I. Dieser Effekt des sogenannten subkritischen Risswachstums wird auch als Spannungskorrosion bezeichnet und stellt eine Ermüdung des Werkstoffs dar. Unter konstanten Dauerspannungen führen durch diese

Andere Autoren nehmen eine Veränderung der Rissspitzengeometrie an, was aber mit einer Rissverlängerung äquivalent ist.

begünstigt chemische Prozesse am Kerbgrund zu einer langsamen Verlängerung des ursprünglichen Anfangsrisses und somit über den gezeigten Zusammenhang zu einer Erhöhung der Spannung an der Rissspitze. Ab einer kritischen Risslänge tritt ein spontaner Bruch des Bauteils ein.

Bild 1.7
Rissausbreitungsgeschwindigkeit v_B in Relation zum Intensitätsfaktor K_I [Wiederhorn 1967]

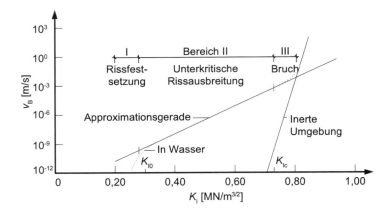

Die Spannweite des Bereichs II ist in einem sehr hohen Maße von den jeweiligen Umgebungsbedingungen wie der relativen Luftfeuchtigkeit, der Temperatur oder der einwirkenden Lösung abhängig. Die tatsächlichen Mechanismen der Ermüdung sind nicht geklärt, allerdings liegt wohl eine Kombination verschiedener Einflüsse vor. Der Zusammenhang zwischen Rissausbreitungsgeschwindigkeit und Intensitätsfaktor lässt sich nicht bruchmechanisch herleiten, sondern nur mit einer empirischen Gleichung angeben:

$$v_B = S \cdot K_I^n$$

S Materialkonstante aus Versuchen $[m/(s \cdot [N/mm^2 \cdot m^{-1/2}]^n)]$

n Materialkonstante aus Versuchen [-]

Tabelle 1.5
Materialkonstanten S und n in Abhängigkeit der Umgebungsbedingungen

Umgebung	S [m/(s·[N/mm²·m$^{-1/2}$]n)]	n [-]
Wasser 25 °C	5,00	16,0
50 % rel. Feuchte, 25 °C	0,45	18,1
Vakuum, 25 °C	251,20	70,0
10 % rel. Feuchte, 25 °C	0,87	27,0

Es muss für den Prozess des subkritischen Risswachstums immer eine Mindestspannung wirken, eine Mindesttemperatur herrschen und Wasser entweder als Flüssigkeit oder als Luftfeuchtigkeit vorliegen. Dabei schwanken die Materialkonstanten S und n sehr stark in Bezug auf die jeweilig herrschenden Umgebungsbedingungen. Die Werte sind in Versuchen ermittelt und nicht durch analytische Methoden hergeleitet worden. Ersetzt man die Geschwindigkeit durch den gleichwertigen, inkrementellen Ausdruck

$$v_B = \frac{da}{dt},$$

und K_I durch den obigen Ausdruck, ergibt sich eine Formel zu Lebensdauerabschätzung von Glasbauteilen unter permanenter Belastung:

$$t_L = \frac{2}{(n-2)\cdot S}\cdot(\sigma\cdot f)^{-n}\cdot a^{-\frac{n-2}{2}}$$

t_L zu erwartende Lebensdauer [s]

Die Ausführungen zum subkritischen Risswachstum oder zur Ermüdung zeigen, dass die Lebensdauer eines Glasbauteils von der Höhe und Dauer der einwirkenden Spannung abhängt. Dabei ist aber zu beachten, dass die wirkende Spannung immer konstant ist. Einzig der Intensitätsfaktor steigt durch Veränderungen der Fehlstellengeometrie in Form einer Rissverlängerung oder Verringerung des Radius an der Spitze, welche durch chemische Umwandlungen hervorgerufen werden. Dieser Umstand wird in den Richtlinien und der Normung mit unterschiedlichen zulässigen Spannungen beziehungsweise mit der Einwirkungsdauer angepassten Modifikationsbeiwerten berücksichtigt. Bei vorgespannten Bauteilen tritt ein subkritisches Risswachstum wegen der rissverschließenden Wirkung der Druckspannungen in der Oberfläche nicht auf.

DIN 18008-1

Im Gegensatz zur Ermüdung bei mittleren Werten für K_I ist im Bereich kleiner Intensitätsfaktoren eine Tendenz zur Rissfestsetzung erkennbar. Dieser Prozess bewirkt eine „Ausheilung" von Defekten mit einer einhergehenden Festigkeitssteigerung. Die Grenze der Rissfestsetzung wird als Spannungskorrosionsgrenze K_{I0} bezeichnet.

Tabelle 1.6
Spannungsintensitäts-
faktoren K_{Ic} und Spannungskorrosionsgrenze
K_{I0} in verschiedenen
Umgebungen

[Wiederhorn 1974],
[Petzold 1990] und
[Scholze 1988]

Umgebung	K_{Ic} [N/mm²·m$^{1/2}$]	K_{I0} [N/mm²·m$^{1/2}$]
Wasser 25 °C	0,82	0,20
In Luft	0,78	0,27
Wasser 23 °C	0,77	0,32

Ebenso wie bei subkritischem Risswachstum sind die tatsächlichen Mechanismen nicht endgültig geklärt. Vielmehr liegt auch hier eine mögliche Kombination verschiedener Einflüsse vor. Durch chemische Korrosionsprozesse mit einem gleichmäßigen Materialabtrag im Kerbgrund rundet die Rissspitze aus, das heißt die äquivalente Risstiefe nimmt ab. Dieser Effekt wird durch die zusätzliche Ablagerung der Zersetzungsprodukte im Kerbgrund begünstigt. Andere Theorien sehen eine Auslaugung des Glases in der Rissspitze vor. Dabei wandelt sich dann das Kalk-Natronsilicatglas in Kieselglas um, welches einen höheren kritischen Spannungsintensitätsfaktor besitzt. Dass eine Rissfestsetzung oder eine untere Grenze der Ermüdung existieren muss, wird an zwei verschiedenen Effekten deutlich. Zum einen würde eine ungehinderte Spannungskorrosion schon bei sehr geringen Spannungsintensitäten nach einer hinreichend langen Zeit zum Versagen des Glases führen. Annähernd spannungsfreie Gläser wären dann von diesem Phänomen nicht ausgenommen, was aber durch die Wirklichkeit widerlegt wird. Zum anderen wurde bei Festigkeitsuntersuchungen festgestellt, dass gelagertes Glas eine höhere charakteristische Festigkeit aufweist als unmittelbar nach der Produktion. Nach einer Lagerungszeit von vier Tagen hat die Festigkeit etwa 20 % zugenommen.

1.2.2 Einflussfaktoren auf die Festigkeit

Die Festigkeit von Glas wird von verschiedenen Faktoren mit unterschiedlich starker Wirkung beeinflusst. Neben den mechanischen Beanspruchungen wie Belastungen oder geometrischen Verhältnissen wie Scheibenabmessungen und Form und Tiefe des Defekts besitzen Umwelteinflüsse aus Temperatur und Feuchtigkeit einen nicht geringen Anteil.

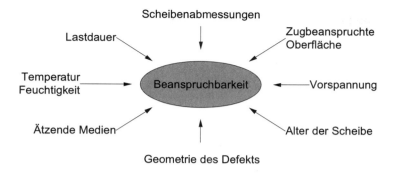

Den Haupteinfluss besitzt die tatsächliche Defektgeometrie.
Die Länge und die Größe des Spitzenradius sind nach
bruchmechanischer Betrachtung zueinander äquivalent.

Darüber hinaus ist die Beanspruchbarkeit von der Lage und
Art des Fehlers abhängig. Damit aber der vorliegende Defekt auch zum Bruch des Bauteils führt, muss eine ausreichende hohe Zugspannung vorliegen. Erst das Zusammenwirken von anliegenden Zugspannungen mit Oberflächendefekten in Form von Kerben, Fehlstellen oder Rissen bestimmt die Beanspruchbarkeit von Glasprodukten. Somit ist
die Festigkeit kein Werkstoffparameter im mechanischen
Sinne sondern vielmehr eine statistische Überlagerung dieser beiden Einflüsse und ein Maß für die qualitative Beschaffenheit der Oberfläche. Die Festigkeit von Glas kann somit
immer nur als eine statistische Größe betrachtet werden.

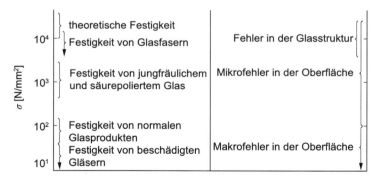

Bild 1.9
Festigkeit in Abhängig-
keit der Größe des
Defektes
[Scholze 1988]

Allerdings kann ein maximaler Schädigungsgrad in Form
einer Grenzrisslänge für den Gebrauchszustand eines Glasbauteils definiert werden, wenn außergewöhnliche Beanspruchungen wie Stoß oder Vandalismus außer Betracht

bleiben. Es lässt sich somit ein Grenzwert der Schädigung angeben. Darüber erhält man aber nur die Information über die Größe eines Defekts, nicht aber über das Zusammenwirken zwischen Defekt und Spannung. Dieser Zusammenhang wird von der Homogenität und der Größe der unter Zugspannungen stehenden Oberfläche beeinflusst. Je größer die Scheibenabmessungen und je homogener die Zugspannungen verteilt sind, desto höher ist die Wahrscheinlichkeit der Überlagerung eines relativ schweren Defekts mit einer relativ hohen Zugspannung. In gleichem Maße steigt dann auch die Bruchwahrscheinlichkeit an. Dieser Effekt zeigt sich in der Glasfaserfestigkeit. Mit zunehmendem Durchmesser nimmt die Oberfläche zu und die Festigkeit ab.

Bild 1.10
Festigkeit von Glasfasern in Abhängigkeit vom Durchmesser
[Bartenew 1966]

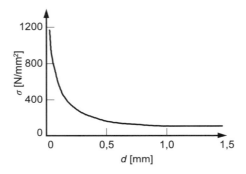

Die Prüfungen sind in DIN EN 1288 geregelt.

TRxV und DIN 18008

Im Rahmen der Baustoffprüfung wird versucht, diese Zusammenhänge gleichermaßen einzuhalten. Die in der Normung geregelten Versuche zur Ermittlung der charakteristischen Biegezugfestigkeit sehen eine möglichst große Fläche unter homogenen Zugspannungen vor. In den Bemessungsrichtlinien und -normen wird allerdings nicht auf diese Zusammenhänge in Form von Modifikationsfaktoren Bezug genommen. Der Flächeneinfluss wirkt sich auf die Wahrscheinlichkeit des Auftretens von schwerwiegenden Defekten aus. In einer kleinen Prüffläche kann durchaus der maßgebende Defekt vorliegen, allerdings ist die Wahrscheinlichkeit geringer als in einer größeren Fläche. Folglich treten mit kleiner werdenden Prüfflächen größere Streuungen in den Festigkeiten auf. In einer anschließenden statistischen Auswertung mit einer Bestimmung der charakteristischen Biegezugfestigkeit als 5 %-Fraktilwert ergeben sich nahezu unabhängig von der Größe der Prüffläche Ergebnisse in der gleichen Größenordnung.

Bei statistischen Auswertungen hat sich eine Verteilung nach Weibull durchgesetzt.
[Petzold 1990]

Im Gebrauchszustand treten darüber hinaus selten die Laborverhältnisse zur Baustoffprüfung auf. In aller Regel liegt bei biegebeanspruchten Glasbauteilen keine homogene Spannungsverteilung über eine größere Fläche vor. Bei Beanspruchung einer allseitig linienförmig gelagerten Verglasung mit Windlasten treten lokal in der Scheibenmitte die höchsten Spannungen auf. Beginnend von der Mitte nehmen die Spannungen zum Rand hin kontinuierlich ab. Daher sinkt die Wahrscheinlichkeit der Überlagerung eines Defekts mit einer relativ hohen Zugspannung. In der Literatur wird aus diesem Grund der Ansatz einer effektiven Spannung vorgeschlagen, die als homogen über die Fläche verteilt angesehen wird und ein äquivalentes Schadenspotential wie die reale Belastung aufweist. Allerdings werden diese Ansätze nicht in der Normung berücksichtigt.

[Sedlacek 1999] und [Siebert 2001]

Die beiden Parameter Flächenabhängigkeit und Spannungsverteilung werden wiederum durch verschiedene, andere Randbedingungen beeinflusst. Eine wesentliche Auswirkung haben die jeweils herrschenden Umweltbedingungen. Wie bereits gezeigt, können Korrosionsprozesse nur bei bestimmten Temperaturen und bei Vorkommen von Wasser in flüssiger oder gasförmiger Form auftreten. Diese Prozesse der Alterung werden in Verbindung mit der Lastdauer in Modifikationsbeiwerten beziehungsweise geringeren zulässigen Spannungen erfasst. Das Auftreten von dauerhaften Lasten in Glasbauteilen hängt im Wesentlichen von seiner Einbaulage und Nutzung ab. Horizontalverglasungen und Verglasungen von Aquarien mit einem konstanten Wasserdruck besitzen einen geringeren Bauteilwiderstand als Vertikalverglasungen unter veränderlichen Einwirkungen.

Zulässige Spannungen in TRLV; Modifikationsbeiwerte k_{mod} in DIN 18008-1 Tabelle 5 [Kerkhof 1981]

Diese Abminderungen sind allerdings nur im normal gekühlten Floatglas erforderlich. Bei vorgespannten Bauteilen kann eine Alterung aufgrund der Überdrückung von Oberflächendefekten im Gebrauchsspannungsniveau nicht auftreten. Bei diesen Bauteilen muss erst die Vorspannung überwunden werden, bevor ein subkritisches Risswachstum stattfinden kann. Neben der eigentlichen Festigkeitssteigerung werden mit einer Vorspannung ebenfalls die Alterungsprozesse vermieden. Dabei wird die Festigkeit im eigentlichen mechanischen Sinne nicht gesteigert, sondern es wird vielmehr die Oberflächenqualität äquivalent verbessert.

1.2.3 Festigkeitssteigerung durch Vorspannung

Normal gekühltes Floatglas unter Dauerbelastung weist keine große Beanspruchbarkeit auf. In vielen Anwendungen würden Bauteile aus normal gekühltem Glas zu großen Dicken beziehungsweise zu kleineren Bauteilabmessungen führen. Daher werden die besonderen rheologischen Eigenschaften des Werkstoffs bei Erwärmung und Abkühlung genutzt. Durch diese wird das thermische Vorspannen von Gläsern zur Festigkeitssteigerung ermöglicht. Ein anderes Verfahren zur Festigkeitssteigerung ist die chemische Vorspannung bei Sonderbauteilen oder Bauteilen, die thermisch nicht vorgespannt werden können.

Das allgemeine Prinzip der Vorspannung besteht in der Einprägung von Druckspannungen in der kerbempfindlichen Oberfläche des Glases. Diese bewirken anschaulich ein Verschließen der vorhandenen Risse und Kerben und somit eine Veredelung der Oberfläche. Ein subkritisches Risswachstum wird dadurch ausgeschlossen, solange die resultierende Spannung im Gebrauchszustand nicht den Wert der Vorspannung überschreitet.

Bild 1.11
Prinzip der Vorspannung von Glas [Laufs 2000]
a Eigenspannungszustand
b Spannungszustand aus äußerer Belastung

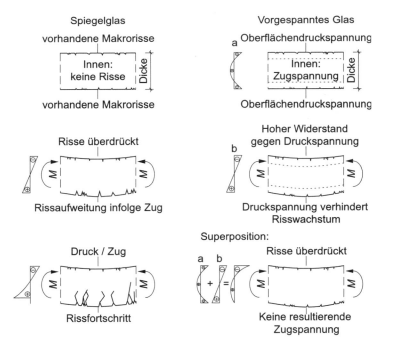

Unabhängig von der Art der Vorspannung stellt sich über die Dicke des Glases immer ein Eigenspannungszustand ein. Die resultierenden Druck- und Zugspannungen stehen im Gleichgewicht und erzeugen keine äußeren Schnittgrößen. Bei thermisch vorgespannten Gläsern ist dabei der Betrag der Druckvorspannung doppelt so groß wie der Betrag der mit dieser im Gleichgewicht stehenden Zugspannung.

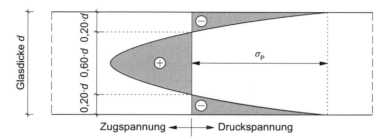

Bild 1.12
Eigenspannungsverlauf bei thermisch vorge-spannten Gläsern

Bei der thermischen Vorspannung wird das Glas gleichmä-ßig bis auf eine Temperatur von etwa 100 °C oberhalb der Transformationstemperatur erhitzt. Anschließend wird die Glasscheibe gleichförmig mit Luftdüsen angeblasen und abgekühlt. Durch die schnellere Auskühlung der Oberflä-chen gegenüber dem Kern werden diese mit einer Druck-spannung versehen.

In [Blank 1979-1] ist der gesamte Vorgang mathematisch ausführ-lich beschrieben.

Oberhalb der Transformationstemperatur T_G liegt das Glas in einem visko-elastischen Zustand vor. Mit dem Beginn des Anblasens bildet sich ein Temperaturgradient ΔT zwischen Scheibenmitte und Rand aus, und die Oberflächen kühlen schneller als der Kern der Glasscheibe aus. Es ergeben sich daraufhin anfänglich Zugspannungen in den gekühlten Be-reichen, die mit Druckspannungen im Kern im Gleichgewicht stehen. Allerdings bauen sich aufgrund von Relaxation durch viskoses Fließen keine wesentlichen Spannungen auf.

Nach kurzer Zeit baut sich der Temperaturgradient ΔT zwi-schen Mitte und Rand durch eine Zunahme der Abkühlge-schwindigkeit im Kern gegenüber dem Rand ab. In einem Zeitintervall von mehreren Sekunden ist die Abkühlge-schwindigkeit zwischen Kern und Oberfläche gleich, in dem bei hinreichend hoher Starttemperatur anfängliche Zug-spannungen in den Oberflächen komplett abgebaut werden.

Bild 1.13
Vorspannprozess
[Laufs 2000]

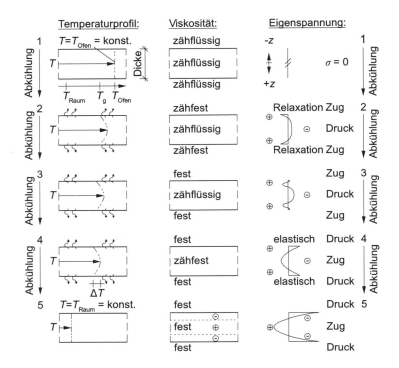

Der Einfachheit halber kann $T_E \approx T_G$ gesetzt werden.
[Blank 1979-1]

Mechanisch spricht man von einer Zunahme der Relaxationszeiten.

[Blank 1979-1]

Bei fortschreitender Kühlung geht zuerst die Oberfläche ab der sogenannten Einfriertemperatur T_E in den festen Zustand über. Ab diesem Zeitpunkt können resultierende Spannungen nicht mehr durch Relaxation abgebaut werden. Der zu diesem Zeitpunkt heißere Kern hat aufgrund des höheren noch zu durchlaufenden Temperaturintervalls ein größeres Kontraktionsbestreben als die Oberfläche. Die erstarrten Bereiche können sich nicht mehr viskos, sondern nur noch elastisch mit einem Aufbau von Druckspannungen verformen. Diese stehen dann mit resultierenden Zugspannungen im Inneren im Gleichgewicht.

Der wesentliche Parameter zur Steuerung des gewünschten Vorspanngrads als Einscheibensicherheitsglas oder teilvorgespanntes Glas ist der anfängliche Temperaturgradient zwischen Kern und Rand. Dieser wiederum wird durch die Wärmeübergangszahl zwischen dem Glas und dem kühlenden Medium gesteuert. Die Wärmeübergangszahl hängt im Falle des Anblasens von der Temperatur und Geschwindigkeit des Kühlmediums ab.

Unabhängig von der erzwungenen Konvektion durch Anblasen mit Luft tritt eine leichte Vorspannung auch beim Abkühlprozess von Floatglas auf. Die Wärmeübergangszahl der natürlichen Konvektion ist zwar um mehr als eine Größenordnung geringer als bei der erzwungenen, bewirkt aber dennoch eine Vorspannung von etwa 3 – 10 N/mm^2.

Im Gegensatz zu den Oberflächen sind Makrorisse im Glasgefüge weniger schwerwiegend. Einerseits können andere Rissgeometrien als in der Oberfläche vorliegen und zum anderen müssen zwei statt ein Rissufer aufgeweitet werden. Daher führen die Zugspannungen aus Eigenspannungen im Kern auch bei größeren Beträgen als der charakteristischen Biegezugfestigkeit nicht zum Bruch. Ausnahmen bilden Nickel-Sulfid-Einschlüsse (NiS) bei ESG, welche aber keinen Defekt im bruchmechanischen Sinne darstellen. In jeder Glasschmelze befinden sich immer geringe Anteile an NiS mit einer Korngröße von etwa 100 – 500 μm, die auch durch eine sorgfältige Auswahl der Rohstoffe nie vermieden und auch nicht nachgewiesen werden können.

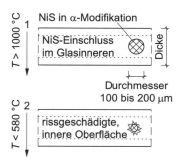
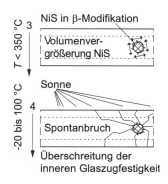

Bild 1.14
Bruchmechanismus durch Nickel-Sulfid-Einschlüsse
[Laufs 2000]

NiS ist ein Kristall und weist alle kristalltypischen Eigenschaften der Allotropie auf. Im gleichen Aggregatzustand liegt das Material in zwei oder mehr verschiedenen räumlichen Molekularstrukturformen vor. In dem für die Herstellung von ESG notwendigem Temperaturbereich durchläuft NiS eine Struktur-Modifikation. Da diese reversibel ist, spricht man von Enantiotropie.

Bei einer Umwandlungstemperatur T_U von etwa 350 °C tritt beim NiS ein Phasensprung auf. In der Schmelze oder bei der Vorspanntemperatur von etwa 650 °C liegt das NiS in seiner Hochtemperatur- oder α-Modifikation mit einer hexagonalen Molekularstruktur vor. Bei einer Abkühlung unter der Umwandlungstemperatur wandelt sich das Kristall in seine β-Modifikation mit einer rhomboedrischen Struktur unter Beibehaltung der chemischen Zusammensetzung um. Diese Umwandlung ist mit einer Volumenvergrößerung von etwa 4 % verbunden.

Spontanbrüche entstehen dadurch, dass das NiS-Kristall gegenüber dem Glas einen höheren Temperaturausdehnungskoeffizienten und allotrope Eigenschaften besitzt. Bei Abkühlung kontrahiert der Einschluss stärker als das ihn umgebende Glas und bildet somit Fehlstellen innerhalb des Gefüges. Bei Gebrauchstemperatur und somit unterhalb von 350 °C wandelt sich der Kristall um, wobei dieser Vorgang mit zunehmender Temperatur schneller abläuft. Bei einer Scheibenerwärmung durch Sonneneinstrahlung erfolgt die Umwandlung mit der Volumenzunahme schneller, und der Kristall dehnt sich gegenüber dem Glas stärker aus. Durch die Verformungsbehinderung des umgebenden Glases wird ein innerer Zwang mit Zugspannungen aufgebaut, die sich mit der planmäßig eingeprägten Zugvorspannung im Glasinneren überlagern. Bei Erreichen der Zugfestigkeit des Materials im Inneren ergibt sich ein Spontanbruch der Scheibe.

> Der Prozess läuft umso schneller ab, je näher die Temperatur an T_U liegt.

Eine Zerstörung der Verglasung durch Spontanbrüche ist relativ selten, aber mit einer Wahrscheinlichkeit von 10^{-4} für Anwendungen im Bauwesen noch zu häufig. In 4 t Rohstoffgemenge findet sich statistisch gesehen immer ein bruchauslösender NiS-Einschluss. Um die Bruchwahrscheinlichkeit von ESG durch NiS weiter zu senken, werden die Gläser für bestimmte Anwendungen einer Heißlagerungsprüfung (Heat-Soak-Test) im Bruchtest unterzogen. Das ESG wird bei einer Temperatur von 290 °C über einen Zeitraum von mindestens 4 h erwärmt. Bei dieser Temperatur etwas unterhalb der Umwandlungstemperatur des NiS erfolgt eine beschleunigte Umwandlung des Kristalls. Glasscheiben mit schädlichen Einschlüssen werden bei dieser Wärmebehandlung im Ofen zerstört und somit aussortiert. Die Ausfallrate beträgt je nach Herkunft des Glases 1 – 2 %. Die Bruchwahrscheinlichkeit sinkt durch die Behandlung auf einen Wert von 10^{-6} oder einem Einschluss in 400 t Rohmaterial.

> Der Heat-Soak-Test ist in DIN EN 14179 und nach Bauregelliste (BRL) A Anhang 11.11 geregelt.

Eine mechanische Nachbearbeitung von thermisch vorgespannten Glasprodukten ist nicht mehr möglich. Bei einem
Materialabtrag bis in Bereiche der Zugzone würden diese
Bauteile aufgrund des Eigenspannungszustands schlagartig
versagen. Aber auch schon bei einem geringeren Abtrag
stehen die Eigenspannungen dann nicht mehr im Gleichgewicht. Folglich führt nicht zwangsläufig die Verletzung der
Zugzone zum Bruch. Allerdings müssen die Kanten solch
veredelter Gläser vor dem Vorspannprozess mindestens
gesäumt werden. Bei Scheiben mit gebrochenen Kanten
würden wegen der vielen Fehlstellen und Defekte an der
Kante diese schon im Vorspannofen brechen.

Drahtglas kann aufgrund des eingelegten Drahtgitters thermisch nicht vorgespannt werden. Diese Bauteile würden bei
der schnellen Abkühlung aufgrund unterschiedlicher Ausdehnungskoeffizienten und Zwängungen im Vorspannofen
zerstört. Ansonsten können alle anderen Basisglasprodukte
einschließlich besonderer Beschichtungen thermisch vorgespannt werden.

Die chemische Vorspannung erfolgt über ein Eintauchen des
Glasprodukts in eine heiße Salzlösung, meist aus Kalium-
salz-Schmelzen, knapp unterhalb der Transformationstemperatur. Durch diesen Prozess werden kleine Natrium-Ionen
aus dem Molekulargefüge des Glases herausgelöst. Die
Fehlstelle wird dann durch ein größeres Ion aus der Salzlösung besetzt. Dadurch kann eine Vorspannung von bis zu
800 N/mm^2 in der Oberfläche erzielt werden.

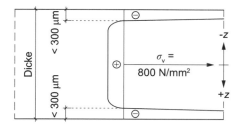
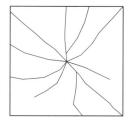

Bild 1.15
Eigenspannungsverlauf
und Bruchbild bei
chemisch vorgespann-
tem Glas

Da der gesamte Vorgang auf Diffusionsvorgängen beruht,
sind die Druckzonentiefe sehr gering und die Herstellung
sehr zeitintensiv. Die Einwirkungsdauer lässt sich aber durch
eine bestimmte chemische Zusammensetzung des vorzu-
spannenden Glases beeinflussen. Besonders geeignet sind

Natrium-Aluminium-Gläser aufgrund einer höheren Platzwechselrate je Zeiteinheit. Im Gegensatz zu thermisch vorgespannten Gläsern lassen sich chemisch vorgespannte nach der Behandlung noch mit den Mitteln der Formgebung weiterverarbeiten. Diese Scheiben sind aber wegen der geringen Druckzonentiefe empfindlicher gegen Oberflächenbeschädigungen. Hinzu kommt eine aufwendigere Handhabung der hinsichtlich Gesundheits- und Umweltschutz bedenklichen Substanzen im Herstellungsprozess.

1.2.4 Charakteristische Festigkeit und Bruchbilder

Die Festigkeit der verschiedenen Flachglasprodukte ist in den jeweiligen Produktnormen geregelt. Die Angaben der charakteristischen Werte sind statistische Angaben der 5 %-Fraktilen mit einer Aussagewahrscheinlichkeit von 95 %. Diese Festigkeiten sind in aller Regel auch für zusammengesetzte Bauteile wie Verbund-Sicherheitsglas (VSG) und Mehrscheiben-Isolierverglasungen (MIG) gültig, sofern durch den Herstellungsprozess keine festigkeitsmindernden Einflüsse entstehen.

Bei vorgespannten Glasprodukten ergibt sich die Biegezugfestigkeit aus der Summe der charakteristischen Festigkeit des Basisglases mit dem Wert der eingeprägten Vorspannung. Zur Gewährleitung der normierten Festigkeiten als 5 %-Fraktilen liegt der statistische Mittelwert der eingeprägten Vorspannung für ESG bei etwa 100 N/mm^2.

Tabelle 1.7
Festigkeiten von Gläsern
[a] nach DIN EN 572
[b] nach DIN EN 1863 beziehungsweise abZ
[c] nach DIN EN 12150
[d] nach DIN EN 12337

Glasart	Biegezugfestigkeit [N/mm^2]			
	Float[a]	TVG[b]	ESG[c]	CVG[d]
Klares, in der Masse gefärbtes und beschichtetes Floatglas	45	70	120	150
Emailliertes Floatglas (emaillierte Oberfläche unter Zugspannung)	–	45	75	–
Ornamentglas, gezogenes Flachglas	45	55	90	100/150

Damit ein vorgespanntes Glasprodukt als Teilvorgespanntes Glas (TVG) oder Einscheibensicherheitsglas (ESG) charakterisiert werden kann, reicht der quantitative Wert der erzielten Biegezugfestigkeit nicht aus. Neben diesem muss auch das Bruchbild bestimmten Anforderungen genügen.

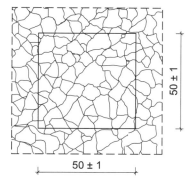

50 ± 1

50 ± 1

Monolithische Einzelscheiben in Bauteilen mit Personenzugang ohne Absturzsicherung bestehen meist nach den geltenden Richtlinien aus ESG. Im Falle eines Glasbruchs soll damit ein Verletzungsrisiko von Personen aufgrund großer, scharfkantiger Fragmente minimiert werden. ESG zerspringt wegen der hohen Vorspannung und der hohen gespeicherten Energie in viele kleine, stumpfe Krümel. Dabei ist die Größe der Bruchstücke in erster Linie nicht absolut zu sehen. Als Hauptkriterium muss eine bestimmte Anzahl von Bruchstücken innerhalb einer definierten Fläche liegen. Darüber hinaus darf die größte Bruchscholle trotzdem nicht länger als 100 mm sein.

Genaue Angaben zur Bewertung des Bruchbildes sind in DIN EN 12150-1 für ESG aufgeführt.

Um die beiden Vorteile einer höheren Festigkeit und moderaten Resttragfähigkeit zu nutzen, wird in vielen Bauteilen TVG verwendet. Ebenso wie Floatglas und chemisch vorgespanntes Glas ist dieses aber in sicherheitsrelevanten Bereichen als monolithische Einzelscheiben wegen ihres groben Bruchbilds nicht zugelassen. Diese Glasscheiben müssen dann zu VSG gefügt werden. Bei Bruch von TVG entsteht ein relativ grobes Bruchbild mit der charakteristischen Eigenschaft, dass die Risse von einer Kante zu einer anderen durchlaufen. In geringem Umfang sind sogenannte Inseln, eingeschlossene Bereiche ohne Kontakt zum Rand, mit einem Flächen-Masseäquivalent kleiner als 1000 mm^2 erlaubt. Darüber hinaus darf die Summe des Flächen-Masseäquivalents kleiner Bruchstücke nicht mehr als 5000 mm^2 betragen.

Das Flächen-Masseäquivalent berechnet sich nach Fläche = Masse / (Dicke · Dichte).

Bild 1.17
Bruchbild und Auswertung bei TVG nach DIN EN 1863-1

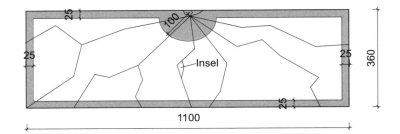

Genaue Angaben zur Bewertung des Bruchbilds sind in DIN EN 1863-1 für TVG aufgeführt.

Erst wenn die in den Produktnormen geforderten Mindestfestigkeiten und die Anforderungen an das Bruchbild eingehalten sind, kann ein Glasprodukt als TVG oder ESG klassifiziert werden. In diesen beiderseitigen Bedingungen liegt die Ursache, weshalb TVG nicht in Glasdicken größer als 12 mm hergestellt werden kann. Der Wert der Vorspannung kann technisch relativ einfach auch bei dickeren Scheiben erzielt werden, allerdings entspricht dann das Bruchbild nicht mehr den Anforderungen.

Neben den planmäßigen Verfahren zur Steigerung der Festigkeit von Glas setzen einige Beschichtungen und Oberflächenbehandlungen diese herab.

Tabelle 1.8
Oberflächenbehandlungen und ihre Auswirkung auf die Festigkeit

Verfahren	Beschreibung	Auswirkung auf Festigkeit
Beschichten	Aufbringen einer Metalloxid-Schicht	Keine Festigkeitsminderung
Bedrucken	Einbrennen einer Emaille-Schicht	Festigkeitsminderung
Ätzen	Mattieren des Glases durch Säure	Keine Festigkeitsminderung
Sandstrahlen	Aufrauen des Glases durch Sandstrahlen	Festigkeitsminderung

Bei der Emaillierung wird auf die Glasoberfläche ein glasähnliches Material, der mit Farbpigmenten versetzte Glasfluss, eingebrannt. Eine Emaillierung setzt die Biegezugfestigkeit nach Norm unabhängig von der Glasart um etwa 40 % herab. Die Ursachen dafür sind nicht eindeutig beschrieben, allerdings scheint eine Störung des Abkühlverhaltens durch die Bedruckung eine sehr große Auswirkung zu haben, da solche Festigkeitsminderungen auch bei Floatglas mit Emaillierungen auftreten. Die Mindestwerte der verbleibenden Festigkeit mit Ausnahme der von Floatglas sind in den jeweiligen Produktnormen und Anwendungsrichtlinien

Thermische Zwängungen und chemische Reaktionen sind ebenso mögliche Ursachen.

geregelt. Wegen der gleichen Temperaturen für Einbrand und Vorspannung von Gläsern werden emaillierte Scheiben in der Regel vorgespannt. Technisch gekühltes, bedrucktes Glas wird einzig in Sonderfällen oder bei weiterer Bearbeitungsschritten wie beispielsweise dem Heißbiegen hergestellt. Daher ist emailliertes Floatglas nicht geregelt.

Sandstrahlen von Glasoberflächen mit beispielsweise Korund vermindert ebenfalls die Biegezugfestigkeit. Allerdings sind dazu charakteristische Werte oder Bemessungsspannungen nicht geregelt. Ein Sandstrahlen oder Anrauen von Glasoberflächen ist neben dekorativen Gründen in allen Bereichen erforderlich, in denen besondere Anforderungen an eine Rutschsicherheit wie beispielsweise bei Glasstufen oder -podesten gestellt werden. Die durch diese Behandlung erhöhte Kerbwirkung von den so erzeugten Defekten kann mittels einer anschließenden Ätzung der Oberfläche durch eine Abrundung der Kerbspitze verringert werden. Aufgrund dieser Eigenschaft der Ätzmaterialien wird trotz einer Aufrauhung der Oberfläche bei einer Ätzung die Biegezugfestigkeit nicht herabgesetzt.

1.3   Glasprodukte

Neben Floatglas kommen im Bauwesen sehr häufig veredelte Glasprodukte zur Gewährleistung bestimmter Funktionen zur Anwendung. Die jeweiligen Veredelungsprodukte können untereinander kombiniert werden, um bestimmten Einbausituationen gerecht zu werden.

Bild 1.18
Veredelungsprozesse und -produkte
[a] Einscheibensicherheitsglas
[b] Teilvorgespanntes Glas
[c] Chemisch vorgespanntes Glas
[d] Verbundglas
[e] Verbund-Sicherheitsglas
[f] Mehrscheiben-Isolierverglasung

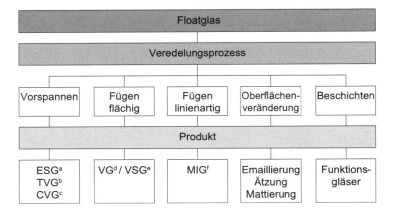

Beispielsweise kommen heutige Mehrscheiben-Isolierverglasungen aufgrund der erhöhten Anforderungen hinsichtlich Wärmeschutz und Energieeinsparung ohne funktionale Beschichtungen nicht aus. Absturzsichernde, raumhohe Verglasungen der Gebäudehülle sind in der Regel MIG mit mindestens einer Einzelscheibe aus VSG, um eine ausreichende Absturzsicherung und Resttragfähigkeit zu gewährleisten.

In den jeweiligen Produktnormen werden allgemeine Lieferabmessungen und Produktionsmaße geregelt. Weitere Entwicklungen in der Produktions- und Verfahrenstechnik ermöglichen oftmals größere Abmessungen als in der Norm angegeben. Während theoretisch ein endloses Glasband hergestellt werden könnte, ist die Breite von Flachglasprodukten aufgrund der Abmessungen der Produktionsanlagen auf ein Maximalmaß von 3,21 m beschränkt. In diesem Zusammenhang sollte aber darauf geachtet werden, dass größere Abmessungen und somit höhere Scheibengewichte größere Risiken in der Handhabung, Montage und Nutzung, Wartung und Anfälligkeit gegen Beschädigung bedeuten.

Produkt	Breite [m]	Länge [m]	Dicke [mm]	Produktnorm
Floatglas	3,21	6,00[b]	2, 3, 4, 5, 6, 8, 10, 12, 15, 19, 25	DIN EN 572-1
TVG	3,21	6,00 (> 6,00)[a]	3, 4, 5, 6, 8, 10, 12	DIN EN 1863-1[c]
ESG	3,21	6,00 (> 6,00)[1]	3, 4, 5, 6, 8, 10, 12, 15, 19, 25	DIN EN 12150-1
VSG	3,21	6,00 (> 6,00)[a]	[d]	DIN EN ISO 12543
MIG	3,21	6,00 (> 6,00)[a]	–	DIN EN 1279

Tabelle 1.9
Produktions- und Lieferabmessungen von Glasprodukten
[a] Produktionsmaße bestimmter Hersteller
[b] technisch unbegrenzt lang
[c] Regelung über abZ
[d] Dicke durch Gewicht und Vorverbund begrenzt

Glasprodukte liegen mit Ausnahme von Profilbauglas meist als Flachprodukte vor. Für die Anpassung und den Einbau in bauliche Strukturen stehen verschiedene Formgebungsmethoden zur Verfügung. Allen mechanischen Formgebungsverfahren mit Materialabtrag oder Eingriffen in die Struktur ist gemein, dass diese vor einer möglichen thermischen Vorspannung ausgeführt werden.

Bild 1.19
Formgebungsverfahren für Flachglasprodukte

1.3.1 Kantenbearbeitung

Den ersten Schritt zur Formgebung von Glasprodukten stellt das Schneiden von Glas dar. Das Schneiden von Glas ist technisch gesehen ein Anritzen mit anschließendem Brechen der Kante und dadurch das schnellste und einfachste Verfahren. Allerdings lassen sich meist nur einfache Geometrien erzeugen. Rundungen und Krümmungen sind nur bedingt möglich, da es beim Brechen häufiger zu einer Abweichung vom vorgegebenen Anriss kommt.

Für einen sauberen Schnitt der Kante ohne Ausmuschelungen werden meist Schneidflüssigkeiten auf Ölbasis verwendet. Diese erhöhen die spezifische Bruchenergie und die plastische Verformung und begünstigen somit durch eine Erhöhung der elastischen Verspannung die Tiefenrissbil-

[Kerkhof 1970], [Petzold 1990] und [Scholze 1988]

dung. Darüber hinaus verringern diese Flüssigkeiten die mechanische Abnutzung der Schneidrädchen. Je nach Anwendung und Glasdicke werden verschiedene Schneidrädchen mit angepasstem Anpressdrücken verwendet. Modernere Verfahren, die auch komplexe Strukturen und Geometrien ermöglichen, stellen das Wasserstrahl- und Laserschneidverfahren dar. Mittels einer computergestützten Steuerung der Schneidwerkzeuge lassen sich Schnitte mit einer hohen Präzision und Qualität der Kante herstellen. Beim Wasserstrahlschneiden kann es zu einer welligen Oberfläche der Kante kommen.

Nach dem Zuschnitt wird meist eine weitere Kantenbearbeitung vorgenommen. Neben der Erzeugung einer bestimmten Geometrie ergibt sich eine Erhöhung der Qualität und somit der Festigkeit der Kante sowie ein geringeres Verletzungsrisiko durch scharfe Kanten. Da beim Einsatz von Schleifmaschinen kein wesentlicher Unterschied zwischen den Güten KMG und KGN besteht, wird herstellerseits die geringere Güte KMG nur noch selten angeboten, sondern gleich die höherwertigere Güte KGN ausgeführt.

Bild 1.20
Kantenqualitäten von Glas nach DIN EN 1863-1 und DIN EN 12150

KG: Geschnittene Kanten, geschnittene, unbearbeitete Glaskante

KGS: Gesäumte Kanten, Schnittkante mit gefasten Rändern

KMG: Maßgeschliffene Kanten, blanke Stellen oder Ausmuschelungen sind sichtbar

KGN: Geschliffene Kanten, wie KMG, schleifmattes Aussehen

KPO: Polierte Kante, verfeinerte KGN

Querschnitt   Ansicht

Die Schnittkante ist scharf und bedarf einer weiteren Bearbeitung, wenn sie nicht durch andere Bauteile eingefasst wird. Die Festigkeit der Kante steigt prinzipiell mit der Qualität der Kantenbearbeitung. Zudem sinkt die Wahrscheinlichkeit eines Bruches aufgrund geringerer Risstiefen. Eine gebrochene Kante weist große Oberflächendefekte in Form von Rillen, Riefen und Ausmuschelungen mit erhöhten Kerbspannungen auf. Bei der Kantenbearbeitung werden diese Fehlstellen beseitigt.

Schnittkante

gesäumte Kante

Gehrungskante

Facettenkante   halbrunde Kante   flachrunde Kante

Bild 1.21
Formen von Glaskanten

Mit den Schleifautomaten können nicht nur verschiedene Güten, sondern auch unterschiedliche Formen erzeugt werden. Allerdings kommen außergewöhnliche Kantengeometrien nur bei exponierten und sichtbaren Kanten in Betracht. Bei diesen sind dann weitere geometrische Mindestanforderungen zu beachten. Die im Bauwesen gängigen Formen sind jedoch die geschnittene und gesäumte Kante. Im Gegensatz zu den Kantengüten sind die Formen nicht in Normen geregelt.

Durch eine Kantenbearbeitung reduziert sich die Biegezugfestigkeit des Glases an der Kante. Dieser Umstand ist mit einem Abminderungsfaktor in den Regelwerken für Verglasung mit unter Zugspannungen stehenden Kanten – wie bei zweiseitiger Lagerung der Fall – berücksichtigt. Allerdings erfolgt keine Unterscheidung hinsichtlich der verschiedenen Kantengüten. Neuere Untersuchungen belegen, dass die Güte der Kante einen wesentlichen Einfluss auf die Festigkeit besitzt. Beim Vergleich zwischen einer gebrochenen und geschliffenen Kante mag diese Aussage trivial erscheinen, aber diese Versuche haben auch gezeigt, dass keineswegs, wie man annehmen könnte, die polierte Kante die beste Festigkeit aufweist.

Besonders bei Glasbauteilen mit konstanter Zugspannungsverteilung über den Querschnitt der Kante – Glasträger und Glasschwerter – stellt die Annahme der Festigkeit der Kante daher eine große Unsicherheit dar.

1.3.2 Bohrungen und Ausschnitte

Aufgrund der Anforderungen seitens der Architektur nach immer transparenteren Bauteilen und Gebäudehüllen wurde die Möglichkeit der punktuellen Halterung von Glasbauteilen entwickelt. Die ersten Varianten mit Tellerhaltern benötigten zur Befestigung normale Bohrungen im Glas. Weitere Entwicklungen sahen dann konische Senkungen oder Hinter-

schnittanker vor. Zur Herstellung werden meist Diamant-
bohrverfahren bei einfachen Formen und Wasserstrahlver-
fahren bei komplexeren Geometrien angewendet.

Bild 1.22
Bohrlocharten

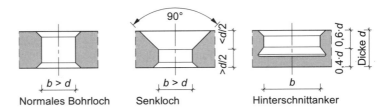

Normales Bohrloch   Senkloch   Hinterschnittanker

Vergleiche DIN 18008-
3, DIN 18516-4, DIN
EN 1863-1 und DIN EN
12150

Bei den jeweiligen Lochvarianten sind bestimmte Min-
destabmessungen und Geometrien zu beachten. Normale
Bohrlöcher werden in aller Regel gleichzeitig von beiden
Glasseiten unter Wasserkühlung gebohrt, um Ausmuschelungen und Kantenbrüche an den Austrittsstellen des Boh-
rers zu vermeiden. Beim Senkloch wird erst ein normales
Bohrloch hergestellt, das in einem weiteren Arbeitsschritt zu
einem Konus ausgefräst wird. Damit die Achsen des Loches
und des Konus konzentrisch übereinanderliegen, ist eine
hohe Präzision im zweiten Arbeitsgang erforderlich. Löcher
für Hinterschnittanker werden nach den Angaben der Hersteller gefertigt. Dazu werden spezielle Bohrer zur Verfügung gestellt. Aufgrund der besonderen Geometrie und geringeren Größe der Halter selbst fällt die Tragfähigkeit solcher Befestigungen gegenüber Durchsteckverbindungen
meist geringer aus. Alle Kanten des Bohrlochs müssen immer, unabhängig von seiner Form, gefast werden.

Nach DIN 18008-3 sind
die Spannungsnach-
weise am Bohrloch und
in der Fläche zu führen.

Aufgrund des spröden Materialverhaltens von Glas ergeben
sich an den Unstetigkeitsstellen solcher Löcher stets Spannungsspitzen, die häufig für das Gesamtbauteil bemessungsmaßgebend sind. Der gleiche Sachverhalt tritt auch
bei Ausschnitten auf. Zur Reduzierung der Spannungsspitzen besteht die Vorschrift in einer Ausrundung von scharfen
Ecken. Allerdings regeln die technischen Vorschriften nicht
konkrete Maße wie Ausrundungsradien, außer dass als Aus-
rundungsradius immer die Glasdicke, mindestens aber
10 mm, gewählt werden soll.

[Interpane 2011]

1.3.3 Biegen von Glas

Für das Biegen von Glaselementen gibt es zwei wesentliche Verfahren: das Heiß- und Kaltbiegeverfahren. Während das Heißbiegen schon seit langer Zeit angewendet wird, setzt sich in neueren Konstruktionen die preiswertere Variante des Kaltbiegens durch. Während beim Heißbiegen auch kleine Radien bis 100 mm erreicht werden können, erscheinen mit der Kaltverformung nur Biegeradien größer 10 m technisch sinnvoll. Neben der einfachen Form des zylindrisch gebogenen Glases mit konstantem Radius sind auch komplexere Formen beim Heißbiegen ausführbar.

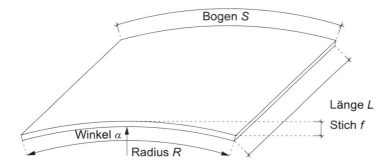

Bild 1.23
Geometrische Grenzen beim Heiß-Biegeverfahren

Tabelle 1.10
Maximale geometrische Grenzen beim Biegen von Glasscheiben

Abmessung	Floatglas	VSG aus Floatglas	MIG	ESG
Länge L [mm]	2750 / 3750	3000	2750 / 3750	2400
Bogen S [mm]	5850 / 4100	5000	5850 / 4100	4000
Stich f [mm]	800	800	800	700
Radius R [mm]	100	200	200	1000
Winkel α [°]	180	150	150	90

Gebogene Gläser können alle Arten der Veredlung aufweisen. Es sind eine thermische Vorspannung, die Laminierung zu VSG, bedruckte und teilweise auch beschichtete Gläser möglich. Bei der Herstellung von VSG ist einzig darauf zu achten, dass alle Scheiben übereinander liegend gleichzeitig gebogen werden. Zwangsspannungen, resultierend aus dem folgenden Laminierprozess aufgrund unebener und nicht kongruenter Oberflächen, werden somit auf ein Minimum reduziert. Für den Vorverbund des VSG ist der Rollenvor-

Bei Beschichtungen auf zu biegenden Gläsern ist der Anwendungsbereich eingeschränkt.

verbund aufgrund der Scheibengeometrie nicht möglich. An dieser Stelle kommt die Herstellung des Vorverbunds im Vakuumsack zur Anwendung. Darüber hinaus ist der minimale Biegeradius von der Scheibendicke abhängig. In allen Fällen ist vor der Planung mit gebogenen Gläsern die Durchführbarkeit des Vorhabens mit den Herstellern abzustimmen.

Bild 1.24
Weitere, mögliche Biegeformen

Konische Biegung   Biegung mit Geraden   Sphärische Biegung

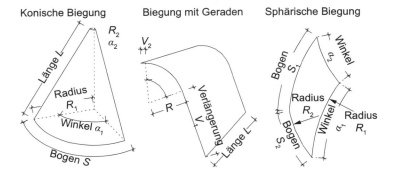

Bei der Heißverformung wird das Glas wie beim Vorspannprozess auf etwa 600 – 650 °C erhitzt. Der Werkstoff liegt in einem viskos-elastischen Zustand vor und lässt sich dann in die gewünschte Form bringen. Je nach Biegeform wird entweder ein Schwerkraftbiegeverfahren verwendet, bei dem sich die Scheibe durch ihr Eigengewicht in die Form legt, oder es wird dieses mit maschinellem Einsatz erzwungen. Bei der maschinellen Formgebung können größere optische Beeinträchtigungen durch Eindrücke verbleiben.

Durch die annähernd gleichen Aufheiztemperaturen beim Vorspannen und Biegen können auch vorgespannte, gebogene Gläser gefertigt werden. Für gebogenes ESG ist das Schwerkraftbiegeverfahren nicht anwendbar. Bei diesem wird das Flachglas ebenfalls über T_G erhitzt, anschließend aber durch Biegerollen in seine Form gezwungen. Im letzten Schritt wird die Scheibe wie beim Flachglas rasch gekühlt. Hinsichtlich der Formen sind zylindrische Gläser die Regel, wobei Gläser mit veränderlichem Radius (Thekenglas) ebenfalls möglich sind. Allerdings ist dann der minimale Biegeradius mit 1000 mm größer als bei normalgekühltem Glas. Räumliche Formen können nicht hergestellt werden.

Aufgrund der Besonderheiten der Herstellung mittels Erhitzen können sich optische Beeinträchtigungen durch eine ungleiche Vorspannung bei ESG, was sich mitunter durch ein Schillern des Glases bemerkbar macht, und durch Einbrennen von Trennmittelbestandteilen in die Oberfläche ergeben. Beides stellt keine Qualitätsmängel im Sinne der Normung dar, kann aber optisch störend wirken.

Gebogene Gläser sind im Falle von geregelten Bauprodukten über allgemeine bauaufsichtliche Zulassungen (abZ) geregelt. Eine Produktnormung liegt derzeit nicht vor, auch wenn auf europäischer Basis eine entsprechende Arbeit aufgenommen worden ist. Generell lässt sich mit gebogenen Gläsern noch nicht die Qualität von Flachgläsern hinsichtlich Biegezugfestigkeit oder Bruchbild erzielen. Dabei ist die Abweichung der Festigkeiten bei gebogenem Floatglas verglichen mit vorgespannten Produkten geringer als es nach Tabelle 1.11 zunächst erscheint. Die Biegezugfestigkeitsprüfung für Floatglas nach DIN EN 572-1 erfolgt mit dem Doppelring-Biegeversuch ohne Kanteneinfluss. Dieses Prüfverfahren ist wegen der Kurvatur des gebogenen Glases nicht anwendbar. Stattdessen kommt der Vierpunkt-Biegeversuch unter Einfluss der Kanten zum Einsatz. Da gewöhnlich in der Kante geringere Festigkeiten beziehungsweise schwerwiegendere Defekte vorliegen, ergeben sich zwangsläufig geringere Prüfbiegefestigkeiten. Bei vorgespannten Gläsern entfällt eine solche Interpretation, da diese planmäßig im Vierpunkt-Biegeversuch geprüft werden. Für Bemessungsaufgaben gelten nicht die gleichen Werte wie für Flachglas.

Entwurf der Norm als ISO/CD 11485-3

Glasart	$f_{k,flach}$ [N/mm^2]	$f_{k,gebogen}$ [N/mm^2]
FG	45	35
TVG[a]	70	55
ESG	120	105
[a] Derzeit nicht in der geforderten Qualität produzierbar		

Tabelle 1.11
Empfohlene charakteristische Biegezugfestigkeiten gebogener Gläser [Bucak 2009]

Neben reduzierten charakteristischen Biegezugfestigkeiten stellt sich bei vorgespannten, gebogenen Gläsern nicht das gleiche Bruchbild ein wie bei ebenen Produkten. In der Regel ergeben sich bei gebogenem ESG inhomogene Bruchbilder. Allerdings weist die Bruchstruktur ein gewisses regelmäßiges Muster auf, bei dem sich Bereiche mit einem gröberen Bruchbild mit denen eines feineren streifenartig abwechseln. Eine Bruchbildauswertung nach DIN EN 12150 ist besonders für Prüfkörper im Originalformat nur schwer einzuhalten. Auf europäischer Basis wird daher eine modifizierte Bruchbildauswertung zur Produktnormung von gebogenen Gläsern diskutiert.

Bild 1.25
Bruchbild im Bauteilversuch und Vorschlag zur Bruchbildauswertung nach dem Entwurf der ISO/CD 11485-3

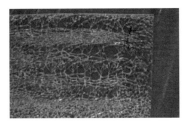 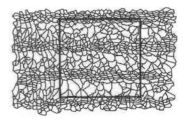

Gebogenes TVG lässt sich noch nicht mit den erforderlichen Qualitätsmerkmalen – Festigkeit und Bruchbild – herstellen.

Mögliche optische Beeinträchtigungen, wie sie beim heißgebogenen Glas auftreten können, ergeben sich in der Regel bei einer Kaltverformung nicht. Allgemein wird zwischen Laminatbiegen und Montagebiegen unterschieden. Beim Montagebiegen werden ebene Scheiben durch die Unterkonstruktion und mechanische Klemmung in die Form gezwungen. Mit dem Laminatbiegen wird die Form bereits bei der Herstellung im Laminationsprozess eingeprägt. Die einzelnen Scheiben werden gebogen und durch die Zwischenschicht in ihrer Gestalt gehalten. Allerdings beschränken sich beide Verfahren derzeit nur auf einfache Biegegeometrien wie eine Biegung mit konstantem Radius oder Verwindungen in der Plattenebene. Sphärische Formen in Art einer Kuppelschale sind ebenso ausführbar, allerdings fällt der Stich gegenüber heißgebogenen Gläsern sehr gering aus.

An die Zwischenschicht sind dabei besondere Anforderungen an die Dauerhaftigkeit und Kriechneigung gestellt.

Mit dem Kaltverformen entstehen zusätzliche, dauerhafte Spannungen in der Verglasung und beim Laminatbiegen zusätzlich in der Zwischenschicht, die in der statischen Berechnung berücksichtigt und mit den anderen Spannungen aus dauerhaften und veränderlichen Einwirkungen überlagert werden müssen. Der mögliche Biegeradius lässt sich mit der folgenden Formel in erster Näherung abschätzen:

$$R_{zul} = \frac{E \cdot z}{\sigma_{zul}}$$

R_{zul} Zulässiger Biegeradius [mm]
E Elastizitätsmodul des Glases [N/mm²]
z Maximaler Schwerpunktabstand der gezogenen Faser [mm]
σ_{zul} Spannung, die als permanente Biegespannung zugelassen wird [N/mm²]

Mit zunehmender, für die Biegung bereitgestellter Biegezugspannung kann der Biegeradius verringert werden; dickere Glasscheiben hingegen erhöhen den Minimalradius. Weiter sind der Kaltverformung von MIG hinsichtlich der Dichtigkeit des Randverbundes Grenzen gesetzt. Ein einheitlicher Grenzwert der Maximalverformung ist nicht explizit geregelt und im Rahmen der Gewährleistung herstellerabhängig, allerdings sollte in der Regel nicht mit Verformungen größer als l/200 gerechnet werden. Abweichungen von diesem Wert müssen schon bei Beginn der Planungsphase mit den Herstellern vereinbart werden.

1.3.4 Oberflächenbehandlung

Das Bedrucken von Gläsern ist ein traditionelles Verfahren. Allerdings haben sich die farb-, bild- und motivgebenden Verfahren in den letzten Jahren stark verändert und verbessert. Vollflächige Emaillierungen im Gießverfahren mit Schichtstärken bis 300 μm sind möglich, werden aber von einigen großen Herstellern nicht mehr ausgeführt. An ihre Stelle sind der Sieb- und der Digitaldruck getreten. Diese erlauben Muster und photorealistische Motive auf den Glasoberflächen. Tabelle 1.12 gibt einen Überblick der verschiedenen Auftragsverfahren und Schichtstärken.

Emaillierte Gläser sind in der Regel nur mit thermischer Vorspannung erhältlich. Die Glasfarbe – die Emaille – besitzt die gleiche Temperatur zum Einbrand, wie sie zur thermischen Vorspannung erforderlich ist. Zur Steigerung der Produktionsmenge wird der Einbrand in den Vorspannöfen mit anschließender rascher Kühlung und Entnahme vorgenommen. Emaillierte, technisch gekühlte Gläser in Floatglas-Qualität sind daher die Ausnahme, da die im ersten Schritt

Emailliertes Floatglas ist nicht geregelt.

vorgespannten Gläser durch einen erneuten Aufwärm- und Abkühlprozess entspannt werden müssen. Solches kann beispielsweise durch ein anschließendes Heißbiegen im Schwerkraftverfahren erzielt werden.

Tabelle 1.12
Auftragsverfahren von Bedruckungen mit ihren resultierenden, mittleren Schichtdicken.

Verfahren	Symboldarstellung	Schichtstärke [μm]
Digitaldruck	–	15 – 20
Siebdruck		25 – 35
Sprühen		10 – 250
Walzen		50 – 150
Gießen		150 – 350

Bedruckungen auf Gläser sind mit Ausnahme von Aussagen zur Festigkeit in den jeweiligen Normen der Flachglasprodukte nicht geregelt. Durch eine Emaillierung ist die charakteristische Festigkeit um etwa 35 % gegenüber unbedruckten Flachgläsern herabgesetzt. Allerdings zeigen Produktprüfungen, dass eine solche Reduzierung nicht bei allen Herstellverfahren der Realität entspricht. Vielmehr hat sich herausgestellt, dass offensichtlich eine Abhängigkeit der Reduzierung von der Schichtstärke der Bedruckung existiert. Siebbedruckte Gläser mit einfacher Schichtstärke (etwa 25 μm) besitzen die gleiche Festigkeit im Vierpunkt-Biegeversuch wie unbedruckte Gläser. Bei doppelter Bedruckung (Stärke etwa 50 μm) ist allerdings eine Festigkeitsminderung bereits erkennbar.

Dieses ergibt sich aus Auswertungen von herstellereigener Qualitätskontrolle und ist anderweitig noch nicht bestätigt.

Mit einem Digitaldruck sind photorealistische Motive auf Glasoberflächen möglich. Bei diesem Verfahren sind Glasabmessungen von 3210 mm x 6000 mm möglich. Eine Festigkeitsreduzierung ist wegen der sehr geringen Schichtstärke von 15 μm nicht zu erwarten und hat sich in der Qualitätskontrolle der Hersteller noch nicht gezeigt. Dennoch

gelten auch für diese Produkte die charakteristischen Biegezugfestigkeiten für emaillierte Scheiben nach den entsprechenden abZ für TVG beziehungsweise der DIN EN 12150
für ESG.

Bei allen Bedruckungen ist aber zu beachten, dass diese
wegen der etwas größeren Rauigkeit und Erhabenheit der
bedruckten Stellen gegenüber unbedruckten ein größeres
Schmutzfestsetzungspotential besitzen. Aus diesem Grund
werden bedruckte Oberflächen in der Regel im Verbund-
Sicherheitsglas zur Verbundfolie und in Mehrscheiben-
Isolierverglasungen zum Scheibenzwischenraum hin angeordnet. Eine Einschränkung der sicherheitsrelevanten Eigenschaften des VSG ist nach derzeitigem Kenntnisstand
nicht gegeben. Allerdings gelten Einschränkungen nach
TRAV und DIN 18008-4, wonach zur Anwendung des vereinfachten Nachweises mit Gläsern nachgewiesenen Aufbaus keine festigkeitsmindernden Oberflächenbehandlungen
vorhanden sein dürfen. Ebenso sind keine Kurzzeitfestigkei-
ten für emaillierte Produkte geregelt.

2 Materialgerechtes Konstruieren

2.1 Materialgerechte Planung

Gegenüber herkömmlichen Werkstoffen wie Beton, Stahl oder Holz sind bei der Bemessung und Konstruktion von Verglasungen besondere Randbedingungen aufgrund der charakteristischen Eigenschaften der Sprödigkeit und Stoßempfindlichkeit des Materials zu beachten.

Gestalt	Funktion			Konstruktion	
Gebäude-ästhetik	Einbau bis Abbruch	Gebäude-betrieb	Bauphysik	Tragverhalten	Sicherheits-aspekte
Entwurf	Verfügbarkeit	Zugang	Wärme	Statische und	Erdbeben
Formfindung	Transport	Wartung	Kondensation	dynamische	Stürme
Farbe	Bauzustände	Vandalismus	Schallschutz	Lasten	Einbruch
Struktur	Toleranzen	Alterung	Beleuchtung	Zwängungen	Beschuss
Haptik	Bausicherheit	Beständigkeit	Lüftung	Verformungen	Explosion
Optik	Austausch	Nutzung	Behaglichkeit	Schnittstellen	Brand
Materialität	Abbruch	Betriebskosten	Nachhaltigkeit	Redundanz	Versagen

Glas erfordert umfangreiche, ganzheitliche Planungskonzepte einschließlich der Berücksichtigung von Fragestellungen wie unter anderem Wartung und Austausch von Bauteilen. Ein wichtiger Aspekt dieses Konzepts umfasst die Berücksichtigung der Instandhaltung und Instandsetzung von Glasbauteilen. Dabei spielen weniger die konstruktiven Belange der Auflagerung oder Belastung der Verglasung eine Rolle, sondern vielmehr Zugänglichkeit, Transport und Montierbarkeit dieser Bauteile.

Bild 2.1
Aspekte der Anforderungen im Rahmen eines ganzheitlichen Planungskonzepts

Hinsichtlich der Instandhaltung von Verglasungen muss gerade in exponierten Konstruktionen die Möglichkeit des Vandalismus und der Zerstörung betrachtet werden. Mutwillige Zerstörung kann nur selten vollständig ausgeschlossen werden, jedoch lassen sich die Auswirkungen in einem bestimmten Maße kontrollieren. Eine Möglichkeit diesem Problem zu begegnen besteht darin, den Zugang zu den wesentlichen Glasbauteilen zu behindern und zu beschränken. Durch eine geeignete Konstruktion können tragende Glasbauteile durch ihre Anordnung vor ungewollter oder mutwilliger Beschädigung geschützt werden. Mitunter kann eine günstige Wahl der Glasart in exponierten Positionen die Häufigkeit von Vandalismusschäden beeinflussen. ESG-Scheiben weisen ein außergewöhnliches Bruchverhalten mit einer Totalzerstörung des Bauteils auf, welches Ursache für kontinuierlichen Vandalismus sein kann. Im Gegensatz dazu ist diese Faszination bei Floatglas mit lokal begrenzten Rissverläufen nicht im selben Umfang gegeben.

Neben den Nachweisen der Tragfähigkeit und Gebrauchstauglichkeit müssen im Falle eines Glasbruchs die daraus folgenden Risiken und Auswirkungen im Bemessungs- und Konstruktionskonzept berücksichtigt werden.

Bild 2.2
Erforderliche Nachweise im konstruktiven Glasbau

Der Nachweis des sicheren Bauteilversagens hebt die Konstruktion mit Glas gegenüber den „traditionellen" Disziplinen heraus. In aller Regel wird ein Bauteilversagen infolge Überlastung durch eine korrekte Umsetzung der Bemessungs- und Konstruktionsregeln ausgeschlossen. Allerdings können stets außergewöhnliche Beanspruchungssituationen wie Anprall von Personen oder harten Gegenständen eintreten, beispielsweise bei Wartungsarbeiten oder Vandalismus. Zur Berücksichtigung solcher Lasten und Einwirkungen im Rahmen einer statischen Berechnung gibt es nur eingeschränkt geregelte Bemessungsgrundlagen.

Im Wesentlichen umfasst der Nachweis des sicheren Bauteilversagens eine Bewertung des Verletzungs- und Gefährdungsrisikos von Nutzern der jeweiligen baulichen Einrichtung. Als Resttragfähigkeit bezeichnet man das Vermögen eines Bauteils nach einer Beschädigung oder eines Bruches seine Funktion beizubehalten. Nur Verbundglas (VG) und VSG sind Resttragfähigkeit gewährleistende Bauteile aus

Glas. Die Verwendung von Verbundmaterialien in Form von
Folien oder Gießharzen bewirkt eine Verbindung der Bruchstücke und somit eine Rissverzahnung.

Im Falle eines absturzsichernden Bauteils besteht die belastete Verglasung meist aus einer Verglasung aus VSG. Bei
einem Glasbruch verhindert die Verbundfolie beim VSG
einen Durchstoß der Person oder von Gegenständen durch
die Verglasung. Ein Verletzungsrisiko durch Schnitte an
Glasscherben wird vermieden. Eine monolithische Verglasung aus ESG zerspringt bei Überlastung in viele kleine,
stumpfe Krümel, die allenfalls nur ein geringes und somit
zumutbares Gefährdungspotential darstellen. Bei einem
Bruch dieser Verglasung entsteht allerdings eine ungesi-
cherte Öffnung mit erhöhtem Absturzrisiko aufgrund der
fehlenden Resttragfähigkeit. Daher sind Einfachverglasungen aus ESG als absturzsichernde Bauteile nicht zugelassen. Bei VSG aus Floatglas oder TVG mit einem groben
Bruchbild wird über das Verbundmaterial eine ausreichende
Splitterbindung gewährleistet. Ein absturzsicherndes Bauteil
darf brechen, nicht aber in Gänze aus seiner Auflagerung
herausfallen.

Eine Konstruktion, welche den Prinzipien des sicheren Bauteilversagens nachkommt, beinhaltet immer eine Erfassung
und Bewertung aller relevanten Bauteile. Dies umfasst nicht
nur die Verglasung, sondern auch die Unterkonstruktion.

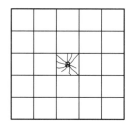 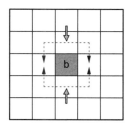 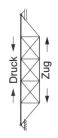

Bild 2.3
Planung von alternati-
ven Lastpfaden – Ver-
glasung als Druckgurt
a Bruch einer Scheibe
b Redundanz über die
   benachbarten Felder

Eine Berücksichtigung der Redundanz ist neben der Resttragfähigkeit ein wesentliches Planungs- und Konstruktions-
prinzip lastabtragender Bauteile aus Glas. In Bereichen, in
denen planmäßig lastabtragende Glaskonstruktionen eingesetzt werden, müssen alternative Lastpfade bei Ausfall eines
tragenden Bauteils geplant werden. Das versagende Bauteil

muss im Hinblick auf die Tragsicherheit der Gesamtkonstruktion oder seiner Teile redundant sein. Zum einen können im Sinne der Redundanz bei einem Ausfall von Glaselementen die Lasten durch andere Bauteile sicher in den
Untergrund abgeleitet werden. Ein Beispiel dafür ist ein lastabtragender Handlauf bei eingespannten, absturzsichernden
Geländern. Im Falle des Versagens einer Scheibe werden
die Holmlasten durch einen entsprechend dimensionierten
Handlauf in die benachbarten Verglasungen weitergeleitet.
Diese Nachbarscheiben müssen für die zusätzlichen Lasten
dieses Sonderfalls bemessen werden.

Für begehbare Verglasungen wird das Konzept von Ver-
schleiß- oder auch Opferscheiben angewandt. Die Verglasungen bestehen aus mindestens drei Glasscheiben, die in
den relevanten Nachweisen der Tragfähig- und Gebrauchstauglichkeit berücksichtigt werden.

Bild 2.4
Bemessung bei begeh-
baren Verglasungen
aus Dreifach-VSG

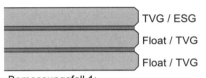 TVG / ESG

Float / TVG

Float / TVG

Bemessungsfall 1:
alle Scheiben intakt

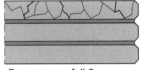

Bemessungsfall 2:
oberste Scheibe gebrochen

Dabei wird jedoch die oberste Scheibe als Verschleißschicht
und somit als nichttragend betrachtet. Statische Nachweise
müssen daher für mindestens zwei Szenarien geführt werden: zum einen mit allen Scheiben als statisch tragend und
zum anderen mit einem Ausfall der obersten Scheibe, aber
gleichzeitig verringerten Bemessungslasten als außergewöhnliche Lasteinwirkungskombination auf die verbleibenden intakten Scheiben. Bei Beschädigungen durch fallende
Gegenstände, hartes oder verunreinigtes Schuhwerk wird
die Oberfläche stärker als bei gewöhnlicher Nutzung beansprucht und geschädigt. Darüber hinaus ist für die oberste
Scheibe aufgrund der höheren Stoßsicherheit TVG oder
ESG vorgeschrieben. Die unteren Scheiben müssen zur
Gewährleistung der Resttragfähigkeit bei komplett gebrochener Verglasung aus grob brechenden Glasarten wie
Floatglas oder TVG bestehen und nach DIN 18008-2 eine
linienförmige oder DIN 18008-3 eine punktförmige Lagerung
vorweisen.

DIN 18008-5 6.1.5

Abweichungen zur
Norm können in einer
ZiE festgelegt werden.

Bauteile aus Glas sind meist flächig und weisen im Verhältnis zu den weiteren Abmessungen eine geringe Dicke auf. Verformungen infolge äußerer Belastungen überschreiten in vielen Anwendungen die Dicke des Glases.

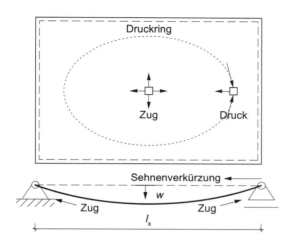

Bild 2.5
Nichtlineares Tragverhalten bei großen Verformungen durch Membranspannungen

Einhergehend mit der Verformung ergibt sich im Mittelbereich der Scheibe eine Sehnenverkürzung. Da sich die Scheibe an den dazu seitlichen Rändern nicht verformt, wird sich dort auch nicht die Sehne verkürzen, und es treten Zwängungen auf. Daraus resultiert im Randbereich ein umlaufender Druckring, in den sich der Mittelbereich der Scheibenebene über Membranspannungen einhängt. Der Effekt wird auch als Theorie III. Ordnung bezeichnet. Begünstigt durch diese Effekte können die Spannungen und Verformungen in der Verglasung reduziert werden. Dieser Umstand rechtfertigt die Berücksichtigung nichtlinearer Effekte in der Bemessung der Bauteile.

Ab einem Verhältnis der maximalen Durchbiegung nach linearer Berechnung zur Glasdicke mit $w/d > 1$ tritt eine signifikante Zunahme der Membranspannungen auf. Unter Berücksichtigung der zulässigen Durchbiegung von Glasscheiben kann auf ein Grenzverhältnis zwischen der kürzeren Kantenlänge und der Dicke der Scheibe geschlossen werden, ab der sich maßgebliche Membranspannungen aufbauen:

Durchbiegungsbegrenzung in DIN 18008-2 mit maximal $l / 100$ in Scheibenmitte für Horizontalverglasungen

$$\frac{l_y}{d} > 100 \quad \text{mit} \quad l_y < l_x$$

$l_x\,l_y$ Abmessungen der Scheibe [mm]
d Scheibenstärke [mm]

Der Einfluss der Membranspannungen auf das Tragverhalten der Scheibe wird umso größer, je stärker sich die Scheibe last- und systembedingt verformt. Allerdings ist eine linienförmige, durchlaufende Stützung an vier Stellen zur Ausbildung des Druckrings erforderlich. Bei einer zweiseitig gelagerten Verglasung kann sich ein Druckring wegen der gleichzeitigen Verformung und Sehnenverkürzungen zweier Ränder nicht aufbauen. Punktgehaltene Verglasungen erfordern meist größere Scheibendicken, um die lokalen Spannungsspitzen im Bohrlochbereich aufnehmen zu können. Die Verformungen des Systems sind dann zu gering, als dass sich ein ausgeprägtes nichtlineares Tragverhalten einstellt. Darüber hinaus wird die Sehnenverkürzung aufgrund der Verformung der Glaskanten zwischen den Punkthaltern nicht effektiv genug verhindert.

Darüber hinaus ergeben sich die größten positiven Auswirkungen bei quadratischen Glasformaten. Mit zunehmender Streckung der Scheiben wird aus dem kreisförmigen Druckring eine Ellipse, und ab einem Seitenverhältnis $a/b > 2$ verhält sich die Verglasung im mittleren Bereich der langen Seite immer mehr wie eine zweiseitig gelagerte Scheibe und die Membraneffekte treten in den Hintergrund.

Bild 2.6
Qualitativer Vergleich von Auswirkungen bei geometrisch linearer und nichtlinearer Berechnung

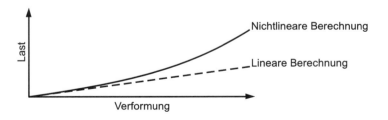

2.2 Anwendungen im Glasbau

Im konstruktiven Glasbau wird zur Typisierung der Bauteile und Anwendungen der Einbaulage nach unterschieden. Alle Verglasungen mit einem Winkel von weniger als 10° zur Vertikalen werden als Vertikalverglasungen bezeichnet. Für geneigte Verglasungen ab einem Winkel von mehr als 10° zur Vertikalen sind die Regeln für Horizontalverglasungen anzuwenden.

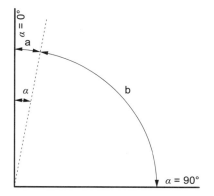

Bild 2.7
Abgrenzung Vertikal- zu Horizontalverglasung nach DIN 18008-2
a: Vertikalverglasung
$\alpha < 10°$
b: Horizontalverglasung
$\alpha > 10°$

Bild 2.8
Regelkonstruktionen im konstruktiven Glasbau

Die einfachste Anwendung aus statisch-konstruktiver Sicht stellt die Vertikalverglasung ohne Personenanprall dar. Einzig die Nachweise der Tragfähigkeit, Lagesicherheit und Gebrauchstauglichkeit müssen für den Lastfall Wind und gegebenenfalls für die Klimalast im Scheibenzwischenraum (SZR) geführt werden. Bei einer zwängungsfreien Lagerung entfällt der Nachweis der Zwangsspannungen infolge Temperaturbelastung.

Ist die Verglasung für Personen zugänglich, müssen das sichere Bauteilversagen und die Resttragfähigkeit nachge-

Für bestimmte Anwendungen wie handelsübliche Fenster oder Schaufenster können vereinfachte Regeln gelten.
DIN 18008-2 und MLTB.

wiesen werden. Im Falle eines Höhenversatzes hinter der Verglasung wie in Fassaden muss darüber hinaus ab der in den Bauordnungen geregelten Höhe die Absturzsicherung nachgewiesen werden.

Die Gewährleistung der Resttragfähigkeit und Absturzsicherung kann durch VSG wegen der Rissverzahnung der beiden gebrochenen Einzelscheiben durch die Verbundfolie erreicht werden. Einschränkungen bestehen für Bauteile mit zweiseitiger Lagerung und wegen des kleinteiligen Bruchbilds für VSG aus ESG. In einem solchen Fall verliert die Verglasung ihre Steifigkeit bei einem Bruch beider Einzelscheiben und verhält sich biegeweich. Mit einem zunehmenden Vorspanngrad der Einzelscheibe steigt die Festigkeit zwar an, allerdings nimmt die Resttragfähigkeit des Scheibenverbundes im Fall eines Bruches stark ab.

Bild 2.9
Gegensatz Festigkeitszunahme zu Resttragfähigkeitsabnahme

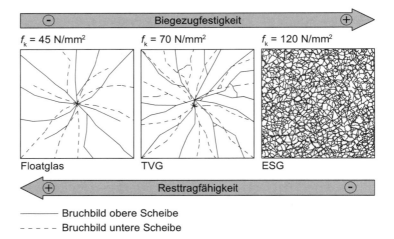

— Bruchbild obere Scheibe
- - - - Bruchbild untere Scheibe

Verbundfolien werden im Abschnitt 2.4.2 genauer erläutert. Verbundgläser bestehen aus mindestens zwei Einzelscheiben, die über eine Folie oder Gießharz miteinander verbunden werden. Verbund-Sicherheitsglas ist eine bestimmte Art der Verbundgläser mit einer in der BRL definierten Zwischenschicht aus Polyvinyl-Butyral (PVB), sofern andere Folien nicht durch eine entsprechende abZ für den Einsatzzweck als VSG geregelt sind.

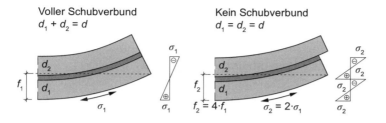

Voller Schubverbund
$d_1 + d_2 = d$

Kein Schubverbund
$d_1 = d_2 = d$

$f_2 = 4 \cdot f_1$

$\sigma_2 = 2 \cdot \sigma_1$

Bild 2.10
Gegensatz voller und kein Verbund

Unabhängig von den technischen und baurechtlichen Regelungen wird sich material- und bauteilbedingt kein voller Verbund einstellen. Die Verbundfolie selbst weist einen geringen Schubmodul auf, und je nach Materialstärke ergeben sich entsprechende Gleitungen in der Verbundfuge. Darüber hinaus weist PVB wie die meisten Kunststoffe hinsichtlich seiner Eigenschaften eine Temperaturabhängigkeit auf. Bei tiefen Temperaturen verhält sich die Folie sehr steif, bei hohen Temperaturen weicht sie auf, und die Steifigkeit nimmt stark ab. Der volle Schubverbund zwischen den einzelnen Scheiben ist in der Berechnung dann zu berücksichtigen, wenn Spannungen und Schnittgrößen zunehmen (siehe auch Abschnitt 2.4.2).

Bei MIG mit einer Scheibe aus VSG nehmen die Klimalasten bei vollem Verbund zu.

DIN 18008-2.

Aufgrund dieser technischen Einschränkungen, aber vielmehr wegen baurechtlicher Randbedingungen ist der Ansatz eines günstigen Schubverbunds nach den geltenden Regelungen unzulässig. Die wesentliche Einschränkung besteht darin, dass für PVB keine einheitliche Produktnorm, sondern nur einige unzureichend definierte Produkteigenschaften vorliegen. In diesen wird nur das Verbundmaterial beschrieben und nicht die geforderten Eigenschaften von VSG. Daher stellt der technisch nicht zu erfassende Schubverbund eine der größten Herausforderungen in der Glasbauforschung dar. Da einerseits keine ausreichende Produktnormung und anderseits keine genormten, quantifizierenden Prüfmethoden des Schubverbunds vorliegen, kann nur die Grenzwertbetrachtung des vollen und fehlenden Schubverbunds vorgenommen werden. Tatsächlich stellt sich in der realen Anwendung ein Teilverbund ein.

PVB ist nach BRL Teil A, Anhang 11.8 einzig hinsichtlich Bruchdehnung und -spannung geregelt.

Eine weitere, gängige Konstruktionsart ist die Mehrscheiben-Isolierverglasung (MIG) zur Gewährleistung der bauaufsichtlich vorgeschriebenen Mindestanforderungen im Hinblick auf den Wärme- und Schallschutz. Durch einen Abstandhalter entlang der Scheibenkanten wird ein Gasvolumen zwischen mindestens zwei Einzelscheiben eingeschlossen. Diese Einzelscheiben können je nach Einbaulage und Nutzungszweck aus jedem möglichen Glasprodukt bestehen.

Bei solchen Verglasungen muss neben den üblichen Lastfällen und Belastungen auch der Klimalastfall berücksichtigt werden. Dieser ergibt sich aus barometrischen Druckdifferenzen im SZR infolge einer Ortshöhendifferenz zwischen Herstellungs- und Einbauort und aus meteorologischen Temperatur- und Druckschwankungen. Der resultierende Druck im SZR hängt neben diesen äußeren Einflüssen von der Steifigkeit der Einzelscheiben ab. Neben den Klimalasten bewirkt das eingeschlossene Gasvolumen eine Lastkopplung der Scheiben im Verhältnis zu ihren Steifigkeiten. Glasträger stellen besondere Bauteile dar, für die kein bauaufsichtlich zugelassenes Bemessungskonzept oder normative Grundlagen vorliegen. Dennoch ist der Einsatz von stabförmigen Bauteilen aus Glas in Fassaden- und Dachkonstruktionen als Schwert oder Träger weit verbreitet. Bauteilversuche und wissenschaftliche Untersuchungen haben die grundsätzliche Anwendbarkeit nachgewiesen. Dennoch ist die Verwendung solcher Bauteile derzeit einzig nur über Zustimmungen im Einzelfall (ZiE) geregelt.

AS 1288-06 oder [Holberndt 2006]

Für den Spannungsnachweis können die in den jeweiligen Produktnormen aufgeführten charakteristischen Biegezugfestigkeiten nicht direkt auf Glasträger übertragen werden. Im Falle solcher Bauteile mit einer „Scheibentragwirkung" wird im Gegensatz zu üblichen Verglasungen mit einer Plattentragwirkung die Glaskante auf Zug beansprucht. Aufgrund der größeren Wahrscheinlichkeit des Auftretens eines schwerwiegenden Defekts an der Glaskante aus der Bearbeitung ist die Festigkeit reduziert. Die Höhe der Festigkeitsminderung einer auf Zug beanspruchten Kante ist nicht geklärt und gegenwärtig Gegenstand weiterer Forschung. Hinsichtlich der üblichen Stabilitätsnachweise im Hochbau wie Biegedrillknicken kann auf einige in Deutschland baurechtlich nicht eingeführte Bemessungsvorschläge zurückgegriffen werden.

Die Bemessung von üblichen Trägerkonstruktionen sieht meist sehr hohe Sicherheiten aufgrund der Unkenntnis der

tatsächlichen Kantenfestigkeit und des Fehlens von einheitlichen Bemessungskonzepten vor. Meist wird ein Mehrfach-
verbundglas verwendet, bei dem die äußeren Scheiben wegen des höheren Schadenspotentials statisch nicht angesetzt werden, beziehungsweise deren Ausfall berücksichtigt
werden muss. Wie bei flächigen Bauteilen kann auch hier
kein günstig wirkender Schubverbund angesetzt werden.

Wegen der genannten Umstände ist eine solche Planungs-
und Bemessungsaufgabe frühzeitig mit der genehmigenden
Behörde abzustimmen, um die geforderte Sicherheit und der
durchzuführenden Bauteilversuche festzulegen.

2.3 Lagerungsarten und Klotzung

2.3.1 Überblick

Genaue Vorgaben dazu in DIN 18008

Hinsichtlich der Lagerungsart der Verglasung gelten in Bezug auf Einbaulage und Nutzung prinzipiell keine Einschränkungen. Einzig Randklemmhalter in Horizontalverglasungen sind nicht zulässig, und für die Linienlagerung von Horizontalverglasungen mit einer Spannweite von größer als 1,20 m ist eine allseitige Auflagerung vorgeschrieben. Zudem sind Mindesteinstandstiefen der Glaselemente in die Haltekonstruktion für den jeweiligen Anwendungsfall vorgeschrieben.

Bild 2.11
Lagerungsarten von Glas

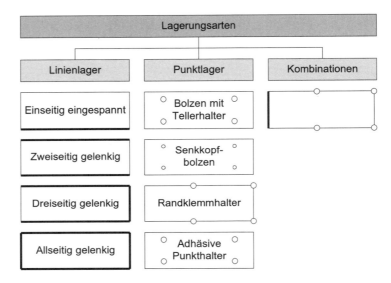

Bei Verglasungen mit einer Sicherungsfunktion gegen Absturz sollte die Unterkonstruktion so steif wie nötig und so weich wie möglich sein, um einerseits die Tragfähigkeit und andererseits ein ausreichendes Absorptionsvermögen der Anprallenergie zu gewährleisten.

2.3.2 Linienförmige Lagerung

DIN 18008-2, Abs.4.3

Damit von einer durchgehenden eben linienförmigen und unverschieblichen Lagerung ausgegangen werden kann, schreiben die Regelwerke eine maximale Verformung der Unterkonstruktion von $l / 200$ vor. Diese beschränken den Bereich, in dem noch von einer eben linienförmigen Lagerung ausgegangen werden kann. Bei stärkeren Verformungen der Unterkonstruktion wird sich das linienförmige Auflager der Belastung entziehen. Daraus resultieren Last- und Spannungsumlagerungen in der Verglasung. Zur Ermittlung der Verformung darf die seltene Einwirkungskombination für den Nachweis der Gebrauchstauglichkeit verwendet werden. Unabhängig von diesen Vorgaben sind Beschränkungen der Hersteller von MIG zur dauerhaften Gewährleistung der Dichtigkeit des Randverbunds zu berücksichtigen.

Neben der ausreichenden Steifigkeit der Unterkonstruktion bestehen konstruktive und statische Vorgaben bezüglich der Lagerungen absturzsichernder Verglasungen. Diese müssen eine Mindestfestigkeit beziehungsweise -tragfähigkeit aufweisen, damit die Stoßbelastung auf der Verglasung sicher in den Untergrund abgeleitet werden kann. Die Regelwerke schreiben eine Tragfähigkeit von mindestens 10 kN/m vor, wobei im Fall von geschraubten Klemmleisten die Befestigungsmittel einen Abstand von 300 mm nicht überschreiten dürfen. Dabei muss dann die Schraubenauszugskraft mindestens 3 kN betragen. Der Nachweis kann rechnerisch basierend auf den eingeführten Technischen Baubestimmungen oder versuchstechnisch unter statischer Lasteinwirkung erfolgen. Die im Versuch ermittelte Tragfähigkeit ist das 5 %-Fraktil mit 75 %-iger Aussagewahrscheinlichkeit nach statistischer Auswertung der Messergebnisse.

DIN 18008-4, Abs.4.3 und TRAV, 6.3.2

Die Vorgaben wurden für metallische Systeme erstellt. Bei Kunststoff- und besonders bei Holzprofilen ist eine Übertragbarkeit nicht in jedem Fall gegeben.

2.3.3 Punktförmige Lagerung

Neben linienförmigen Lagerungen stellen punktförmige Lagerungen eine weitere Möglichkeit dar, Verglasungen an ihrer Unterkonstruktion zu befestigen. Punktförmige gelagerte Verglasungen lassen sich mit Hilfe von tellerförmigen oder konischen Punkthaltern, Klemmhaltern oder adhäsiven Punkthaltern realisieren (Bild 2.11).

Punkthalter sind dadurch charakterisiert, dass durch eine Bohrung im Glas der Punkthalterbolzen geführt wird und die Verglasung zwischen oberem und unterem Teller beziehungsweise unterem Teller und konischem Senkkopf gehalten wird. In der DIN 18008-3 sind nur Punkthalter geregelt, die mit einem oberen und unteren Teller ausgeführt und als Tellerhalter bezeichnet werden.

DIN 18008-3, 5.3

Bild 2.12
Prinzipdarstellung
Tellerhalter im Schnitt
und in der Draufsicht

1 Klemmteller
2 Zwischenlage
3 Hülse
4 VSG
T Tellerdurchmesser
s Glaseinstand

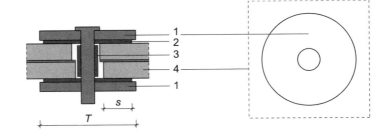

Neben den bei Punkthaltern im Bohrlochrand entstehenden Spannungskonzentrationen sind weitergehende konstruktive Vorgaben zu beachten. Die allgemeinen geometrischen Randbedingungen wie Randabstände oder Bohrlochdurchmesser sind unabhängig von der tatsächlichen Form der Punkthalter gültig. Die verschiedenen, gültigen Anwendungsnormen und -richtlinien regeln diese Vorgaben allerdings unterschiedlich und nicht harmonisiert.

Bild 2.13
Mindestabstände bei
der Anordnung von
Bohrlöchern nach
geltenden Normen

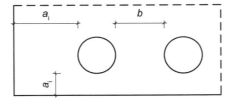

Tabelle 2.1
Geometrische Randbedingungen von Bohrungen in Glasscheiben

[a] Diese Normen werden durch die DIN 18008 abgelöst.

Wert	DIN 18008-3	DIN 18516-4[a]	TRPV[a]
a_i	$a_1 \geq 80$ mm $a_2 \geq 80$ mm	$\geq 2 \cdot d \geq b_L$ $\lvert a_2 - a_1 \rvert \geq 15$ mm	$80 \leq a_i \leq 350$ mm $\lvert a_2 - a_1 \rvert \geq 20$ mm, wenn $a_2 = 80$ mm
b	≥ 80 mm	–	≥ 80 mm
Sonstiges	–	Nur für Bohrungen, nicht für Halter	Nur VSG zulässig

DIN 18008-3, 4 und 5

Bezüglich der Verankerungsfläche ermöglichen Punkthalter die größte Transparenz. Gebräuchliche Systemlösungen tragen die Lasten meist über eine Klemmung zwischen den Tellern ab. Ein Lastabtrag über Lochleibung stellt sich, abgesehen vom Eigengewicht bei Vertikalverglasungen, nicht ein. Somit wird die Auswirkung von Herstellungstoleranzen beispielsweise eines Kantenversatzes beim VSG reduziert. Für die Mindestgröße der Klemmteller und -einstandstiefe der Verglasung gelten entsprechende Vorschriften.

Erste Konstruktionen mit Punkthaltern beziehungsweise punktförmigen Verbindungsmitteln sahen eine planmäßige Lastabtragung über Lochleibung vor. Die Bohrungen werden dabei entsprechend größer gegenüber derzeit gebräuchlichen Konstruktionen ausgeführt. Zur Einstellung von bau- und herstellungsbedingten Toleranzen werden meist Exzenterscheiben in Metallhülsen verwendet. Der Raum zwischen diesen Hülsen und der Bohrlochleibung wird mit einem Glasmörtel kraftschlüssig verfüllt. Gegenwärtig finden solche Konstruktionen zur punktförmigen Befestigung von Glasbauteilen relativ selten Verwendung. Sie werden häufig bei Verbindungen zwischen zwei Glasbauteilen wie beispielsweise einem Stoß von Glasschwertern verwendet.

Neben Punkthaltern mit durch die Verglasung durchgehenden Bolzen gewährleisten auch Randklemmhalter eine punktförmige Lagerung, benötigen aber keine Bohrungen im Glas. In der Regel muss bei Klemmhaltern die glasübergreifende Fläche mindestens 1000 mm² groß sein bei einem Mindestglaseinstand von 25 mm.

DIN 18008-3, 5.5

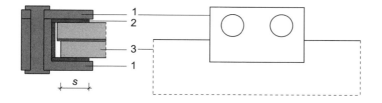

Bild 2.14
Prinzipdarstellung
Klemmhalter im Schnitt
und in der Draufsicht

1 Klemmhalter
2 Zwischenlage
3 Glas
s Glaseinstand

Während vertikale Verglasungen mit Punkthaltern gemäß DIN 18008-3 realisiert werden können, muss für Horizontalverglasungen der Nachweis der Resttragfähigkeit erbracht werden. Dies geschieht in der Regel durch eine ZiE, sofern die Verglasung nicht durch die konstruktiven Vorgaben und als Bauteil mit nachgewiesener Resttragfähigkeit nachgewiesen werden kann.

Genaueres regelt dazu DIN 18008-3, 6 und dort insbesondere Tabelle 2

Neben rein punktförmig ausgebildeten Lagerungen sind auch Kombinationen möglich. Eine häufige Anwendung stellt dabei die Kombination von Randklemmhaltern mit Linienlagerungen dar. Die Randklemmhalter dienen dabei zur Sogsicherung. Aufgrund der relativ geringen Lastübertragungsfläche können sich an diesen Bauteilen ebenfalls Spannungskonzentrationen einstellen. Besondere Vorschriften hinsichtlich der Abstände der Klemmhalter, einer Mindesteinstandstiefe und einer minimalen Klemmfläche sind zu berücksichtigen.

Adhäsive Punkthalter, die über eine Klebfuge an der Glasscheibe befestigt werden, stellen eine bislang seltene Ausführung dar. Diese Punkthalter bestehen aus einem unteren Teller, der starr oder gelenkig am Punkthalterbolzen befestigt ist. Die Klebverbindung wird mit Hilfe unterschiedlicher Klebstoffe, wie Silikon, Epoxidharze oder Acrylate hergestellt. Adhäsive Punkthalter sind baurechtlich nicht geregelt und bedürfen einer Zustimmung im Einzelfall.

2.3.4 Klotzung

Bei allen Auflagerungskonstruktionen und bei Verbindungen allgemein muss ein Kontakt zwischen Glas und härteren Materialien vermieden werden. Daher werden zwischen Glasbauteilen und Unterkonstruktionen aus Aluminium, Stahl oder anderen harten Stoffen Klotzungen aus Kunststoffen, Gummi, Silikon oder Weichaluminium angeordnet. Die erforderliche Härte und Festigkeit solcher Stoffe hängt von der Belastung, Verformungsbegrenzung und Materialverträglichkeit mit anderen beteiligten Werkstoffen ab. Solche Zwischenmaterialien weisen gegenüber dem Glas meist einen geringeren Elastizitätsmodul auf und können daher durch ihre Verformbarkeit Fertigungstoleranzen zu einem gewissen Maß ausgleichen.

Bild 2.15
Klotzanordnung und
richtige und falsche
Klotzung
a volle Klotzung
b Klotzbrücke
c Glasfalzeinlage

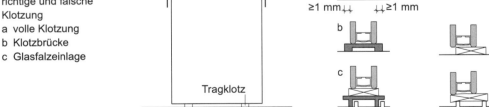

Bei der Verwendung weicher Zwischenmaterialien müssen
Verunreinigungen in der Lagerfuge während der Bauausführung unbedingt vermieden werden. Selbst kleine Schmutz-
partikel wie Sandkörner können lokale Spannungsspitzen
erzeugen, die im ungünstigen Fall zum Glasbruch führen. In
der Bauausführung ist weiter auf eine korrekte Lage und
Anordnung der Klotzungen zu achten, um Zwängungen und
Verformungen zu vermeiden und die Funktionalität der Ent-
wässerung und Belüftung des Falzraumes zu gewährleisten.

Für gebogene Verglasungen sind aufgrund ihrer nicht ebenen Geometrie besondere Klotzungsvorschriften zu berücksichtigen. Auch hier gilt das Grundprinzip einer zwängungsfreien Lagerung.

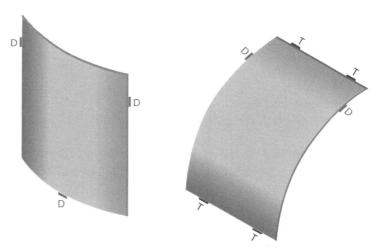

Bild 2.16
Klotzanordnung bei
gebogenen Verglasun-
gen [BF-Merkblatt
009/2011]

2.4 Kunststoffe im Glasbau

Umfassende Erläuterungen zu Kunststoffen findet man in [Domininghaus 2005] und [Ehrenstein 2011].

Im Gegensatz zu anderen Disziplinen des konstruktiven Ingenieurbaus sind Kunststoffe im Glasbau weit verbreitet und ein wesentliches Konstruktionselement. Neben konstruktiven Aufgaben wie der Vermeidung eines harten Metall-Glas-Kontakts sind erst durch die Verwendung von Kunststoffen und Kunststofffolien wesentliche Eigenschaften von Verglasungen erzielbar. Zu diesen gehören unter anderem die Absturzsicherung und Resttragfähigkeit.

2.4.1 Grundlagen zu Kunststoffen

Obwohl eine Vielzahl an Kunststoffen existiert, ist es dennoch möglich, diese bezüglich ihrer wesentlichen mechanischen Eigenschaften zu kategorisieren. Zu diesen gehören das Materialverhalten bei verschiedenen Temperaturen und ihre Formbarkeit. Als Hauptgruppen der Kunststoffe gelten

– Thermoplaste,
– Elastomere,
– Duromere und
– Mischformen (thermoplastische Elastomere).

Diese werden im Folgenden genauer beschrieben. Der prinzipielle Aufbau der Ketten und der Vernetzungen bestimmt die Eigenschaften des Polymers.

Bild 2.17
Vergleich der Polymerstrukturen [Weller 2011a]

  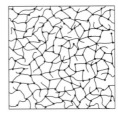

a) Linearer, teilkristalliner Thermoplast

b) Chemisch vernetztes Elastomer

c) Chemisch vernetzter Duroplast

Begriffsdefinitionen
Glasübergang:
Der Glasübergang trennt den energie-elastischen vom entropie-elastischen Bereich. Dort erfolgt eine starke Änderung der Materialeigenschaften. Der entsprechende Temperaturbereich kann mittels einer dynamisch-mechanischen Analyse ermittelt werden.

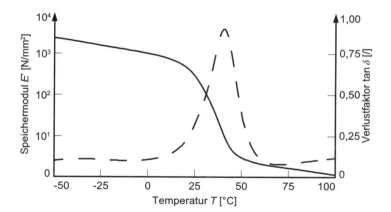

Bild 2.18
Ergebnis einer dynamisch-mechanischen Analyse (DMA) von PVB [Weller 2010].

Beim entropie-elastischen Verhalten nimmt die Entropie, das heißt der Unordnungszustand basierend auf der Verknäulung, unter einer Krafteinwirkung ab. Die Molekülketten strecken und richten sich aus. Eine Umlagerung von molekularen Bindungen, eine Abstandsänderung oder Valenzwinkelverzerrungen ergeben sich nicht, das heißt die innere Energie bleibt konstant. Nach Entlastung nehmen die Ketten die statistisch wahrscheinlichste, nämlich verknäulte Form ein.

[Ehrenstein 2011]

Im Gegensatz dazu erfolgt bei energie-elastischen Körpern eine Änderung der Bindungsgeometrie von Atomen und Molekülen in energetisch ungünstigere Zustände. Die dafür erforderliche innere Energie ergibt sich aus der äußeren Beanspruchung. Nach Entlastung fallen die Moleküle in ihren ursprünglichen und energetisch günstigeren Zustand zurück. Die Entropie ändert sich bei energie-elastischen Verformungen nicht.

Elastomere und Thermoplaste verhalten sich oberhalb der Glasübergangstemperatur entropie-elastisch. Die energie-elastischen Anteile fallen gering aus. Duromere dagegen verhalten sich wegen der starken Vernetzung bis zur Zersetzungstemperatur energie-elastisch.

Kristallinität:
In langen, nicht vernetzten oder verzweigten Molekülketten können sich Abschnitte parallel zueinander ausrichten und ordnen. Eine Vernetzung über chemische Bindungen erfolgt dabei nicht.

Duromere sind daher nicht kristallin sondern amorph.

Wegen der Verknäulung der Molekülketten bei Elastomeren und Thermoplasten liegt immer ein Mischzustand zwischen kristallinen und amorphen Abschnitten vor. Das Verhältnis dieser Bereiche wird als Kristallisationsgrad bezeichnet. Dieser ist sehr stark von der thermischen Vorgeschichte des Werkstoffs abhängig. Je länger und somit kontrollierter dieser gekühlt wird, steht ein umso größerer Zeitraum zur Ordnung der Ketten zur Verfügung. Somit nimmt der Kristallisationsgrad zu und bewegt sich bei technischen Anwendungen zwischen 10 bis 80 %.

Der Werkstoff trübt mit zunehmender Kristallinität mehr ein, wobei einzig die Angabe des Kristallisationsgrads noch keine Rückschlüsse auf die Opazität erlaubt, da diese ebenfalls von der Kettenstruktur abhängt.

Temperaturabhängiges Spannungs-Dehnungs-Verhalten: Mit Ausnahme von Duromeren weisen Kunststoffe ein ausgeprägtes temperaturabhängiges Materialverhalten auf. Dabei ist es wesentlich, ob die Glasübergangstemperatur innerhalb oder außerhalb des Bereichs der Gebrauchstemperatur liegt. Bei einem Glasübergang unterhalb der Gebrauchstemperatur liegen annähernd konstante Verhältnisse vor. Änderungen in den Materialeigenschaften sind dann gemessen am vorherigen Sprung am Glasübergang eher marginal.

Bild 2.19
Spannungs-Dehnungs-Kurven von PVB bei verschiedenen Temperaturen mit Dehnrate 10 mm/min.

[Weller 2010]

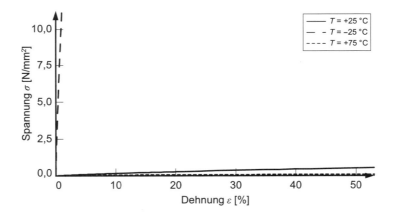

Thermoplaste
Thermoplaste zeichnen sich durch lange, untereinander nicht vernetzte Molekülketten aus. Diese liegen parallel,

verknäult oder verfilzt nebeneinander und werden über van-der-Waals-Kräfte zusammengehalten. Aus diesen lassen sich die temperaturabhängigen Eigenschaften direkt ableiten. Bei tiefen Temperaturen sind die Schwingungsamplituden gering. Mit zunehmender Temperatur nehmen diese und somit die Abstände zwischen den Molekülen zu und die van-der-Waals-Kräfte ab. Ab einer bestimmten Temperatur sind die Schwingungen so groß, dass aufgrund der dann vorhandenen Entfernung die Bindungskraft nicht mehr wirken kann. Da die van-der-Waals-Kräfte an den jeweiligen Koppelstellen den gleichen Betrag besitzen, werden alle Verbindungen in einem engen Temperaturbereich, dem Glasübergang, aufgelöst.

Die Bindungskräfte werden durch die Fadenform beeinflusst, je nachdem ob diese langgestreckt, kristallin, gewinkelt oder mit Seitenketten versehen vorliegt. Aus diesen vielfältigen Formen ergibt sich ein großer Gebrauchsbereich der Thermoplaste von etwa -20 °C bis +60 °C. In diesem Bereich – vom Glasübergang bis zur Schmelztemperatur – besitzen Thermoplaste thermoelastische und thermoplastische Eigenschaften. Oberhalb der Schmelztemperatur sind alle Verbindungen zwischen den Ketten gelöst. Diese können dann frei gleiten, und der Werkstoff ist form- und schweißbar. Er lässt sich thermisch beliebig häufig und reversibel verformen, solange die Temperatur unterhalb der Zersetzungstemperatur verbleibt.

Allerdings sollte der Anwendungsbereich entweder unter- oder oberhalb der Glasübergangstemperatur liegen.

Thermoplaste stellen die größte Gruppe der gebräuchlichen Kunststoffe dar. Zu ihnen gehören beispielsweise Polyethylen (PE), Polypropylen (PP), Polyamide (PA) oder Polycarbonat (PC). Im Glasbau gängige Verbundfolien sind in der Regel Thermoplaste oder ihre Mischformen.

Elastomere

Die wesentliche Eigenschaft von Elastomeren besteht darin, dass ihre Glasübergangstemperatur unterhalb ihrer Gebrauchstemperatur liegt. Die Elastizität liegt primär nicht in ihrer weitmaschigen Vernetzung, sondern in einer Verdrillung beziehungsweise Verknäulung der Molekülketten begründet. Entlang der Kette können sich die einzelnen Moleküle beliebig um diese Längsachse drehen. Die endgültige Anordnung entspricht einer Gaußverteilung. Unter Beanspruchung strecken sich diese Ketten, und die Moleküle richten sich aus. Nach Entlastung vollführen die Bauteile wieder die Drehbewegung und gehen in ihren Ausgangszustand zurück. Wegen dieses entropischen Effekts wird dieses Verhalten als Entropie-Elastizität bezeichnet. Unterhalb der Glasübergangstemperatur wird die Bewegungsmöglichkeit der Moleküle eingeschränkt, und die Drehbewegung kann nicht mehr erfolgen. Der Körper verhält sich dann spröde und energie-elastisch.

Chemisch nicht gebundene Weichmacher können aus dem Werkstoff austreten und mit anderen Stoffen reagieren (beispielsweise PVB mit PC – Weichmacherwanderung).

Elastomere sind nicht schmelzbar und weichen auch oberhalb der Glasübergangstemperatur bis zur Zersetzung nicht weiter auf. Die Materialeigenschaften sind dann annähernd konstant. Durch die Beimischung von Weichmachern – einerseits als Füllstoff zwischen den Ketten oder andererseits als chemisch gebundenes Molekül an den Vernetzungspunkten – wird die Anzahl der Vernetzungen reduziert. Dadurch lassen sich die elastischen Eigenschaften und die Glasübergangstemperatur steuern.

Typische Elastomere sind alle Arten von vernetztem Kautschuk und finden im Bauwesen ihre Verwendung als Dichtungen, Zwischenlagen bei Punkthaltern und anderen dauerhaft flexiblen Bauteilen.

Duromere
Im Gegensatz zu Elastomeren und Thermoplasten weisen Duromere keinen Glasübergang auf. Die Materialeigenschaften sind bis zur Zersetzung unabhängig von der Temperatur. Die einzelnen Molekülketten sind über funktionale Gruppen stark vernetzt. Die Bindungskräfte dieser Gruppen entsprechen den Bindungskräften der Molekülketten. Daher tritt bei Erwärmung keine kontinuierliche Erweichung auf. Vielmehr zersetzt sich der Werkstoff oberhalb der Zersetzungstemperatur vollständig und irreversibel ohne plastische Formbarkeit. Die thermomechanischen Eigenschaften sind über einen weiten Temperaturbereich konstant spröde.

Im konstruktiven Glasbau kommen Duromere selten zum Einsatz. Bekannteste Kunststoffe sind Epoxide als Klebstoffe und Polyurethane (PU), wobei letztere aufgrund ihrer vielfältigen Modifikationsmöglichkeiten keiner spezifischen Gruppe zugeordnet werden können.

Thermoplastische Elastomere

Diese Gruppe der Kunststoffe zeichnet sich durch unterschiedliche, temperaturabhängige Materialeigenschaften aus. Sie sind elastisch, lassen sich aber dennoch im Gegensatz zu reinen Elastomeren thermoplastisch verformen.

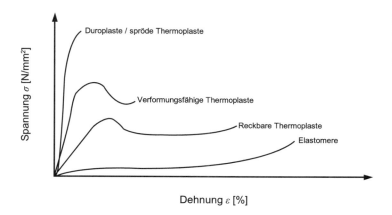

Bild 2.20
Spannungs-Dehnungs-Kurven der verschiedenen Kunststoffarten.

2.4.2 Verbundfolien

Folien aus Kunststoff sind schon lange im Glasbau im Einsatz, wobei die ersten Verbundscheiben im Kraftfahrzeugbereich als Frontscheiben eingesetzt worden sind. Aus dieser Entwicklung stammt das Polyvinyl-Butyral als heutzutage weitest verbreitete Folie für Verbund-Sicherheitsgläser. Der Grund liegt darin, dass einzig PVB transparent hergestellt werden konnte. Mittlerweile liegen auch andere Folientypen für verschiedene Anwendungszwecke und -gebiete vor.

Allen Folien ist allerdings gemein, dass keine als Einzelwerkstoff bauaufsichtlich geregelt ist. In der Regel liegen keine Produktnormen vor. Als Zwischenfolien für die Anwendung in VSG sind PVB-Folien unter allen Arten von Kunststofffolien die einzigen, die baurechtlich nicht über eine allgemeine bauaufsichtliche Zulassung, sondern in der BRL geregelt sind. Dort ist allerdings die Folie nur in ihren mechanischen Eigenschaften Reißdehnung und -festigkeit geregelt. Eine Festlegung von mechanischen Kennwerten für den Verbundwerkstoff VSG erfolgt nicht. Diese unzureichende Definition unter besonderer Beachtung der Sicherungseigenschaften schränkt die Verwendung anderer

BRL Teil A, Anhang 11.8. Weitere Prüfungen für VSG umfassen Qualitätsprüfungen nach DIN EN ISO 12543 und den Kugelfallversuch.

Kunststoffarten ein. Für Alternativfolien ist dann eine abZ erforderlich.

Neben Folien aus PVB sind weitere aus EVA (Ethylen-Vinylacetat), TPU (Thermoplastisches Polyurethan) und SG (SentryGlas) gebräuchlich. Weiter existiert eine große Bandbreite an Gießharzen als Fügewerkstoff. Allerdings bedürfen Verbundgläser in der Regel einer ZiE.

Sofern ein Teilverbund angesetzt werden darf, ist dies in einer abZ geregelt.

In Verbundgläsern stellt sich ein mehr oder minder ausgeprägter Teilverbund zwischen den Einzelscheiben über die Zwischenschicht ein. Der jeweilige Verbundfaktor ist direkt von den Folieneigenschaften wie beispielsweise dem Schubmodul abhängig. Wegen der unzureichenden Regelung der mechanischen Folienparameter lässt sich ein Verbundfaktor nicht gesichert allgemeingültig angeben. Darüber hinaus nimmt der Verbund unter Dauerbeanspruchung der Folie aufgrund ihrer Kriecheigenschaften mit der Zeit ab. Diese zeitabhängigen Verformungen werden durch Temperaturänderungen und den vorliegenden Spannungszustand wesentlich beeinflusst. Bei zunehmenden Temperaturen und höheren Dauerlasten steigen die Kriechverformungen an.

Ein solcher Teilverbund beziehungsweise die Angabe eines Schubmoduls der PVB-Folie war während der Beratungen zur DIN 18008 für kurzzeitige Belastungen wie aus Wind oder Holmlasten vorgesehen, aber im weiteren Bearbeitungsstadium aus dem obigen Grund verworfen worden. Der europäische Normenentwurf prEN 13474 sah die Möglichkeit des Ansatzes eines Teilverbunds vor und regelte die entsprechende Anwendung und Berücksichtigung in der Bemessung. Demnach ergab sich die effektive Glasdicke eines zweilagigen Verbundglases zu

$$t_{\text{eff,f}} = \sqrt[3]{t_1^3 + t_2^3 + 12 \cdot \Gamma \cdot I_s}$$ für die Verformungen und für

die Spannungen

$$t_{2,\text{eff},\sigma} = \sqrt{\frac{t_{\text{eff,f}}^3}{t_2 + 2 \cdot \Gamma \cdot t_{s,2}}} \qquad t_{1,\text{eff},\sigma} = \sqrt{\frac{t_{\text{eff,f}}^3}{t_1 + 2 \cdot \Gamma \cdot t_{s,1}}} \cdot$$

Zur Berechnung sind die folgenden Hilfswerte erforderlich:

$$t_{s,1} = \frac{t_s \cdot t_1}{t_1 + t_2} \qquad t_{s,2} = \frac{t_s \cdot t_2}{t_1 + t_2}$$

$$t_s = 0{,}5 \cdot (t_1 + t_2) + t_z \qquad I_s = t_1 \cdot t_{s,1}^2 + t_2 \cdot t_{s,2}^2$$

Γ Verbundfaktor [/]

t_1, t_2, t_z Dicke Einzelscheiben und Zwischenschicht [mm]

Das Diagramm stellt die Auswirkung eines Schubverbunds bezüglich der Spannungen und Verformungen dar. Als vertikale Linien sind die Verbundfaktoren eingetragen, die sich beim Ansatz bestimmter Schubmoduln ergeben. Die Berechnungen basieren auf einem symmetrischen Scheibenaufbau mit 2 x 6 mm Glas mit 0,76 mm beziehungsweise 0,89 mm Folie. Die Angaben der Schubmoduln stammen aus Zulassungen (für das Produkt SentryGlas – SG von DuPont) und für PVB aus der ÖNORM 3716-1.

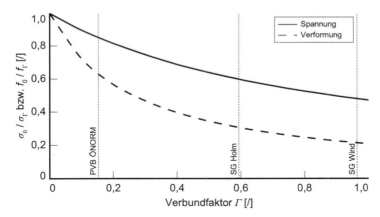

Bild 2.21
Auswirkung des Schubverbunds auf Spannungen und Verformungen

Ergebnisse basieren auf einem Verbund 66.2 (Stärke SG-Folie 0,89 mm). Die Auswertung des Schubmoduls bezieht sich auf die Verformung.

Es ist aus Bild 2.21 ersichtlich, dass sich unter kurzzeitiger Windbelastung bei SG ein annähernd voller Verbund einstellt. Allerdings erfordert die Anwendung die Berücksichtigung besonderer Vorgaben hinsichtlich Verarbeitung des Materials und Produkt- und Qualitätskontrolle.

Nach der DIN 18008-4 darf ausschließlich bei stoßartiger Belastung (Anprall) wegen der sehr kurzen Beanspruchungsdauer mit einem vollen Verbund gerechnet werden.

DIN 18008-4, C.1.5

Das VSG wird dann als eine monolithische Scheibe betrachtet. Darüber hinaus muss zur Grenzwertbetrachtung der Klimabeanspruchung in Mehrscheiben-Isoliergläsern ebenfalls ein voller Verbund untersucht werden, da eine steifere Scheibe einen größeren Isolierglasfaktor φ und somit größere Beanspruchungen bewirkt. Allerdings ist eine solche Grenzbetrachtung in der Regel nicht maßgeblich, wenn der Anteil der Klimalast gering an der Gesamtbeanspruchung ausfällt. In der Regel ist dieses bei großformatigen Verglasungen mit biegeweichen Aufbauten der Fall.

Der Haftungsmechanismus zum Glas ist für alle Folienarten gleich. Dies liegt nicht im molekularen Aufbau der Zwischenschichten begründet, sondern am Silikatgerüst des Glases. Die Moleküle des Kunststoffes sind durch kovalente Bindungen verbunden. Eine solche Bindung erfolgt zwischen dem Glas und dem Kunststoff nicht. Vielmehr ergibt sich die Adhäsion aufgrund von Wasserstoffbrückenbindungen. Auf dem Glas befindet sich unter normalen Umweltbedingungen immer ein adhäsiv gebundener, stabiler Wasserfilm. Zum einen erfolgen an diesen die Wasserbrückenbindungen, zum anderen können Diffusionsvorgänge eine Wanderung des Wassers in die Zwischenschicht bewirken, so dass sich diese direkt an die Silikatgruppen anschließen können. Daher ist die Dicke dieses Films begrenzt, was äquivalent zu einer Maximalfeuchte ist. Bei einer Durchfeuchtung der Grenzschicht lässt die Adhäsion aufgrund einer Reduzierung der Wasserstoffbrückenbindungen nach. Das Ergebnis ist dann eine Delamination mit Haftversagen.

Abschnitt 2.6.

Nach BRL, Anhang 11.8 sind Aufbauten mit Beschichtungen zur Verbundfolie unzulässig. Bei diesen kann nicht pauschal angegeben werden, ob eine solche Beschichtung keine, negative oder positive Auswirkungen für den gesamten Verbund besitzt. Daher müssen für entsprechende Produkte allgemeine bauaufsichtliche Zulassungen für spezifische Aufbauten beantragt werden. Diese gilt dann für die in der abZ geregelten und versuchstechnisch untersuchten Beschichtungssysteme. Bedruckungen mit keramischen Farben fallen nicht unter diese Regelung. Allerdings sind die Vorschriften der Anwendungsregeln zu beachten.

Nach TRAV und DIN 18808-4 sind Emaillierungen auf absturzsichernden Verglasungen bei Anwendung der nachgewiesenen Aufbauten unzulässig.

Mit besonderen Folien lassen sich der Schallschutz oder der Widerstand gegen physische Gewalt gezielt steuern. Allerdings ist bei der Verwendung solcher Produkte darauf zu achten, ob, wenn erforderlich, sicherheitsrelevante Eigenschaften beeinträchtigt sind (Absturzsicherung).

Polyvinyl-Butyral (PVB)

PVB stellt die gebräuchlichste Folienart für Anwendungen im Glasbau dar. Diese Folien sind, sofern sie die im Anhang der BRL beschriebenen Anforderungen einhalten, uneingeschränkt zur Herstellung von Verbund-Sicherheitsglas verwendbar. Allerdings muss bei eingefärbten Folien und Folien mit besonderen Eigenschaften, wie beispielsweise zur Schalldämmung, die Verwendbarkeit beim Hersteller erfragt werden, da diese Folien von den Vorgaben der BRL abweichen können.

Je nach Verwendung kommen auf den jeweiligen Zweck abgestimmte Folien zum Einsatz. Diese unterscheiden sich im Wesentlichen hinsichtlich ihrer Haftungseigenschaften. Eine reduzierte Haftung mit kontrolliertem Splitterabgang kann bei durchwurfhemmenden Verglasungen erforderlich sein. Trotzdem müssen auch Folien mit reduzierter Haftung die Mindestanforderungen der Splitterbindung erfüllen. [Trosifol 2012]

PVB ist ein teilkristalliner Thermoplast mit langen Molekülketten, dessen reaktionsfähigen Hydroxylgruppen zu 80 % funktionalisiert sind. Wie bei Kunststoffen üblich liegen zwischen den einzelnen Atomen – in der Regel Kohlenstoff und Wasserstoff – kovalente Bindungen vor. Die Bindung ist unpolar. Weichmacher ermöglichen eine gezielte Steuerung der mechanischen Eigenschaften wie Elastizität und Adhäsionsvermögen.

Die Haftung zum Glas erfolgt über Wasserstoffbrückenbindungen zwischen den noch freien Hydroxylgruppen und den entsprechenden Gruppen auf dem Glas. [Trosifol 2012]

Tabelle 2.2
Allgemeine Eigenschaften für Standardfolien aus Polyvinyl-Butyral nach Herstellerangaben.

[Weller 2010]

Eigenschaften	Wert
Zugfestigkeit	> 20 N/mm^2
Bruchdehnung	> 250 %
Dichte	1,06 bis 1,09 g/cm^3
Glasübergangsbereich	~ +20 °C
Schmelzbereich	~ +75 °C
Brechungsindex	~ 1,5
Lichttransmission	87 % bis 90 %

[Trosifol 2012]

Die Herstellung von VSG mit PVB als Zwischenfolie ist ein im Wesentlichen dreistufiges Verfahren. Als erstes werden die zu laminierenden Scheiben gereinigt. An das Waschwasser werden besondere Anforderungen hinsichtlich der Demineralisierung und der Härte gestellt, da bestimmte Mineralien starken Einfluss auf die Haftung besitzen. Anschließend erfolgt unter konstanten und abgestimmten Raumbedingungen das Zusammenlegen der einzelnen Schichten. Dabei sind zunächst keine Anforderungen an eine einzuhaltende Maximalstärke gestellt. Allerdings kann der zweite Schritt, der Vorverbund, die Dicke begrenzen.

Bild 2.22
Herstellung des Vorverbunds mit dem Rollenvorverbund (hier Aufheizung) und dem Vakuumsack
© bystronic-glass, Bystronic Lenhardt GmbH, Neuhausen-Hamberg

© Kuraray Europe GmbH, Division TROSIFOL, Troisdorf

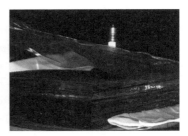

Für die Herstellung des Vorverbunds bestehen zwei Möglichkeiten. Zum einen kann dieses im Rollenvorverbund für ebene Scheiben und zum anderen im Vakuumsack für gebogene oder besondere Scheiben mit hohen Qualitätsanforderungen erfolgen. Beim Rollenvorverbund wird das Scheibenpaket zweistufig bei einer Temperatur von 35 °C und 60 – 70 °C unter Druck von etwa 5 – 7 bar zusammengepresst. Das Scheibenpaket ist nun handhabbar. Bei der zweiten Methode erfolgt das Zusammenlegen der Verglasung in einem Vakuumsack. Nach dem Schließen des Sackes wird der Innenraum evakuiert. Dabei ist nicht zwangsläufig ein Hochvakuum erforderlich, sondern der Druck sollte zwischen 0,1 – 0,2 bar liegen. Anschließend wird das Paket in einem Heiztunnel auf etwa 100 °C erwärmt.

Die Folie selbst ist nach Herstellung des Vorverbunds noch transluzent. Im ersten Schritt soll die während des Zusammenlegens eingebrachte Luft herausgepresst werden. In der zweiten Stufe unter erhöhter Temperatur werden die Ränder versiegelt, so dass keine Luft mehr eindringen kann. Der endgültige Verbund, einhergehend mit Herstellung der Transparenz der Folie, erfolgt im Autoklavenprozess. Dort wird der Endzustand unter Druck von etwa 14 bar und einer Temperatur von 120 °C hergestellt. Die Verweildauer im Autoklaven richtet sich nach der Dicke des Aufbaus.

Bild 2.23
Autoklav im letzten Schritt des Laminierprozesses

© Kuraray Europe GmbH, Division TROSIFOL, Troisdorf

Ethylen-Vinylacetat (EVA)

EVA wird gewöhnlich als Zwischenschicht in Photovoltaikmodulen verwendet. Der wesentliche Grund liegt in der schnelleren Herstellung des Verbundes. Mit sogenannten „fast-curing"-Folien lassen sich Laminationszeiten von 5 – 10 Minuten erzielen. Verglichen mit dem Autoklavenprozess ist der Herstellprozess im Laminator für eine industrielle Serienfertigung weit besser geeignet. Darüber hinaus heizen sich PV-Module aufgrund ihrer systembedingten Farbgebung unter Sonneneinstrahlung stärker auf. Bei höheren Temperaturen besitzt EVA bessere Werte der mechanischen Eigenschaften als PVB, beispielsweise beim E-Modul.

Dennoch ist EVA als Alternativfolie für PVB nicht uneinge-schränkt verwendbar. Zum einen ist die Erzielung einer aus-reichenden Laminationstemperatur von wesentlicher Bedeu-tung, da bei zu geringen Temperaturen keine Vernetzungs-reaktion einsetzt, sondern sich die reaktiven Stoffe verflüch-tigen. Dieser Prozess ist für geringe Scheibenstärken von bis zu 4 mm, wie sie für PV-Module üblich sind, erprobt und in der Anwendung gesichert. Größere Scheibenstärken kön-nen Probleme der erforderlichen Aufheizung nach sich zie-hen. Zum anderen neigen EVA-Folien zu Eintrübungen mit entsprechenden optischen Störungen. Die Lichttransmission wird dadurch nicht wesentlich beeinflusst und ist somit bei PV-Modulen nicht weiter von Bedeutung. Aber bei transpa-renten Bauteilen ist dieses von Nachteil.

[Weller 2010] und
[Kothe 2012]

EVA ist ein Copolymer, welches aus den Monomeren Ethen und Vinylacetat hergestellt wird. Der Anteil an Vinylacetat beeinflusst die mechanischen Eigenschaften wesentlich. Mit zunehmendem Gehalt verändert sich EVA von thermoplas-tisch und kristallin zu amorph und kautschukartig. Dieses lässt sich durch zunehmende Verzweigungen der Molekül-ketten erklären. Für übliche Anwendungen beträgt der Vi-nylacetat-Anteil 10 – 40 %. Mit einem Gehalt von 50 % ver-hält sich EVA wie ein thermoplastisches Elastomer.

Tabelle 2.3
Allgemeine Eigenschaf-ten für Standardfolien aus Ethylen-Vinylacetat nach Herstelleranga-ben.

[Weller 2010]

Eigenschaften	Wert
Zugfestigkeit	> 15 N/mm^2
Bruchdehnung	> 500 %
Dichte	~ 0,95 g/cm^3
Glasübergangsbereich	~ -40 °C
Schmelzbereich	~ +75 °C
Brechungsindex	~ 1,5
Lichttransmission	91 bis 93 %

Die Herstellung des Verbundes erfolgt im Laminator. Dabei werden wie beim PVB die einzelnen Schichten zunächst übereinander gelegt. Anschließend wird das Paket bei einer Temperatur von 60 °C in den Laminator eingebracht, wel-cher im Anschluss evakuiert wird. Dabei wird eingeschlossene Luft aus dem Verbund ausgetrieben. Eine Membran im Deckel des Laminators teilt diesen in zwei Kammern, welche im ersten Schritt beide evakuiert werden. Im zweiten Schritt erfolgt eine Erhöhung der Temperatur auf etwa 140 °C und die obere Kammer wird belüftet. Diese baut nun einen Druck auf das Scheibenpaket auf.

Bild 2.24
Herstellung des Verbunds im Laminator

© Spaleck-Stevens
InnoTech GmbH &
Co. KG, Bocholt

Die Vernetzung der Folie erfolgt sowohl chemisch als auch physikalisch. Neben einem Verknäulen der Molekülketten besitzt EVA mehr reaktionsfähige Bestandteile – beispielsweise Doppelbindungen – als das regelmäßig aufgebaute und langkettige Polyethylen (PE), welche untereinander wieder kovalente Bindungen eingehen können.

Thermoplastisches Polyurethan (TPU)

Verglichen mit PVB und EVA ist TPU ein Hochleistungswerkstoff mit einem segmentartigen Aufbau der Molekülkette. Die sogenannten Hart- und Weichsegmente wechseln sich statistisch gestreut innerhalb der Ketten ab. Die Hartsegmente agieren als Vernetzungspunkte innerhalb der Struktur und bestimmen im Wesentlichen die mechanischen Eigenschaften wie Härte und Steifigkeit sowie das Hochtemperaturverhalten. Dagegen bilden die Weichsegmente flexible Bereiche aus, die das Tieftemperaturverhalten und das gummielastische Verhalten bei hohen Temperaturen bewirken. TPU ist ein thermoplastisches Elastomer.

[Weller 2010] und
[Kothe 2012]

TPU-Folienmaterialen zeichnen sich durch eine hohe Zugfestigkeit bei gleichzeitig hoher Reißdehnung sowie durch eine hohe Flexibilität über einen weiten Temperaturbereich aus. Darüber hinaus weisen sie ein geringes Verformungsverhalten unter Belastung – sowohl statisch als auch dynamisch – auf. Damit erscheinen sie für baupraktische Belange besser als andere Folienarten geeignet zu sein. Allerdings weist das Material wegen seiner Herstellung und Leistungsfähigkeit höhere Herstellkosten auf.

Tabelle 2.4
Allgemeine Eigenschaften für Standardfolien aus thermoplastischem Polyurethan nach Herstellerangaben.

[Weller 2010]

Eigenschaften	Wert
Zugfestigkeit	$> 40 \text{ N/mm}^2$
Bruchdehnung	> 400 %
Dichte	$\sim 1,06 \text{ g/cm}^3$
Glasübergangsbereich	~ -40 °C
Schmelzbereich	~ +120 °C
Brechungsindex	~ 1,5
Lichttransmission	> 89 %

Die Herstellung von Verbunden aus Glas und TPU erfolgt analog zum PVB. Zunächst wird ein Vorverbund angefertigt, der anschließend in einen Autoklaven eingebracht wird. Die Betriebsbedingungen des Autoklaven wie Temperatur, Druck und Verweildauer, hängen dabei von der Größe des herzustellenden Verbundes ab. Üblicherweise liegen die Temperatur bei 80 – 140 °C und der Druck bei 8 – 12 bar.

Ionomer-Folien – SentryGlas (SG)

Der Begriff Ionomer wurde von DuPont zur Bezeichnung dieser Art von Kunststoffen geprägt.

Die Besonderheit von Ionomeren besteht darin, dass die Vernetzung nicht über kovalente sondern über Ionenbindungen erfolgt. In die Polymer-Struktur, die auf Ethen oder Buta-1,4-dien basiert, sind ionische Gruppen mit einem Anteil von bis zu 10 % eingebunden. Ansonsten ist die übrige Struktur unpolar. Diese ionischen Gruppen können sich nun untereinander zwischen den einzelnen Ketten physikalisch vernetzen. Dadurch erhält der Werkstoff thermoplastische Eigenschaften.

Die Folien besitzen gegenüber PVB eine hohe Eigensteifigkeit und hohe Transparenz. Ionomer-Folien mit allgemeiner bauaufsichtlicher Zulassung erlauben den Ansatz eines Schubverbunds in der Berücksichtigung des Schubmoduls der Folie. Dieser ist in seiner Höhe nach der Art der Beanspruchung (Windlast, Holmlast, Schneelast) und in Abhängigkeit der Temperatur geregelt. Eine explizite Unterteilung der Lastdauern gemäß DIN 18008-1 erfolgt an dieser Stelle nicht. Vielmehr gelten unterschiedliche Schubmoduln für die jeweilige Beanspruchung. Im Lastfall Eigengewicht ist der Ansatz eines Schubmoduls unzulässig.

abZ Z-70.3-170
abZ Z-70.3-175

Temperatur [°C]	30	35	40	45	50	55	60
Schubmodul [N/mm²]	65	30	9	7	4	3	2

Tabelle 2.5
Schubmodul für SG in Abhängigkeit der Temperatur nach abZ

Verglichen mit derzeit in anderen, nichtdeutschen Normen zulässigem Schubmodul für PVB liegen die Werte für SG deutlich höher.

Nach ÖNORM 3716-1 ist ein Schubmodul von $G = 0,40$ N/mm² zulässig.

Eigenschaften	Wert
Zugfestigkeit	> 30 N/mm²
Bruchdehnung	> 300 %
Dichte	~ 0,95 g/cm³
Glasübergangsbereich	~ +45 °C
Schmelzbereich	~ +95 °C
Brechungsindex	k.A.
Lichttransmission	k.A.

Tabelle 2.6
Allgemeine Eigenschaften von Ionomeren nach Herstellerangaben.

[Weller 2010]

Die Herstellung von Verglasungen mit SG als Zwischenschicht erfolgt nach den gleichen Methoden wie für PVB. Allerdings erfordert die Handhabung des Werkstoffs besondere Maßnahmen. Nur vom Hersteller eingewiesene und zertifizierte Betriebe erhalten entsprechendes Material. Daher sollte im Vorfeld einer Beauftragung von Verglasungsleistungen, bei denen SG zum Einsatz kommt, die Qualifikation des Herstellbetriebs überprüft werden.

Gießharze

Gießharze finden im Bauwesen nur noch selten und dann meistens bei der Herstellung von Photovoltaik-Modulen Anwendung. Diese Produkte fallen aber nicht sehr häufig in den Regelungsbereich des Baurechts. Für bauliche Anwendungen im Sinne der MBO benötigen alle Gießharze eine ZiE oder abZ.

Bauarten und Bauprodukte mit oder aus Gießharzen sind im Glasbau nicht mehr üblich. Ehemalige abZ sind abgelaufen und nicht erneuert worden. Für die Anwendung in Schallschutzfenstern stellen Gießharze eine brauchbare Alternative dar, da durch die Zusammensetzung des Harzes und der Dicke der Verbundschicht die Resonanzfrequenz und das Schalldämmmaß gezielt eingestellt werden können. Bei Vertikalverglasungen ohne absturzsichernder oder sicherheitsrelevanter Funktionen sind eine abZ oder andere Genehmigungsinstrumente nicht erforderlich. Dieses erfordert aber die Verwendung geregelter Bauprodukte nach BRL.

Frühere Einsatzgebiete von Gießharzen umfasste die Herstellung von PV-Modulen. Bei diesen wurden die Solarzellen in der Zwischenschicht eingebettet. Allerdings ist ein solcher Einsatz aufgrund der Entwicklung der Fügetechnik mit EVA als Verbundmaterial im Laminatorprozess nur noch selten.

Die Herstellung von Verbundscheiben mit Gießharzverbund erfolgt in der Regel zweistufig. Zunächst wird eine Randversiegelung hergestellt, die einerseits den erforderlichen Scheibenabstand gewährleistet und andererseits das Auslaufen des Harzes verhindert. Anschließend wird das flüssige Gießharz eingebracht, verbleibende Luft ausgetrieben und ausgehärtet. Im Falle von licht- oder UV-härtenden Harzen ist dabei auf die korrekte Reihenfolge der Aushärtung zu achten, da UV-Strahlung absorbiert werden kann.

2.4.3 Klotzungsmaterialien

Bei vielen Anwendungen im Konstruktiven Glasbau werden
Lasten in die Scheibenkante eingeleitet. Häufigstes Beispiel
ist der Eigenlastabtrag bei linienförmig und punktförmig gelagerten Verglasungen. Neben dem Eigengewicht werden
bei Glasschwertern oder Glasträgern auch hohe Verkehrslasten in die Glaskanten eingeleitet.

Für Tragklötze zulässige Materialien und Prüfungen zur   [BVG TR3]
Verträglichkeit sind in den Technischen Richtlinien des
Glashandwerks geregelt. Es werden Tragklötze aus Kunst-
stoff – meist PVC – oder Hartholz empfohlen. Die Holzklötze
müssen dabei aus imprägniertem und alterungsbeständigem
Hartholz mit einer Rohdichte ≥ 650 kg/m^3 bestehen. Bei den
Kunststoffklötzen wird die Härte der Klötze in Abhängigkeit
der Verglasung festgelegt. Grundsätzlich müssen die Kunst-
stoffe über die gesamte Nutzungsdauer der Verglasung
dauerhaft druckstabil und alterungsbeständig sein. Eine
Verträglichkeit mit anderen Materialien, zum Beispiel dem
Randverbund der Isoliergläser, den Zwischenschichten bei
VSG und VG, den Dichtstoffen oder Gießharzen, muss im
Sinne von DIN 52460 sichergestellt werden. Werden schwe-   DIN 52460
re Verglasungen geklotzt, so wird anstatt PVC-Klötzen eher
Polyamid (PA), Chloroprene – Neoprene (CR), Ethylen-
Propylen-Dien-Kautschuk (EPDM), Polyethylen (PE) oder
Polypropylen (PP) als Klotzmaterial empfohlen.

Bei punktförmig gelagerten Vertikalverglasungen erfolgt der
Eigenlastabtrag durch in den Bohrlochrand eingeleiteten
Lochleibungsdruck. Den Kontakt zwischen Glas und Punkthalter stellen dabei Hülsen aus Zwischenmaterialien sicher.
Die Materialien müssen dauerhaft druckfest und beständig   [Saint-Gobain 2006]
gegen UV-Strahlung, Wasser, Reinigungsmittel und Temperaturwechsel zwischen -25 °C und 100 °C sein. DIN 18008-3
empfiehlt Kunststoffhülsen aus Polyamid (PA 6) oder Po-   DIN 18008-3, A.1.1
lyoxymethylen (POM), die von vielen Punkthalterherstellern
verwendet werden. Neben diesen und weiteren Kunststoffen
wie Polyetheretherketon (PEEK) oder Polysulfon (PSU) sind
jedoch auch Hülsen aus Weichaluminium oder Fugenverfül-
lungen durch Glasmörtel üblich.

[www.hilti.de]

Der Drei-Komponenten-Hybridmörtel Hilti-HIT HY70 ist der Nachfolger des bekannten HY50. Der HY70 besitzt eine relativ hohe rechnerische Druckfestigkeit und verursacht aufgrund seiner weichen Oberfläche keine Schädigungen an der Glaskante. Aufgrund der flüssigen Einbringung passt sich der Glasmörtel an Oberflächen, wie beispielsweise VSG mit Kantenversatz an. Ein weiterer geeigneter Glasmörtel ist epple31 der Firma epple-Chemie. Neben dem Einkleben von Hülsen in Bohrlöchern für Lochleibungsverbindungen dienen Glasmörtel auch zum Einspannen großer Glasbauteile, wie zum Beispiel Glasschwerter in ihrer Auflagerkonstruktion. Dabei wird der Glasmörtel über große Flächen aufgetragen und gewährleistet eine kraftschlüssige Verbindung zwischen dem Glas und den Stahlbauteilen.

[www.epple-chemie.de]

Durch metallische Legierungen oder formstabile Kunststoffe sind gegenüber den Glasmörteln deutlich höhere Druckkräfte übertragbar. Die oft widersprüchlichen Anforderungen, wie hohe Druckfestigkeit, geringe Oberflächenhärte, geringes, sich abschwächendes Kriechverhalten, geringe plastische Verformbarkeit, Temperaturbeständigkeit im für Fassaden maßgeblichen Temperaturbereich, UV-, Chemikalien und Feuchtigkeitsbeständigkeit sowie keine Wechselwirkungen gegenüber anderen verbauten Kunststoffen können durch die Thermoplasten Polyoxymethylen-Copolymer (POM-C) grundsätzlich erfüllt werden. Neben dem reinen POM-C stehen noch eine Reihe „veredelter" POM-C-Kunststoffe, wie glasfaser- oder glaskugelverstärkte POM-C zur Verfügung. Diese weisen für einzelne mechanische Eigenschaften deutlich bessere Eigenschaften als das Grundmaterial auf.

2.4.4 Klebstoffe

Abschnitt 2.5.4

Stoffschlüssige Verbindungen mit Klebstoffen stellen ein geeignetes Verbindungsmittel zwischen Glasbauteilen und zwischen Glas und anderen Werkstoffen dar. Durch flächige Verklebungen lassen sich für das Glas bemessungsmaßgebende Spannungsspitzen und -konzentrationen vermeiden. Allerdings ist die Verbindungstechnologie des Klebens im Bauwesen noch eine sehr junge und nicht umfassend erprobte Methode. Derzeit stehen nur sehr wenige Systeme und Anwendungen mit baurechtlicher Regelung zur Verfügung, wobei im Rahmen von Zustimmungen im Einzelfall Klebverbindungen in den letzten Jahren eine gewisse Verbreitung gefunden haben.

Derzeit geregelte Klebsysteme im Glas- und Fassadenbau beschränken sich auf Silikone als strukturelle Klebstoffe und auf Befestigungen für Bekleidungselemente bei hinterlüfteten Fassaden mit Polyurethan-Klebstoffen. Andere Anwendungen und Klebstoffsysteme sind derzeit ungeregelt. Als mögliche Klebstoffe kommen in Frage:

–	Silikon	geregelt mit abZ,
–	Polyurethan	geregelt mit abZ,
–	Epoxyd	ungeregelt,
–	Acrylat	ungeregelt.

Polyurethan ist mit abZ für Bekleidungselemente hinterlüfteter Fassaden geregelt; Glas fällt aber nicht darunter.

Die einzelnen Werkstoffe werden im Folgenden beschrieben, wobei der Schwerpunkt auf praktische Anwendbarkeit geregelter Systeme für Glaskonstruktionen gelegt wird.

Silikon

Erste Bauwerke mit geklebten Bauteilen aus Glas wurden bereits 1965 in den USA mit dem Klebstoff Silikon errichtet. Daher steht für dieses System ein langer Erfahrungszeitraum zur Verfügung.

Silikon ist ein Kunststoff, der weder der organischen noch der anorganischen Chemie vollständig zugeordnet werden kann. Das molekulare Grundgerüst entspricht vom prinzipiellen Aufbau der Kettenstruktur und Nebengruppen einem Polymer. Der Unterschied zu reinen organischen Kunststoffen besteht darin, dass in der Hauptkette anstelle von Kohlenstoffatomen Siliziumatome angeordnet sind. Organische Reste finden sich als End- oder Nebengruppen. Da die Grundstruktur aus anorganischen Stoffen besteht, die weiteren Bestandteile aber organisch sind, spricht man im Fall von Silikonen von einem Hybriden.

Klebstoffe auf Silikonbasis sind den Elastomeren zuzuordnen. In der Regel liegen diese als gefüllte Elastomere vor. Die Füllstoffe lassen sich in aktive und inaktive Stoffe unterteilen, wobei in der Regel bei im Konstruktiven Glasbau übli-

[Weller 2011a]

Im geringeren Umfang tritt dieses Verhalten auch bei ungefüllten Elastomeren auf.

chen Silikonen inaktive Füllstoffe zur kostengünstigen Volumenvergrößerung verwendet werden. Die Füllstoffe, ob aktiv oder inaktiv, bewirken ein Spannungs-Dehnungsverhalten, welches von der Belastungsvorgeschichte abhängig ist.

Bild 2.25
Mullins-Effekt

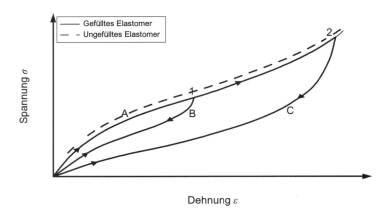

Nach Entlastung einer Zugprobe ergibt sich im Spannungs-Dehnungsdiagramm ein von der Belastungskurve abweichender Entlastungsverlauf (Hysterese – Kurve B). Die Probe zeigt eine Materialerweichung. Bei Wiederbelastung folgt die Probe zunächst der Entlastungskurve, um ab dem Punkt der ersten Maximalbelastung (Punkt 1) dem Erstbelastungsverlauf zu folgen. Im Bereich der Gebrauchstemperatur verhalten sich Silikone entropie-elastisch, wobei Dehnungen und Verformungen in der Matrix und nicht in den Füllstoffen auftreten.

Dieses Materialverhalten wird als Mullins-Effekt bezeichnet.

Bild 2.26
Entropie-elastisches Verhalten von Silikon

[Govindjee 1991]

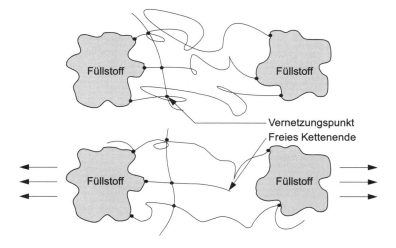

Zur Baustoffprüfung wurde auf europäischer Ebene die ETAG 002 geschaffen, um einheitliche Prüfstandards für strukturelle Silikonklebstoffe vorzugeben. In dieser sind neben den Vorschriften zur künstlichen Alterung Berechnungsformeln zur Anwendung in Fassaden aufgeführt. Allerdings können Zulassungen solches spezieller regeln.

Diese Zugfestigkeit wird an gealterten Proben nach ETAG 002 bestimmt. Für die Bemessung erfolgt die statistische Auswertung als 5 %-Fraktil mit 75 %-iger Aussagewahrscheinlichkeit. Dieser Wert $R_{u,5\%}$ wird dann mit einem globalen Sicherheitsbeiwert dividiert, das heißt, die Bemessung solcher Systeme erfolgt nicht semi-probabilistisch sondern deterministisch. Als zulässige Spannungen ergeben sich unabhängig vom Hersteller folgende Werte. Allerdings ist zu beachten, dass in Deutschland die Anwendungen und nicht die Produkte bemessungstechnisch maßgebend sind.

Diese Formeln entsprechen denen in DIN EN 13022.

Eigenschaften	Wert
Zugfestigkeit[a]	0,14 N/mm^2
Schubfestigkeit[a,c] – kurzzeitig	0,11 – 0,14 N/mm^2
Schubfestigkeit[a,b] – permanent	0,011 N/mm^2
E-Modul	0,90 N/mm^2
Schubmodul	0,30 N/mm^2
Glasübergangsbereich	~ -50 °C

[a] zulässige Werte
[b] nach MLTB permanente Klebfugenbeanspruchung nicht zulässig
[c] jeweiliger Wert nach entsprechender Zulassung

Tabelle 2.7
Gängige mechanische Kennwerte zur Bemessung von Structural-Sealant-Glazing-Systemen (SSG-Systeme)

In der ETAG 002 ist ein globaler Sicherheitsbeiwert von 6 vorgeschrieben. Dieser Wert entspricht allerdings nicht zwangsläufig der erforderlichen Sicherheit aufgrund von sehr stark streuenden Materialparametern oder anderer Unsicherheiten, sondern auf einer Begrenzung der Dehnung des Materials. Bei einer Bruchdehnung von 250 % bis 500 % ergäben sich bei einer Ausnutzung einer höheren Zugspannung extreme Verformungen in den Bauteilen, welche dann in der Regel den baupraktischen Bereich überschreiten.

Bild 2.27
Spannungs-
Dehnungsdiagramm
von Silikon

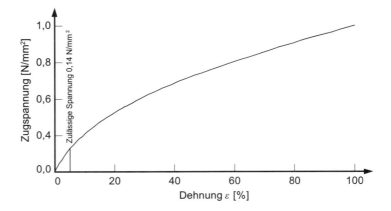

Ebenso besitzen Silikone wie die meisten Kunststoffe ein
ausgeprägtes Kriechverhalten, welches die Dauerspannung
nochmals um eine Größenordnung herabgesetzt. Allerdings
sind Systeme mit einem Eigenlastabtrag über der Klebfuge
in Deutschland nicht zugelassen. Daher müssen auch immer
alle Einzelscheiben in Mehrscheiben-Isolierverglasungen mit
Klotzungen unterstützt sein (Abschnitt 2.3.4).

Neben einer Verwendung als struktureller Klebstoff in Struc-
tural-Sealant-Glazing-Konstruktionen (Abschnitt 2.5.4)
kommen Silikone sehr häufig als dauerelastische Dich-
tungsmaterialien in Frage. In Mehrscheiben-Isoliergläsern
mit einem zweistufigen Dichtsystem finden Silikone eine
breite Verwendung. Als Primärdichtung sind diese aber wegen der Durchlässigkeit für Gase ungeeignet. An dieser
Stelle kommt dann Butyl zum Einsatz. Die zweite Dichtung
aus Silikon bewirkt einerseits eine Barriere gegen Feuchtigkeit und andererseits als Klebstoff eine Verbindung der
Scheiben untereinander.

Beispielsweise können
PVB-Folien mit be-
stimmten Dichtstoffen
unverträglich sein.

Abschnitt 2.6

Bei allen Anwendungen mit verschiedenen Kunststoffen ist
auf eine Materialverträglichkeit unter den gegebenen Anwendungsbedingungen zu achten. Systeme, die für eine
bestimme Anwendung kompatibel sind, können sich unter
geänderten Randbedingungen – andere Temperaturen,
andere Feuchtigkeit oder andere mechanische Beanspruchungen – für diese als nicht verträglich herausstellen. Vor
der Ausführung sollte, falls eigene Erfahrungen nicht vorliegen, der Hersteller des Dichtungsmittels hinsichtlich der
Anwendbarkeit im vorliegenden Fall befragt werden.

Weitere, ungeregelte Systeme

Im Konstruktiven Glasbau gibt es keine weiteren geregelten Klebstoffe oder Klebanwendungen. Auch in den übrigen Bereichen des Bauwesens sind Klebverbindungen eher selten. Mögliche Alternativklebstoffe gegenüber dem Silikon erlauben hinsichtlich ihrer chemischen Zusammensetzung eine Steuerung der Materialeigenschaften wie

– Festigkeit,
– Elastizität,
– Schrumpfverhalten beim Aushärten,
– UV-Beständigkeit oder
– Glasübergangstemperatur

Alternativklebstoffe mit veränderten Eigenschaften können

– Polyurethan
– Epoxidharze (in der Regel zweikomponentig) oder
– Acrylate

sein. Alle genannten Klebstoffe besitzen allerdings den Nachteil, dass die Glasübergangstemperatur in der Regel in den baupraktischen Bereich zwischen -20 °C bis +80 °C fällt. Sofern der Abfall der Materialeigenschaften im entropie-elastischen Bereich eine Verwendung nicht von vornherein verhindert, sind in einem solchen Fall verschiedene Bemessungssituationen mit den hochfesten und einem weichen Eigenschaften des Klebstoffs zu berücksichtigen. Darüber hinaus ist die Alterung der Materialien noch nicht hinlänglich untersucht und verifiziert. Langzeitstudien unter natürlichen Witterungsbedingungen liegen noch nicht vor. Einzig Laborversuche mit künstlichen Alterungsszenarien bieten eine erste Datenbasis. Daher ist die Verwendung anderer Klebstoffe als Silikon baurechtliches Neuland, auch wenn bereits erste Pilotprojekte erfolgreich realisiert worden sind.

Eine geregelte Anwendung betrifft die Befestigung von Bekleidungselementen bei vorgehängten hinterlüfteten Fassaden auf Aluminiumunterkonstruktionen mit einem Polyurethan-Klebstoff. Allerdings bestehen die Fassadenelemente dann aus Faserzement oder Glasfaserbeton. Glaselemente sind nicht einbezogen.

2.5 Verbindungen im Glasbau

2.5.1 Grundlagen des Fügens

Ein weiterer wesentlicher Aspekt des materialgerechten Konstruierens ist die Entwicklung von konstruktiven Detaillösungen des Fügens und Verbindens zur zwängungsfreien Lagerung von Glasbauteilen. Dabei sollen grundsätzlich Konstruktionen, die lokale Spannungskonzentrationen und Zwängungen erzeugen, vermieden werden. Weiter soll der Kontakt von Glas mit harten Materialien vermieden werden. Beides sind Anforderungen, die sich unmittelbar aus den charakteristischen Materialeigenschaften, insbesondere des spröden Bruchverhaltens, ergeben.

Gemäß den physikalischen Wirkprinzipien wird in formschlüssige, kraftschlüssige und stoffschlüssige Verbindungen unterschieden (Bild 2.28). Greifen mindestens zwei Verbindungspartner ineinander, die aufgrund ihrer Geometrie eine gegenseitige Verschiebung verhindern, liegt ein Formschluss vor. Die Kräfte werden senkrecht zur Kontaktfläche übertragen. Vielfach, beispielsweise bei Lochleibungsverbindungen, wird für die formschlüssige Verbindung zweier Elemente ein drittes Bauteil, in der Regel ein Bolzen oder eine Schraube, erforderlich. Kraftschlüssige Verbindungen, wie beispielsweise Reibverbindungen, entstehen durch das Aufbringen einer geeigneten Vorspannung normal zu den Kontaktflächen zwischen den Einzelteilen. Die dadurch hervorgerufene Reibkraft verhindert eine gegenseitige Verschiebung der Fügeteile.

Bild 2.28
Füge- und Verbindungsarten von Bauteilen

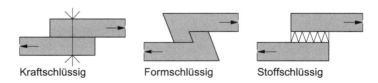

Kraftschlüssig   Formschlüssig   Stoffschlüssig

Häufig lassen sich gleichzeitig mehrere Wirkprinzipien bei einer Verbindung finden. Randklemmhalter für Verglasungen zum Beispiel übertragen Kräfte in Richtung der Glasebene durch Reibung, so dass eine kraftschlüssige Verbindung entsteht. Für Kräfte, die normal zur Glasebene wirken, umfasst die Klemme die Glaskante und bildet somit einen Formschluss.

In flächigen oder linienförmigen Verbindungen beziehungsweise Auflagerungen werden aufgrund der größeren Kontaktflächen die Auswirkungen von Spannungskonzentrationen verringert. Bemessungsmaßgebend für solche Bauteile
sind dann in aller Regel die Hauptzugspannungen beziehungsweise Verformungsbegrenzungen innerhalb der
Scheibenfläche. Weiter können bei einer allseitigen, linienförmigen Lagerung in der Bemessung nichtlineare Bemes-
sungsmethoden einhergehend mit einer Glasdickenoptimie-
rung angewendet werden. Beides führt zu einer effizienteren
Ausnutzung der Verglasung.

2.5.2 Formschlüssige Verbindungen

Lochleibungsverbindungen sind die typischen formschlüssi-
gen Verbindungen im Konstruktiven Glasbau. Sie besitzen
den Vorteil einer einfachen Montage auf der Baustelle und
einer dauerhaften Lösbarkeit.

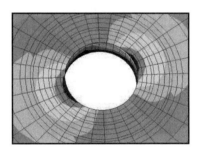

Bild 2.29
Handelsüblicher Punkt-
halter und lokale Span-
nungskonzentration im
Bereich des Bohr-
lochrandes

Da es bedingt durch den Laminiervorgang bei Verwendung
von VSG oftmals zum Versatz der übereinander liegenden
Bohrlöcher kommt, oder die Bohrlöcher planmäßig unterschiedliche Durchmesser besitzen, ist zur Gewährleistung
eines gleichmäßigen Lochleibungsdrucks der Einbau eines
Zwischenmaterials zwischen Schraubenschaft und Bohrlochrand notwendig (Bild 2.29). Diese Zwischenmaterialien
müssen druckfest aber weich und beständig sein und dürfen
nur geringfügig zum Kriechen neigen. Es kommen deshalb
zum Beispiel Kunststoffhülsen, Weichaluminiumhülsen oder
Glasmörtel zum Einsatz.

Zur Erläuterung von
einsetzbaren Materia-
lien Abschnitt 2.4.3

Bild 2.30
Lochleibungsverbin-
dung im Glasbau mit
Spannungskonzentrati-
on am Bohrloch

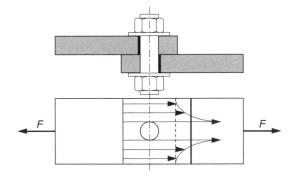

Trotz der Verwendung geeigneter Zwischenmaterialien treten bei Glas in der Nähe des Bohrlochs Spannungskonzentrationen (Bild 2.30) auf, hervorgerufen durch eine lokal be-
grenzte Lasteinleitung und die Querschnittschwächung in
der Unstetigkeitsstelle des Bohrlochs. Durch das Unvermö-
gen des Materials, Spannungsspitzen durch plastisches
Fließen abzubauen oder die Spannungen umzulagern, sind
der Bohrlochbereich oder andere Stellen geometrischer
Unstetigkeiten wie Ausklinkungen häufig bemessungsrele-
vant. Deshalb sind Bauarten mit Punkthaltern oder Bohrlöcher erfordernde Bauweisen hinsichtlich einer materialgerechten Konstruktion nur bedingt geeignet.

Neben punktförmig gestützten Verglasungen kommen Lochleibungsverbindungen auch in Glasträgern zur Aussteifung
von Glasfassaden, sogenannten Glasschwertern, zum Einsatz. Dabei überschreitet die Höhe der Konstruktionen häufig die produktionstechnisch beschränkte Fertigungslänge,
so dass neben dem Fuß- und Kopfpunkt auch Glasträger-
stöße als Lochleibungsverbindung hergestellt werden.

2.5.3 Kraftschlüssige Verbindungen

Reibverbindungen – als eine kraftschlüssige Verbindungs-
technik für Glas – verwenden die im Stahlbau seit Jahrzehn-
ten bekannte Wirkungsweise hochfester Schraubverbindungen, die mit einem Anzugsmoment hergestellt werden. Im
Glasbau werden ebenso Stahlelemente über eine Zwischenschicht auf die Glasfläche aufgepresst und übertragen
durch Reibung Kräfte. Dabei muss eine dauerhafte Reibverbindung realisiert werden (Bild 2.31). Dies erfordert Vorbe-

handlungsmaßnahmen und ausgesprochen kriecharme Materialien für Zwischenmaterialien und Zwischenschichten. Deshalb ist die Anwendung von Reibverbindungen aufgrund des Kriechens der Folie aus Polyvinyl-Butyral (PVB) im Verbund-Sicherheitsglas vornehmlich auf Einscheibensicherheitsglas (ESG) beschränkt.

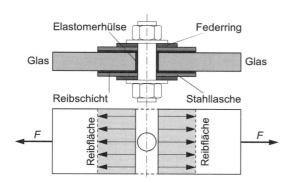

Bild 2.31
Reibverbindung mit gleichmäßiger Spannungsverteilung in der Verbindungsfuge

2.5.4 Stoffschlüssige Verbindungen

Stoffschlüssige Verbindungen können durch Schweißen und durch Kleben hergestellt werden. Im Konstruktiven Glasbau werden derzeit flächige Verbindungen zwischen zwei Glasbauteilen oder von Glasbauteilen mit ihrer Unterkonstruktion durch Klebung ausgeführt.

Dabei erfolgt eine gleichmäßige Krafteinleitung in die Bauteile, weswegen in der Regel keine oder nur sehr geringe Spannungskonzentrationen auftreten (Bild 2.32). Diese lokalen Spannungsspitzen können über die Schichtdicke und die Elastizität des Klebstoffs minimiert werden. Die Fügeteile werden nicht durch Bohrlöcher oder Aussparungen geschwächt.

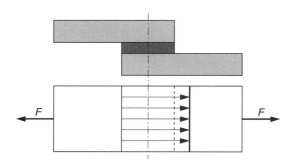

Bild 2.32
Klebverbindung mit gleichmäßiger Spannungsverteilung in der Klebfuge

Nachteilig auf die Verbreitung von Klebverbindungen wirken sich die hohen Ansprüche an die Ausführungsqualität und Kontrolle der klimatischen Bedingungen bei der Herstellung geklebter Verbindungen aus. Die Herstellung erfordert zusätzliche Arbeitsschritte für die Oberflächenbehandlung und die Aushärtung. Bei bauseitigen Klebungen sind diese zusätzlichen Anforderungen durchaus problematisch, zumal es im Bauwesen derzeit keine einheitlichen Standards für die Qualitätssicherung des Klebprozesses gibt.

Die einzigen in Deutschland für das Bauwesen derzeit zugelassenen Klebstoffe sind Silikone bei der Anwendung in Structural-Sealant-Glazing-Systemen (SSG-System). Die Verglasung wird bei diesen Systemen über eine linienförmige Klebung mit einem Tragrahmen oder einem Adapterprofil aus Metall verbunden. Dabei können die Verklebungen neben den quer zur Verglasungsebene wirkenden Kräften (in der Regel Wind) auch das Eigengewicht der Verglasung abtragen (ungestützte System) oder der Eigenlastabtrag erfolgt über Tragklötze und die SSG-Verklebung dient ausschließlich dem Lastabtrag der quer zur Verglasungsebene wirkenden Kräften (gestützte Systeme).

Werden die SSG-Systeme nach den gegebenenfalls notwendigen Haltevorrichtungen (zum Beispiel Metallwinkel oder Hinterschnittanker), die im Versagensfall der Klebung ein Herausrutschen der Verglasung verhindern, kategorisiert, dann ergeben sich vier Varianten (Bild 2.33). Ihre Anwendung ist durch die baurechtlichen Regelungen auf bestimmte Einsatzbereiche beschränkt. Deshalb sind in Deutschland bis auf wenige Ausnahmen nur Systeme zulässig, bei denen keine ständigen Lasten über die Klebung abgetragen werden (Typ I) und bei denen ab einer Einbauhöhe von acht Metern auch mechanische Sicherungen für den Versagensfall der Klebung vorgesehen sind (Typ II).

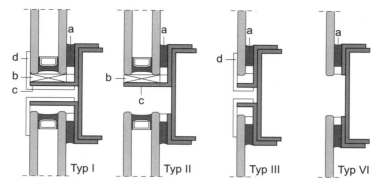

Typ I   Typ II   Typ III   Typ VI

Bild 2.33
Klassifizierung von
Structural-Sealant-
Glazing-Systemen nach
ETAG 002 (Typ I bis IV)
a Klebung
b Tragklotzung
c mechanischer Träger
  für Eigengewicht
d mechanische
  Sicherung

In der europäischen technischen Leitlinie ETAG 002 werden der prinzipielle Aufbau, die verwendbaren Materialien sowie die erforderlichen experimentellen Untersuchungen für das Zulassungsverfahren der geklebten Fassadenkonstruktionen beschrieben. Dabei beschränkt sich die Auswahl möglicher Klebstoffe auf Silikone, für die belastbare Versuchsergebnisse und Langzeiterfahrungen vorliegen. Zugelassene SSG-Silikone für lastabtragende Verklebungen sind beispielsweise SG 500 der Firma Sika oder DC 993 der Firma Dow Corning. Vorteile von Silikonklebstoffe sind eine sehr gute Haftung auf der Glasoberfläche und eine hohe Beständigkeit gegenüber Umwelteinflüssen. Nachteilig sind dagegen die geringe Steifigkeit, die niedrige Bruchfestigkeit sowie die schwarze Färbung des Klebstoffes.

Bei der Anwendung von SSG-Klebungen müssen kontrollierbare Umgebungsbedingungen vorliegen. Bei werkseitiger Herstellung der Klebungen ist eine werkseigene Produktionskontrolle mit Fremdüberwachung erforderlich. Beim Kleben auf der Baustelle sollten auf besondere Sorgfalt bei der Ausführung geachtet und umfangreiche Maßnahmen zur Qualitätssicherung ergriffen werden. Eine Fremdüberwachung wird in der Regel durch die Bauaufsicht im Rahmen der ZiE gefordert.

Zur Einbauüberwachung von Silikonverklebungen Abschnitt 5.3.

Zukünftig ist damit zu rechnen, dass die Anwendung transparenter oder höhermoduliger Klebstoffe neue Anwendungsfelder für Glasklebungen eröffnen wird. Die linienförmige Verbindung von Glas mit duktilen Materialien ermöglicht Hybridbauteile mit gesteigertem Trag- und Resttragvermögen. Weiterhin können mit höherfesten Klebstoffen auch punktförmige Klebungen für Punkthalter in Fassadenkonstruktionen ausgeführt werden. Als Klebstoffe kommen dafür beispielsweise Epoxidharze oder Acrylate zum Einsatz. Für den Einsatz dieser Regelungen existieren jedoch keinerlei baurechtliche Regelungen, so dass im Rahmen von Zustimmungsverfahren im Einzelfall umfangreiche Baueilversuche notwendig sind.

ETA-09/0024 3M™ VHB™ Structural Glazing Tape G/B 23F

Die linienförmige Befestigung von Verglasungen an der Unterkonstruktion erfolgt mittlerweile auch mit Hilfe leistungsfähiger Klebebänder, wie zum Beispiel 3M™ VHB™ Structural Glazing Tapes, die eine Europäische Zulassung in Anlehnung an ETAG 002 besitzen.

Glasschweißen als stoffliche Verbindung befindet sich noch im experimentellen Stadium und spielt insbesondere bei der Herstellung von Vakuum-Isolierglas eine wichtige Rolle.

2.6 Schäden im Glasbau

Schäden an Glasbauteilen können aufgrund der Vielzahl an möglichen Einwirkungen und unsachgemäßer Handhabung und Ausführung nie ausgeschlossen werden. In planerischer Hinsicht wird diesen Bedingungen mit den Konzepten des sicheren Bauteilversagens, der Resttragfähigkeit und Redundanz begegnet. Um zukünftige Schäden zu vermeiden, sollten bei auftretendem Glasbruch die Ursachen für diesen erkannt und beurteilt werden können. Im Wesentlichen kann zwischen zwei Auswirkungen, den Oberflächenschäden mit optischen Beeinträchtigungen und dem Glasbruch mit einem Tragfähigkeitsverlust, unterschieden werden.

Oberflächenschäden treten meist durch normale Nutzung oder unsachgemäße Behandlung auf. Altersbedingte Verletzungen der Oberfläche werden im Rahmen der Glasfestigkeitsprüfung berücksichtigt. Dabei kann durch mechanische Vorbehandlung die im Gebrauch maximale Schädigung simuliert werden. Daher sind gewöhnliche, altersbedingte Oberflächenschäden hinsichtlich der Festigkeitsminderung nicht kritisch zu bewerten. Allerdings können optische Beeinträchtigungen einen Austausch der Verglasung aus ästhetischen Gründen erfordern.

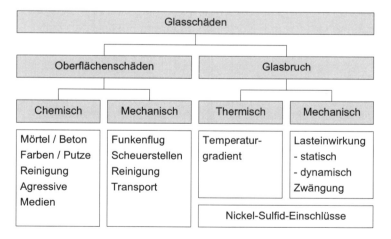

Bild 2.34
Glasschäden und ihre Ursachen

Glas ist im Allgemeinen sehr beständig gegenüber chemischen Einwirkungen. Trotzdem kann ein dauerhafter Kontakt mit Wasser, Basen oder starken Säuren zu einer sichtbaren Beeinträchtigung der Oberflächenqualität führen. Wasser und Basen bewirken dabei eine Auslaugung oder Korrosion der oberflächennahen Bereiche des Molekulargefüges und starke Säuren, wie beispielsweise Flusssäure, eine Zerstörung des Silikat-Gefüges. Ein Angriff durch aggressive Säuren ist allerdings bei Normalgebrauch sehr unwahrscheinlich. In der Glasveredelung hingegen können solche Stoffe zur gezielten Mattierung der Oberfläche eingesetzt werden.

Unter einem permanenten Wasserfilm lösen sich alkalische Bestandteile aus der Glasoberfläche heraus. Wird die Scheibe nicht gereinigt, erhöht sich durch wiederholte Trocknung und erneute Benetzung die Konzentration an Alkali (Na^+)- und Hydroxid (OH^-)-Ionen. Die daraus entstehende, relativ hoch konzentrierte Lauge (Natronlauge, $NaOH$) kann den Korrosionsprozess an der Oberfläche beschleunigen.

Werden die entstehenden Zersetzungsprodukte regelmäßig entfernt, kann der Korrosionsprozess verlangsamt oder gestoppt werden. Basen reagieren in aller Regel mit den alkalischen Bestandteilen des Glases wie Natrium oder Calcium und lösen diese aus dem Molekulargefüge des Glases heraus. Ist die Oberfläche bereits ausgelaugt, findet keine weitere Reaktion in tieferen Ebenen statt. Somit wird die Oberfläche im Prinzip noch vergütet. Allerdings können Oberflächenschäden durch Korrosion ab einem bestimmten Zeitpunkt nicht mehr vollständig entfernt werden.

Beim Irisieren wird ein eintreffender Lichtstrahl auf eine Oberfläche je nach Betrachtungswinkel in die Spektralfarben aufgespalten.

Die Korrosionsvorgänge kündigen sich durch ein Schillern oder Irisieren der Scheiben an. Die Zersetzungsprodukte bilden eine unterschiedlich dicke Schicht, an deren Grenzfläche zum Glas Lichtbrechung mit Interferenzerscheinungen auftrifft. Dieses Schillern von Glasscheiben ist ein erstes Anzeichen von eintretenden Korrosionsvorgängen. Mit zunehmender Einwirkungsdauer der korrosiven Medien bildet sich eine unlösliche Alkali-Kalk-Silikathydrat-Schicht, die in Form von fleckenartigen Belägen mit einer einhergehenden Erblindung der Verglasung in Erscheinung tritt.

Nicht selten werden die Oberflächenveränderungen durch alkalihaltige Materialien wie beispielsweise Beton oder Mörtel ausgelöst. Auch silikathaltige Werkstoffe, wie bestimmte Farben oder Silikon, können Korrosionsprozesse hervorrufen. Diese treten nach dem chemischen Grundsatz „Gleiches reagiert mit Gleichem" mit dem Silikat-Gerüst des Glases in Reaktion. Daher sind solche Verunreinigungen nach Trocknung nur sehr schwer rückstandsfrei zu beseitigen.

Bei MIG kann eindringende Feuchtigkeit im SZR eine Erblindung der Verglasung hervorrufen. Die Luftfeuchtigkeit im SZR wird bei der Herstellung derart eingestellt, dass erst ab einer Temperatur von geringer als -60 °C Kondensation an den inneren Oberflächen auftreten kann. Durch die Einlagerung von Trocknungsmitteln im Randverbund wird dieser Feuchtegehalt über den Zeitraum der Nutzungsdauer der Verglasung annähernd konstant gehalten. Allerdings erhöht sich bei einer Undichtigkeit des Randverbunds die relative Feuchtigkeit im SZR, und der Taupunkt steigt an.

Der resultierende Korrosionsprozess an den innenliegenden Glasoberflächen kann durch die bauartbedingte, fehlende Möglichkeit der regelmäßigen Reinigung nicht mehr aufgehalten werden. Solch eine Verglasung muss ausgetauscht werden. Undichtigkeiten im Randverbund können durch Herstellungsfehler, unsachgemäßer Handhabung oder zu starker Verformung der Verglasung hervorgerufen werden. Weiter kann eine Materialunverträglichkeit der im Randverbund verwendeten Dichtstoffe eine Gasdurchlässigkeit mit Stofftransport bewirken.

Neben den chemischen Veränderungen der Oberflächen, die durch eine sorgfältige Planung und regelmäßige Reinigung vermieden werden können, sind mechanische Oberflächenschäden meist durch einen unsachgemäßen Gebrauch verursacht. Anhaftende Verunreinigungen wie Beton- oder Mörtelreste oder Farbspritzer lassen sich mit oberflächenschonenden Verfahren nur schwer entfernen. Neben den bereits erläuterten chemischen Reaktionen kommt an dieser Stelle noch eine mechanische Oberflächenschädigung in Form von Kratzern oder Scheuerstellen durch die Benutzung von Schabern, Spachteln oder verschmutzten Putzlappen hinzu. Bei Arbeiten mit Trennschleifern oder Schweißgeräten in der Nähe von Glasbauteilen können bei unsachgemäßer Handhabung und mangelhafter Abdeckung durch Funkenflug Oberflächenschäden auftreten. Die Beschädigungen sind meist punktförmig und über eine größere Fläche verteilt. Das mit den Arbeitsgeräten abgelöste Material brennt sich bei Auftreffen auf die Verglasung in die Oberfläche der Scheibe ein. Der Versuch, diese Verunreinigungen mechanisch zu entfernen, führt meist zu weiteren Schäden in Form von Ausmuschelungen. Solche Schäden lassen sich durch oberflächenschonende Reinigungsmethoden nur bedingt beseitigen. Die Verglasung ist nachhaltig geschädigt.

Neben den beschriebenen Schäden können auch prozessbedingte, optische Beeinträchtigungen bedingt durch den Herstellungsprozess auftreten. Diese treten bei vorgespannten Gläsern und dort meist bei ESG auf.

Rollenabdrücke werden häufig auch als Roller-Waves bezeichnet.

Zu diesen gehören je nach Herstellungsverfahren beispielsweise eingeprägte Verformungen wie Zangen- oder Rollenabdrücke. Vorgespannte Gläser können sowohl an Zangen hängend oder auf Rollen liegend hergestellt werden. Durch die Erwärmung der Scheibe bis oberhalb der Transformationstemperatur und der zugehörigen viskosen Verformbarkeit verbleiben nach dem Abkühlen dauerhafte Abdrücke durch die Klemmung der Zangen und wegen der Durchbiegung des Glases zwischen den Stützrollen. Solche Effekte können durch geringere Rollenabstände minimiert werden, allerdings ist ein solcher Eingriff in den Prozessablauf des Herstellers mit entsprechenden Zusatzkosten verbunden.

Umgangssprachlich werden diese als Leopardenflecken bezeichnet. Technisch sind es Spannungsanisotropien.

Abschnitt 4.3

Zudem können optische Beeinträchtigungen ohne Verformungen auftreten. Diese sind meist auf unterschiedliche Brechungsindizes innerhalb der Scheibe zurückzuführen. Licht wird bei dem Durchgang durch spannungsbeanspruchte Bauteile in seiner Polarisationsrichtung gebrochen. Planmäßig wird dieser Effekt bei der Spannungsoptik genutzt, in Glasscheiben entstehen diese durch eine ungleichmäßige Abkühlung während der thermischen Vorspannung. Wenn einige Bereiche eine andere Abkühlungscharakteristik aufweisen, werden dort ebenfalls gegenüber den anderen Bereichen Spannungsdifferenzen entstehen. Diese sind mitunter mit bloßem Auge erkennbar, oft jedoch wird diese Beeinträchtigung erst bei einem Betrachten durch einen Polarisationsfilter erkannt. Diese Beeinträchtigungen können je nach genutztem Abkühlverfahren punkt- oder streifenförmig auftreten.

Bei heißgeformten, thermisch vorgespannten Gläsern, die in einem weiteren Schritt zu VSG verbunden werden, fallen solche Spannungsdifferenzen sehr stark durch ein verzerrtes Spiegelbild auf. Meist werden auch die Effekte der Rollenabdrücke bei VSG mit einer Linsenbildung durch eine ungünstige Überlagerung der einzelnen Wellen verstärkt. Diese optischen Beeinträchtigungen stellen keine Qualitätsmängel im Sinne der Normung dar. Sie sind mehrheitlich produktionsbedingt, können aber durch entsprechend angepasste Produktionsschritte und -abläufe vermindert werden.

Neben den optischen Beeinträchtigungen und den Oberflächenschädigungen, die in aller Regel keine Festigkeitsminderung der Glasbauteile verursacht, kann bei Glasbruch das Verletzungsrisiko eines Nutzers erhöht werden. Glasbruch ereignet sich an Stellen einer Überlagerung von relativ hohen Zugspannungen mit relativ hohen Oberflächendefekten schlagartig ohne Vorankündigung durch plastische Verformungen. Die maximalen Zugspannungen oder maximalen Defekte müssen nicht zwangsläufig zum Versagen der Verglasung führen. Daher ist eine Vorhersage der Bruchspannung und des Bruchursprungs nicht möglich.

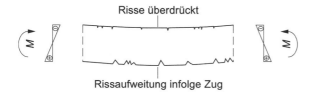

Risse überdrückt

Rissaufweitung infolge Zug

Bild 2.35
Bruchvorgang in Glas

Oftmals lässt sich im Nachhinein durch eine Analyse des Bruchbildes auf die bruchauslösende Spannung, auf die Schwere eines Defektes beziehungsweise auf die Temperaturdifferenz innerhalb der Verglasung schließen. Die Größe der Bruchstücke erlaubt Aussagen zum vorherrschenden Spannungsniveau während des Bruches. Je kleiner die Bruchstruktur des Glases ist, desto höher war die eingeprägte Spannung beziehungsweise gespeicherte Energie im Glas. In aller Regel wird Glasbruch durch mechanische Einwirkungen wie Stoß oder Überlastung oder durch hohe Temperaturgradienten innerhalb der Glasfläche oder Zwangsspannungen verursacht.

Thermisch bedingte Glasbrüche entstehen immer dann, wenn die Temperaturwechselbeständigkeit (TWB) überschritten wird. Die TWB ist proportional zur Festigkeit und über die maximal aufnehmbare Temperaturdifferenz innerhalb eines Glasbauteils definiert. Die Prüfung erfolgt durch einen thermischen Wechsel, bei dem ein erwärmtes Glas durch Eintauchen in eine Flüssigkeit mit geringerer Temperatur abgeschreckt wird. Eine zunehmende Festigkeit und ein abnehmender Temperaturausdehnungskoeffizient des Glases erhöhen die TWB. Beispielsweise besitzen vorgespannte Borosilicatgläser in ESG-Qualität eine sehr hohe TWB von etwa 300 K. Mit den Ansätzen

$$\Delta T = \frac{f_k}{E \cdot \alpha_T} \quad \text{und} \quad a = \left(\frac{K_{Ic}}{\sigma \cdot f} \right)^2$$

f_k charakteristische Biegezugfestigkeit [N/mm^2]
E Elastizitätsmodul des Glases [N/mm^2]
α_T thermischer Ausdehnungskoeffizient [K^{-1}]
a Anfangsrisstiefe [m]
K_{Ic} kritischer Spannungsintensitätsfaktor [N/mm^2·m$^{1/2}$]
f Formfaktor, gebräuchlich 1,99
σ von außen wirkende Spannung [N/mm^2]

lässt sich auf bruchauslösende Temperaturdifferenz beziehungsweise auf die Tiefe des bruchauslösenden Oberflächendefekts schließen.

Bild 2.36
Charakteristisches Bild eines thermischen Bruches

[Wagner 2008]

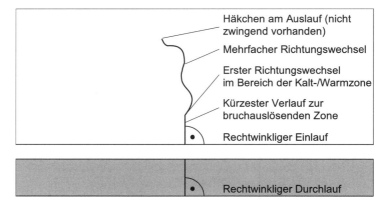

Häkchen am Auslauf (nicht zwingend vorhanden)

Mehrfacher Richtungswechsel

Erster Richtungswechsel im Bereich der Kalt-/Warmzone

Kürzester Verlauf zur bruchauslösenden Zone

Rechtwinkliger Einlauf

Rechtwinkliger Durchlauf

Brüche durch thermische Beanspruchungen weisen meist ein charakteristisches Bild auf und erlauben somit eine direkte Beurteilung des Mechanismus. Solche Brüche beginnen meist an einer Kante wegen der dort reduzierten Festigkeit des Glases. Von dort aus folgt der Riss dem kürzesten Weg zur Stelle des maximalen Temperaturgradienten. Charakteristisch sind der senkrechte Einlauf und der senkrechte Durchlauf ohne Ausmuschelungen an der Glaskante. Bei Erreichen der Kalt-Warm-Zone wechselt der Riss die Richtung. Es lässt sich somit die bruchverursachende Stelle lokalisieren. Weitere, nicht zwingend notwendige Merkmale sind Wallner-Linien und Häkchen am Auslauf des Risses.

Ursachen	Beispiele
Teilbeschattung / Schlagschatten	Dachüberstände, Bäume, Markisen
Innenliegender Sonnenschutz	Geringer Abstand zur Innenscheibe, teilweise Abdeckung der Scheibe
Anstriche, Aufkleber, Innenabdeckung	Dunkle Farben, Plakate, Aufkleber, Sonnenschutzfolien, Schilder
Lokale Erwärmung	Heißluftgebläse, Grill, Klimageräte, Schweißgeräte, Lötlampen
Dunkle Gegenstände hinter der Verglasung	Einrichtungsgegenstände, schwere Vorhänge, Schaufensterdekoration
Tiefer Glaseinstand	Ab 30 mm, beispielsweise bei Horizontalverglasungen, hochwärmedämmende Fenster
Verlegung von Gussasphalt	Bodennahe Verglasungen und ungleichmäßige Schutzabdeckung

Tabelle 2.8
Ursachen und Beispiele von Auslösern thermischer Brüche

[Wagner 2008]

Ursachen des thermischen Sprungs sind meist ausgeprägte Kalt-Warm-Übergänge innerhalb der Verglasung, die durch lokale Erwärmung oder Teilverschattungen entstehen. Die Gefahr eines thermischen Bruches wird beispielsweise durch Bedruckungen besonders mit dunklen Farben aufgrund der höheren Strahlungsabsorption und Erwärmung begünstigt. Bei Teilbedruckungen steigt das Bruchrisiko durch ein unterschiedliches Absorptionsvermögen innerhalb eines Bauteils nochmals an.

Für die Analyse von mechanischen Bruchursachen stehen ähnliche Auswertungsmerkmale zur Verfügung. Beim Bruch aufgrund mechanischer Einwirkungen treten meist mehrere Risse auf. Diese gabeln sich bei Erreichen der maximalen Bruchausbreitungsgeschwindigkeit in Ausbreitungsrichtung. Anhand dieser Eigenschaft lässt sich der Bruchursprung durch eine Rückverfolgung der Rissausbreitungsrichtungen lokalisieren. Bei Brüchen mit geringem Spannungsniveau, wie beispielsweise in Floatglas oder TVG, ist eine solche Lokalisierung aufgrund des grobscholligen Bruches relativ einfach möglich. Bei ESG mit seinem sehr kleinteiligen und krümeligen Bruchbild ist dieses deutlich aufwendiger und daher nur bedingt möglich. Allerdings ist dieses meist nur bei ESG in VG oder VSG möglich, da monolithisches ESG bei Bruch in aller Regel in sich zusammenfällt. Weiter kann sich ein ausbreitender Riss nicht über einen bestehenden hinweg ausbreiten. Diese Eigenschaft ermöglicht Rückschlüsse über den Verlauf der Bruchentstehung und somit Erkenntnisse über den Ort des Bruches.

Eine Sonderstellung nehmen in diesem Kontext Spontanbrüche durch Nickel-Sulfid-Einschlüsse ein. Spontaner Glasbruch durch Nickel-Sulfid-Einschlüsse (NiS) ist vom Grundsatz her auf ein Zusammenwirken von thermischen und mechanischen Ursachen zurückzuführen. Allerdings ist im Gegensatz zum thermischen Bruch die Wirkung der Temperatur nicht bruchverursachend, sondern durch die damit verbundene Kristallumwandlung bruchbegünstigend. Ebenso liegt meist keine äußere Einwirkung aus Wind oder Schnee wie beim mechanischen Bruch vor. Der Bruch tritt spontan und unter Umständen erst nach einem langen Zeitraum nach der Montage auf. In aller Regel ergibt sich Spontanbruch nur bei ESG. Beim TVG ist dieser nicht definitiv auszuschließen, das Auftreten ist wegen der geringeren Zugvorspannung im Scheibenkern aber unwahrscheinlich.

Bild 2.37
Bruch durch Nickel-Sulfid-Einschluss

Der Nachweis eines NiS-Einschlusses beim Bruch von monolithischem ESG ist meist sehr aufwendig. Das NiS-Kristall ist wegen seiner geringen Größe visuell sehr schwer auszumachen. Wenn die Scheibe in viele Krümel zerfallen ist, stellt sich das Zusammensetzen der Bruchstücke als eine sehr langwierige Aufgabe dar. Einfacher ist der Nachweis beim VG oder VSG. Dort werden die Bruchstücke durch das Verbundmaterial zusammengehalten, und anhand der Bruchverzweigungen kann auf den Bruchursprung geschlossen werden. Mit mikroskopischen Untersuchungen lassen sich dann diese Einschlüsse ermitteln. Kennzeichnend für einen Bruch aufgrund von NiS-Einschlüssen ist die Schmetterlingsform am Bruchursprung, in deren Mitte ein kleines Korn eingelagert ist.

Durch eine Ausführung mit mangelnder Sorgfalt können sich Glasbrüche aufgrund von Zwängungen, Kantenverletzungen durch Stoß an harte Gegenstände während des Einbauvorgangs und ein Absetzen auf verunreinigte Klotzungen ereignen. Ebenso führt ein erzwungener Ausgleich von zu großen Toleranzen in vielen Fällen zum Versagen der Verglasung. Dabei müssen sich nicht unmittelbar nach der Montage Schäden aufgrund der Ungenauigkeiten einstellen, sondern können auch nach einem längeren Zeitraum bei Temperatur- oder Feuchtebeanspruchungen auftreten. Bei herstellungsbedingten Toleranzen, beispielsweise bei Senkkopfhaltern, ist bei der Montage besondere Vorsicht anzuraten.

Bild 2.38
Zwängungen aufgrund von Abweichungen der Bohrlochgeometrie zu Punkthalter

Weitere Schäden können durch die beteiligten Kunststoffe, wie den Verbundfolien im VSG, auftreten. Die hauptsächlichen Mängel entstehen durch Delamination der Zwischenschicht von den Verbundgläsern. Dabei tritt ein Verlust der Haftung auf, der sich durch Blasenbildungen oder seltener Trübungen der Folie zeigt. Ursächlich für die Delamination sind chemische Reaktionen, die durch Wassereindrang ausgelöst und durch wirkende Spannungen begünstigt werden. Meist ist eine unsachgemäße Ausbildung der Kante von Verbundgläsern verantwortlich.

Bild 2.39
Stehendes Wasser
zwischen zwei Einzel-
scheiben bei Vertikal-
und Horizontalvergla-
sungen

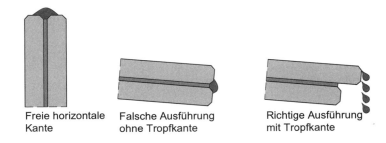

Freie horizontale
Kante

Falsche Ausführung
ohne Tropfkante

Richtige Ausführung
mit Tropfkante

Besonders durch stehendes Wasser in einer horizontalen freien Kante oder bei Horizontalverglasungen ohne Tropfkanten werden Delaminationserscheinungen begünstigt.

Neben den optischen Beeinträchtigungen durch Ablösung, Trübung, Schmutzansammlungen und Wachstum organischen Materials muss hinsichtlich der Tragfähigkeit eines solch beschädigten VSG eine Gewährleistung der Sicherungseigenschaften in Frage gestellt werden. Der Austausch einer derart beschädigten Verglasung ist nach einer gewissen Zeit unumgänglich.

Eine weitere mögliche Schadensquelle liegt in der Unverträglichkeit der verschiedenen Kunststoffe untereinander. Bestimmte Silikone reagieren mit den Zwischenfolien oder Gießharzen bei Verbundgläsern. Meist sind die resultierenden Schäden ebenfalls Delaminationen mit einem Verlust des Haftverbunds. Allerdings sollte ein solcher Schaden in aller Regel bei der Verwendung von zweikomponentigen Silikonen, wie sie bei SSG-Systemen verwendet werden, nicht auftreten. Solche Klebstoffe werden herstellerseits entsprechenden Materialverträglichkeitsuntersuchungen unterzogen. Trotzdem ist bei der Verwendung von Dichtstoffen auf eine entsprechende Verträglichkeit zu achten.

3 Geregelte Bauprodukte und Bauarten

3.1 Baurechtliche Grundlagen

3.1.1 Allgemeines

Im Vergleich zu anderen Konstruktionsmaterialien im Bauwesen ist Glas noch ein relativ „junger" Baustoff, zumindest
was seinen Einsatz über die Funktion des Raumabschlusses
hinaus betrifft. Eine grundlegende Kenntnis der baurechtlichen Situation im Glasbau ist wegen der nicht vorhandenen
Regelung aller gängigen Bauarten und Anwendungen erforderlich. Nicht alle Glasprodukte und Konstruktionen mit Glas
sind bauaufsichtlich geregelt und dies kann die Planungsphase, sowohl zeitlich als auch finanziell, erheblich beeinflussen. Für die Bemessung von Glas ist es daher hilfreich
zu wissen, welche Bauprodukte aus Glas und welche Bauarten mit Glas bauaufsichtlich eingeführt sind. Nicht geregelte
Bauprodukte und Bauarten sind nicht von der Verwendung
beziehungsweise Anwendung ausgeschlossen, allerdings
sind hier zusätzliche Verwendbarkeitsnachweise beziehungsweise Anwendbarkeitsnachweise notwendig.

Beispielsweise sind lastabtragende Kon-struktionen aus Glas gänzlich ungeregelt.

Nach Definition der von der Bauministerkonferenz heraus-
gegebenen Musterbauordnung (MBO) handelt es sich bei
Bauprodukten um „Baustoffe, Bauteile und Anlagen, die
hergestellt werden, um dauerhaft in bauliche Anlagen eingebaut zu werden" sowie um „aus Baustoffen und Bauteilen
vorgefertigte Anlagen, die hergestellt werden, um mit dem
Erdboden verbunden zu werden, […]". Im Glasbau bezeichnet die erste Definition sowohl die Basisprodukte aus Glas,
wie beispielsweise Floatglas oder Gussglas aus Kalk-
Natronsilicatglas, als auch deren Veredelungsprodukte, wie
zum Beispiel Einscheibensicherheitsglas (ESG) oder Verbund-Sicherheitsglas (VSG). In die zweite Definition für
Bauprodukte fallen vorgefertigte Verglasungssysteme, das
heißt werkseitig vormontierte Systeme bestehend aus der
Glashaltekonstruktion sowie der Verglasung, die im vormon-
tierten Zustand auf die Baustelle geliefert und dort nur noch
befestigt werden. Ein typisches Beispiel im Konstruktiven
Glasbau sind vorgefertigte absturzsichernde Verglasungen.
Bauarten sind nach MBO definiert als „das Zusammenfügen
von Bauprodukten zu baulichen Anlagen oder Teilen von

MBO, §2 (9)

MBO, §2 (10)

baulichen Anlagen". Ein Beispiel wäre eine linienförmig gelagerte Horizontal- oder Vertikalverglasung, die nach geltenden Technischen Baubestimmungen auf der Baustelle aus
den Glasprodukten und den einzelnen Elementen der Haltekonstruktion zusammengefügt wird.

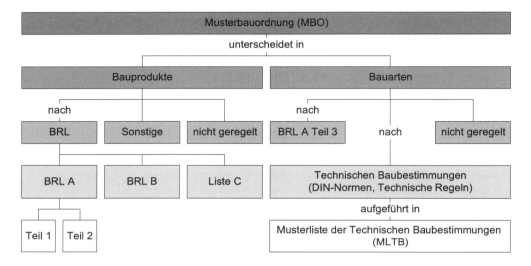

BRL A Teil 1: Geregelte Bauprodukte.

BRL A Teil 2: Nicht geregelte Bauprodukte, die anstelle einer allgemeinen bauaufsichtlichen Zulassung nur ein allgemeines bauaufsichtliches Prüfzeugnis benötigen.

BRL B: Bauprodukte nach harmonisierten europäischen Normen mit CE-
Kennzeichnung. Regelungsstand muss anhand Technischer Baubestimmungen überprüft werden.

Liste C: Bauprodukte, für die es weder Technische Baubestimmungen noch
allgemein anerkannte Regeln der Technik gibt und die für die Erfüllung
bauordnungsrechtlicher Anforderungen nur eine untergeordnete Bedeutung haben. Verwendung wie geregelte Bauprodukte.

Sonstige Bauprodukte: Bauprodukte, für die es allgemein anerkannte Regeln der Technik gibt,
die aber nicht in der BRL A Teil 1 geführt werden. Verwendung wie
geregelte Bauprodukte.

BRL A Teil 3: Nicht geregelte Bauarten, die anstelle einer allgemeinen bauaufsichtlichen Zulassung nur ein allgemeines bauaufsichtliches Prüfzeugnis
benötigen.

Bauarten nach
Technischen
Baubestimmungen: Geregelte Bauarten.

Bild 3.1
Bauprodukte und Bau-
arten

Bauprodukte werden über die Bauregelliste (BRL) vom
Deutschen Institut für Bautechnik (DIBt) jährlich neu veröffentlicht. Diese setzt sich aus den Listen A, B und C zusammen, in denen die entsprechenden Technischen Re-

geln, das heißt die Produktnormen der Bauprodukte bekannt gemacht werden. Darüber hinaus wird eine bestimmte Kategorie ungeregelter Bauarten im Teil 3 der BRL A geführt.

Die halbjährlich veröffentlichte Muster-Liste der Technischen Baubestimmungen (MLTB) enthält die technischen Regeln für Planung, Bemessung und Konstruktion baulicher Anlagen und ihrer Teile und gibt damit einen Überblick über die geregelten Bauarten. Da das Baurecht in Deutschland in der Hand der einzelnen Bundesländer liegt, wird die MLTB in jedem Bundesland in eine landesspezifische Liste der Technischen Baubestimmungen (LTB) umgesetzt. Diese Umsetzung kann zeitlich variieren und so können Unterschiede in der baurechtlichen Lage zwischen den einzelnen Bundesländern auftreten. Die MLTB sowie der Stand der Umsetzung in den einzelnen Bundesländern können auf der Internetpräsenz der Bauministerkonferenz eingesehen werden. Die MLTB beziehungsweise LTB enthalten insbesondere für Planungsaufgaben des Konstruktiven Glasbaus wichtige Hinweise und Zusatzregelungen, welche im Anhang dieser Listen aufgeführt sind.

www.is-argebau.de

3.1.2 Bauprodukte

Die vom DIBt jährlich veröffentlichte Bauregelliste (BRL) führt Bauprodukte je nach Regelungsstand in verschiedenen Listen.

Geregelte Bauprodukte werden in der BRL A Teil 1 geführt und können ohne Einschränkung verwendet werden. Für sie existieren technische Regeln, das heißt Produktnormen, von denen sie nicht oder nicht wesentlich abweichen dürfen. Dies muss mittels Übereinstimmungszeichen (Ü-Zeichen) durch den Glashersteller oder eine anerkannte Zertifizierungsstelle bestätigt werden.

Bild 3.2
Das Ü-Zeichen wird der Glaslieferung auf der Verpackung oder dem Lieferschein beigefügt und enthält in dem von dem Buchstaben „Ü" umschlossenen Innenbereich den Namen des Herstellers und des Glasprodukts sowie den Verweis auf die für das Bauprodukt maßgebende technische Regel.

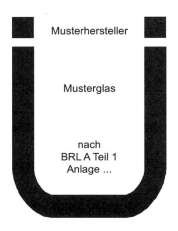

Musterhersteller

Musterglas

nach
BRL A Teil 1
Anlage ...

BRL A Teil 1, lfd. Nr. 11.10

Glasprodukte werden in der BRL A Teil 1 im Abschnitt 11 geführt. Die zugehörigen Anlagen 11.5 bis 11.11 enthalten weitere Bestimmungen, wie zum Beispiel die Festlegung der charakteristischen Biegezugfestigkeit. Da in den letzten Jahren im Bereich der geregelten Bauprodukte aus Glas ein Übergang von der nationalen Normung hin zur Europäischen Normung stattfand, sind die Bauprodukte nach nationaler Normung aus der BRL gestrichen worden und durch ihre Äquivalente nach europäischer Normung ersetzt worden. Ein Beispiel für geregelte Bauprodukte aus Glas sind Basiserzeugnisse aus Kalk-Natronsilicatglas nach EN 572-9, wie zum Beispiel Floatglas.

Der Teil 2 der BRL A führt nicht geregelte Bauprodukte, die für eine Verwendung ein allgemeines bauaufsichtliches Prüfzeugnis (abP) benötigen. Die Übereinstimmung des Bauprodukts mit dem Prüfzeugnis muss wiederum mit einem Ü-Zeichen bestätigt werden. Bei diesen Bauprodukten handelt es sich laut Definition der BRL um nicht geregelte Bauprodukte,

– deren Verwendung nicht der Erfüllung erheblicher Anforderungen an die Sicherheit baulicher Anlagen dient und für die es keine allgemein anerkannten Regeln der Technik gibt oder
– für die es Technische Baubestimmungen oder allgemein anerkannte Regeln der Technik nicht oder nicht für alle Anforderungen gibt und die hinsichtlich dieser Anforderungen nach allgemein anerkannten Prüfverfahren beurteilt werden können.

Für den Bereich Glasbau wird im Teil 2 der BRL A das Bauprodukt „Vorgefertigte absturzsichernde Verglasung nach TRAV" geführt. Dies betrifft absturzsichernde Verglasungen, die nicht wesentlich von den Vorgaben der zugehörigen Technischen Baubestimmung abweichen und daher nach einem allgemein anerkannten Prüfverfahren beurteilt werden können.

Eine Besonderheit bildet der Teil 3 der BRL A. In diesem werden, im Gegensatz zu allen anderen Teilen der BRL, Bauarten und keine Bauprodukte geführt. Es handelt sich dabei um nicht geregelte Bauarten, die ebenso wie die Bauprodukte aus Teil 2 der BRL A für die Verwendung ein allgemeines bauaufsichtliches Prüfzeugnis benötigen. Der Anwender der Bauart muss bestätigen, dass diese entsprechend den Bestimmungen des abP ausgeführt wurde und die verwendeten Bauprodukte ebenfalls den Angaben des Prüfzeugnisses entsprechen. Die Kriterien, die diese Bauarten beschreiben, sind die gleichen wie vorab bei den Bauprodukten nach Teil 2 der BRL A genannt. Für den Konstruktiven Glasbau wird nur eine Bauart genannt, bei der diese Kriterien zutreffen: Absturzsichernde Verglasungen nach TRAV, deren Tragfähigkeit unter stoßartigen Einwirkungen experimentell nachgewiesen werden soll. Da es sich dabei um ein allgemein anerkanntes Prüfverfahren handelt, erfolgt die Zuordnung dieser nicht geregelten Bauart zum Teil 3 der BRL A.

In der BRL B Teile 1 und 2 werden Bauprodukte geführt, die nach Vorschriften der Mitgliedsstaaten der Europäischen Union – einschließlich deutscher Vorschriften – und der Vertragsstaaten des Abkommens über den Europäischen Wirtschaftsraum zur Umsetzung der Richtlinien der Europäischen Gemeinschaften in den Verkehr gebracht und gehandelt werden dürfen. Diese erhalten als Nachweis der Konformität die CE-Kennzeichnung. Zu beachten ist jedoch, dass sich die normative Beschreibung dieser Bauprodukte auf Zusammensetzung und Eigenschaften des Produkts beschränkt und dass für eine Anwendung Technische Baubestimmungen existieren müssen, die diese Bauprodukte explizit in der Liste der verwendbaren Bauprodukte nennen. Ist dies nicht der Fall, handelt es sich bei ihrer Anwendung um eine ungeregelte Bauart. Die Bemessung und Verwen-

BRL A Teil 2, lfd. Nr. 2.43
Mit der Aufnahme der DIN 18008 Teile 1 bis 5 in die MLTB wird ebenso in der BRL A das Bauprodukt nach TRAV durch den Verweis auf die DIN 18008-4 ersetzt werden. Weitere Bauprodukte für begehbare Verglasungen (DIN 18008-5) und betretbare (DIN 18008-6) werden folgen.

BRL A Teil 3, lfd. Nr. 2.12

dung eines solchen Bauprodukts kann dann nur mit einem zusätzlichen Nachweis der Verwendbarkeit erfolgen. Bauprodukte aus Glas werden im Abschnitt 1.11 der BRL B Teil 1 geführt. Darunter findet sich zum Beispiel das Teilvorgespanntes Glas (TVG).

BRL B Teil 1, 1.11.5

Die Liste C der Bauregelliste enthält Bauprodukte, für die weder Verwendbarkeits- noch Übereinstimmungsnachweise erforderlich sind und die daher auch kein Ü-Zeichen tragen dürfen. Es handelt sich dabei um Bauprodukte, für die es weder Technische Baubestimmungen noch allgemein anerkannte Regeln der Technik gibt und die für die Erfüllung bauordnungsrechtlicher Anforderungen nur eine untergeordnete Bedeutung haben. Ein Beispiel sind kleinformatige Fassadenelemente für Außenwandbekleidungen, die in der Liste C unter Abschnitt 2.1 geführt werden.

Darüber hinaus existiert die Gruppe der sogenannten „Sonstigen Bauprodukte". Darunter werden Bauprodukte verstanden, für die es allgemein anerkannte Regeln der Technik zwar gibt, die aber nicht in der BRL A Teil 1 geführt werden. Auch sie dürfen kein Ü-Zeichen tragen.

Tabelle 2.1 gibt einen Überblick über die Einordnung der Bauprodukte nach Musterbauordnung und die jeweils notwendigen Verwendbarkeitsnachweise. Die Bauarten nach BRL A Teil 3 sind für eine bessere Übersichtlichkeit dabei nicht mit aufgeführt.

National					Europäisch
	Nicht geregelt				Nach harmonisierten europäischen Normen oder mit ETA
Geregelt	Allgemein	Keine erheblichen Anforderungen oder allgemein anerkannte Prüfverfahren	Bauaufsichtlich untergeordnete Bedeutung	Sonstige	Nach harmonisierten europäischen Normen oder mit ETA
BRL A Teil 1	–	BRL A Teil 2	Liste C	Allgemein anerkannte Regeln der Technik	BRL B
Technische Regeln	ZiE oder abZ	abP	Kein Verwendbarkeitsnachweis	Kein Verwendbarkeitsnachweis	Technische Regeln und Verwendungsbeschränkung
Nachweis der Übereinstimmung Ü-Zeichen			Kein Nachweis der Übereinstimmung Kein Ü-Zeichen		Nachweis der Konformität CE-Zeichen

BRL: Bauregelliste
ZiE: Zustimmung im Einzelfall
abZ: allgemeine bauaufsichtliche Zulassung
abP: allgemeines bauaufsichtliches Prüfzeugnis
ETA: European Technical Approval / Europäische Technische Zulassung

Tabelle 3.1
Unterscheidung der Bauprodukte nach Musterbauordnung (MBO)

3.1.3 Bauarten nach Technischen Baubestimmungen

Die zum Zeitpunkt der Drucklegung aktuelle MLTB enthält in ihrer Fassung fünf Anwendungsnormen beziehungsweise -regeln für die Bemessung und Konstruktion von Glas im Bauwesen. Die in den einzelnen Bundesländern eingeführten LTB sind zwar etwas älter und zum Teil liegen eineinhalb Jahre zwischen den jeweiligen eingeführten Fassungen einiger Bundesländer, dennoch sind die Technischen Baubestimmungen den Konstruktiven Glasbau betreffend in allen Bundesländern gleichermaßen eingeführt.

MLTB 2011-09

Die zum Zeitpunkt der Drucklegung maßgeblichen Technischen Baubestimmungen im Konstruktiven Glasbau sind momentan die Technischen Regeln für die Verwendung von linienförmig gelagerten Verglasungen (TRLV), die Technischen Regeln für die Verwendung von absturzsichernden Verglasungen (TRAV) und die Technischen Regeln für die Bemessung und Ausführung von punktförmig gelagerten Verglasungen (TRPV). Die beiden in Tabelle 3.2 genannten eingeführten Normen – DIN 18516-4 und DIN V 11535-1 – regeln nur zwei Randbereiche der Anwendung von Glas im Bauwesen.

Tabelle 3.2
Vorhandene Anwendungsnormen und -regeln nach MLTB 2011-09

Titel	Ausgabe
DIN 18516-4: Außenwandbekleidungen, hinterlüftet; Einscheibensicherheitsglas; Anforderungen, Bemessung, Prüfung	Februar 1990
Technische Regeln für die Verwendung von linienförmig gelagerten Verglasungen (TRLV)	August 2006
Technische Regeln für die Verwendung von absturzsichernden Verglasungen (TRAV)	Januar 2003
Technische Regeln für die Bemessung und Ausführung von punktförmig gelagerten Verglasungen (TRPV)	August 2006
DIN V 11535-1: Gewächshäuser; Ausführung und Berechnung	Februar 1998

Die baurechtliche Einführung der Glasbaunorm DIN 18008 Teile 1 bis 5 wird mit einer Aktualisierung der MLTB zum Jahresbeginn 2013 erwartet. Die Normenteile DIN 18008-1 bis -5 ersetzen dann die TRLV, TRAV, TRPV und DIN 18516-4.

Die bereits im Jahr 2010 als Weißdruck erschienenen Teile 1 und 2 der DIN 18008 wurden nicht in die Muster-Liste der Technischen Baubestimmungen aufgenommen. Dies ist zum einen im geringeren Regelungsumfang bei Ersatz der TRLV aber insbesondere auch in den unterschiedlichen Sicherheitskonzepten der beiden Normengenerationen geschuldet.

Nichtsdestotrotz stellen die Teile 1 und 2 der DIN 18008 schon jetzt die anerkannten Regeln der Technik dar, so dass eine Anwendung auch vor Veröffentlichung der neuen Musterliste der technischen Baubestimmungen möglich ist.

3.2 Sicherheitskonzepte

In den Bauordnungen wird gefordert, dass „Anlagen ... so anzuordnen, zu errichten, zu ändern und instand zu halten [sind], dass die öffentliche Sicherheit und Ordnung, insbesondere Leben, Gesundheit und die natürlichen Lebensgrundlagen, nicht gefährdet werden." Diese relativ pauschale Forderung an die Errichtungs- und Betriebssicherheit von Bauwerken muss mit ingenieurmäßigen Mitteln und Methoden in eine mathematisch greifbare Form überführt werden.

MBO §3 (1)

Dabei stellt sich als erstes die Frage nach der Definition der Schutzziele, der Auftretenswahrscheinlichkeit eines Schadens und ihren potentiellen Auswirkungen. Danach ergibt sich die Notwendigkeit, auf diese Anforderungen und Randbedingungen mit geeigneten Methoden einzugehen, um die entsprechenden Schutzziele sicher und dauerhaft – mit einer bestimmten, geringen Restunsicherheit – gewährleisten zu können.

[Shen 1997]

3.2.1 Risiko

Im Bauwesen stellt sich in der Regel eine anwendungs- oder objektbezogene Bewertung des Risikos für den bemessenden Ingenieur nicht. Vielmehr wird ihm diese Aufgabe von den Anwendungsnormen im Rahmen der Bemessungskonzepte abgenommen. Diese gewährleisten die Einhaltung der definierten Schutzziele.

In besonderen Situationen – beispielsweise Bauwerke der Kernenergie – müssen objektbezogene Risikobewertungen vorgenommen werden. Dabei ergibt sich defintionsgemäß das Risiko aus der Wahrscheinlichkeit des Auftretens eines Schadens in Relation zu den potentiellen Auswirkungen daraus. Üblicherweise ergibt sich das Risiko als Produkt aus diesen beiden Parametern.

Welches Risiko hingenommen wird, ist in aller Regel subjektiven Empfindungen unterworfen. Solange ein Nutzer die vom ihm empfundene Möglichkeit der Beeinflussung der Dinge um ihn herum besitzt – beispielsweise im Straßenverkehr oder bei sportlicher Betätigung –, ist er häufig bereit, ein größeres Risiko einzugehen, als bei Situationen, die sich

[Shen 1997]

seiner Einflussnahme entziehen. Dadurch zieht die Definition eines maximal zulässigen Risikos in aller Regel große Probleme nach sich, die vom Ingenieur nicht mehr eigenverantwortlich bewertet werden können.

Hinsichtlich der Sicherheitsklassen unterscheiden sich GruSi-Bau, DIN 1055-100 und DIN EN 1990 (EC0) nicht, da die letzten beiden Regelwerke eine Fortführung der GruSiBau darstellen.

Die Aufgabe im Hinblick auf die Bauwerk- und Bauteilsicherheit besteht nun darin, diese subjektiven Empfindungen mathematisch beschreibbar und objektiv zu machen. In der GruSiBau wurden erstmals Schadensfolgen und Schadenseintrittswahrscheinlichkeiten als Risiko in Korrelation gesetzt. Tabelle 3.3 gibt die Einteilungen nach DIN EN 1990 wieder, wobei sich die Einteilung nach GruSiBau nicht unterscheidet.

Tabelle 3.3
Klassen für Schadensfolgen nach DIN EN 1990

Schadens-folgeklassen	Merkmale	Beispiele im Hochbau oder bei sonstigen Ingenieurbauwerken
CC3	Hohe Folgen für Menschenleben oder sehr große wirtschaftliche, soziale oder umweltbeeinträchtigende Folgen	Tribünen, öffentliche Gebäude mit hohen Versagensfolgen (zum Beispiel eine Konzerthalle)
CC2	Mittlere Folgen für Menschenleben, beträchtliche wirtschaftliche, soziale oder umweltbeeinträchtigende Folgen	Wohn- und Bürogebäude, öffentliche Gebäude mit mittleren Versagensfolgen (zum Beispiel ein Bürogebäude)
CC1	Niedrige Folgen für Menschenleben und kleine oder vernachlässigbare wirtschaftliche, soziale oder umweltbeeinträchtigende Folgen	Landwirtschaftliche Gebäude ohne regelmäßigen Personenverkehr (zum Beispiel Scheunen, Gewächshäuser)

Der wesentliche Unterschied in der DIN EN 1990 gegenüber der GruSiBau besteht in der Festlegung der Sicherheitsklasse CC2 als gängige und anzusetzende Sicherheitsklasse im Bauwesen.

3.2.2 Zuverlässigkeit

Die Definition der Zuverlässigkeit kann qualitativ oder quantitativ erfolgen. Dabei wird die quantitative Festlegung zur Formulierung des Grenzzustands der Sicherheit verwendet. Unter dem Grenzzustand wird der Zustand verstanden, bei dessen Überschreitung das Bauwerk seine ihm gestellten Anforderungen nicht mehr erfüllen kann.

Die Quantifizierung der Zuverlässigkeit erfolgt über die Angabe der Wahrscheinlichkeit des Überschreitens des Grenzzustands p_f. Dem äquivalent kann p_f unter Verwendung einer Standardnormalverteilung mit dem Sicherheitsindex β ausgedrückt werden.

p_f	10^{-1}	10^{-2}	10^{-3}	10^{-4}	10^{-5}	10^{-6}	10^{-7}
β	1,28	2,32	3,09	3,72	4,27	4,75	5,20

Tabelle 3.4
Beziehung zwischen β und p_f

Dieser Sicherheitsindex β beziehungsweise die Versagenswahrscheinlichkeit p_f sind den verschiedenen Zuverlässigkeitsklassen nach Tabelle 3.5 mit Zahlenwerten zugeordnet.

Zuverlässigkeits-Klasse	Mindestwert für β	
	Bezugszeitraum 1 Jahr	Bezugszeitraum 50 Jahre
RC3	5,2	4,3
RC2	4,7	3,8
RC1	4,2	3,3

Tabelle 3.5
Empfehlungen für Mindestwerte des Zuverlässigkeitsindex β DIN EN 1990

Die Bemessungsnormen berücksichtigen üblicherweise einen Sicherheitsindex von $\beta = 4,7$ ($p_f < 10^{-6}$) für Nachweise im Grenzzustand der Tragfähigkeit (GZT) und von $\beta = 3,0$ ($p_f < 10^{-3}$) für Nachweise im Grenzzustand der Gebrauchstauglichkeit (GZG).

Die Zuverlässigkeit beziehungsweise Sicherheit eines Bauwerks ergibt sich aus dem Nachweis, dass entweder der Grenzwert der Versagenswahrscheinlichkeit p_f unterschritten oder der Sicherheitsindex β überschritten wird. Für diesen Nachweis bieten sich drei Methoden an, die sich in zwei Hauptbereiche gliedern:

— deterministische Methoden (Stufe I) und
— probabilistische Methoden (Stufe II und III).

Bild 3.3
Zuverlässigkeitsmetho-
den nach DIN EN 1990

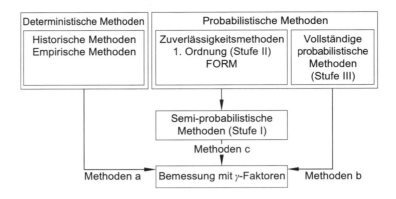

Die probabilistischen Methoden teilen sich nochmals in die Zuverlässigkeitsmethode 1. Ordnung (Stufe II) und die vollständig probabilistische Methode (Stufe III) auf. Den heutigen Bemessungsnormen liegt das Konzept nach Stufe II – semi-probabilistisches Bemessungskonzept – zugrunde.

3.2.3 Deterministisches Sicherheitskonzept

Die drei Technischen Regeln des Glasbaus (TRAV, TRLV, TRPV) basieren auf einem deterministischen Bemessungskonzept mit globalen Sicherheitsbeiwerten. Die Nachweisführung zur Bestimmung der Tragfähigkeit erfolgt durch den Vergleich der vorhandenen charakteristischen Biegezugspannungen mit zulässigen Werten. Dabei werden Unsicherheiten jeder Art mit einem globalen Sicherheitsfaktor abgedeckt. Dies betrifft die statistischen Schwankungen aller in den Bemessungsprozess einfließenden Parameter sowie Idealisierungen und Vereinfachungen in der Modellbildung zur Verringerung der Komplexität der tatsächlichen Tragstruktur. Der globale Sicherheitsbeiwert wird auf der Widerstandsseite erfasst und definiert damit einen pauschalen Sicherheitsabstand zwischen Einwirkung und Widerstand.

$$\sigma_{\text{vorh}} \leq \sigma_{\text{zul}} = \frac{f_k}{\gamma}$$

σ_{vorh}	vorhandene Spannung
σ_{zul}	zulässige Spannung
f_k	charakteristische Biegezugfestigkeit
γ	globaler Sicherheitsbeiwert

Die Beanspruchungen sind nach geltenden Technischen Baubestimmungen mit charakteristischen Werten der Einwirkungen zu ermitteln und ohne die Verwendung von Teilsicherheitsbeiwerten den zulässigen Spannungen gegenüberzustellen. Für die Kombination mehrerer Einwirkungen, basierend auf dem damalig gültigen deterministischen Sicherheitskonzept, kann auf die Kombinationsbeiwerte ψ nach DIN EN 1990 zurückgegriffen werden.

MLTB Anlage 1.1/4 (3)

Einwirkung		ψ_0
Schnee- und Eislasten		
Orte bis	NN + 1000m	0,5
Orte über	NN + 1000m	0,7
Windlasten		0,6

Tabelle 3.6
DIN 1990, Tabelle A.1.1 – Auszug

In der Praxis des konstruktiven Glasbaus finden die Kombinationsregeln für Nutzlasten nur selten Anwendung. Eine Überlagerung von Nutz- mit Wind- oder Schneelasten ergäbe sich einzig bei bedingt betretbaren oder begehbaren Verglasungen. Für diese gelten aber besondere Vorschriften.

Die zulässigen Spannungen für die Glasprodukte sind in den TRLV angegeben und werden für Überkopf- und Vertikalverglasungen unterschieden. Die Sicherheiten liegen dabei je nach Anwendung und Glasprodukt zwischen 2,0 und 3,8.

TRLV, Tabelle 2

Glasprodukt	f_k [N/mm²]	γ [/]	σ_{zul} [N/mm²]
ESG aus Floatglas (FG)	120	2,4	50
TVG aus Floatglas (FG)	70	2,4	29
Floatglas (FG)	45	2,5 (3,8)	18 (12)
VSG aus Floatglas (FG)	45	2,0 (3,0)	22,5 (15)
Die Werte in Klammern gelten für Überkopfverglasungen			

Tabelle 3.7
TRLV, Tabelle 2 – Auszug

Streng genommen ist die höhere „Sicherheit" beim Floatglas in Überkopfanwendungen keine solche. Mit der geringeren zulässigen Spannung wird die Tatsache des subkritischen Risswachstums beim Spiegelglas (SPG, nach DIN 18008

Abschnitt 3.4.3

nun Floatglas FG) unter Dauerlast berücksichtigt. Es ergeben sich geringere charakteristische Festigkeiten. Daher
erscheint die globale Sicherheit wegen des Bezugs auf die
Festigkeit ohne Lastdauereinfluss größer.

Beim VSG handelt es sich im Gegensatz zum Floatglas
unter Dauerbelastung tatsächlich um eine geringere Sicherheit, da es statistisch unwahrscheinlich ist, dass die verbundenen Scheiben die gleiche Bruchwahrscheinlichkeit aufweisen. Darüber hinaus erfolgt durch den Zusammenhalt der
grobscholligen Bruchstücke eine Rissüberbrückung und
Verzahnung der beteiligten Einzelscheiben, so dass ein
vollständiges Versagen der kompletten Verglasung im
Bruchfall reduziert ist. Ein kongruentes Bruchbild mit exakt
übereinanderliegenden Rissverläufen ist theoretisch möglich, allerdings praktisch äußerst unwahrscheinlich.

Bei der Überlagerung von mehreren veränderlichen Einwirkungen sind pauschale Erhöhungen der zulässigen Spannungen erlaubt. Genaueres bestimmen dann die Anwendungsregeln. Im Rahmen der europäischen Normung und
nach Einführung der DIN 18008 entfällt das deterministische
Bemessungskonzept im Konstruktiven Glasbau.

TRLV und Abschnitt 3.4.3

3.2.4 Semi-Probabilistisches Sicherheitskonzept

Im Konstruktiven Glasbau erfolgt die Umstellung auf das
semi-probabilistische Sicherheitskonzept. Dieses beruht auf
der statistischen Beschreibung der Eingangsvariablen. Anstelle eines globalen Sicherheitsfaktors kommen Teilsicherheitsfaktoren zur Anwendung, die eine differenzierte Erfassung von Sicherheiten ermöglichen. Der Nachweis erfolgt
durch den Vergleich des Bemessungswertes der Beanspruchung mit dem Bemessungswert des Widerstandes.

$$E_d \leq R_d$$

mit

$$E_d = \gamma_S \cdot S_k \quad \text{und} \quad R_d = \frac{R_k}{\gamma_R}$$

E_d Bemessungswert der Beanspruchung

R_d Bemessungswert des Widerstandes

S_k charakteristischer Wert der Einwirkung

γ_S Teilsicherheitsbeiwert für die Einwirkung

R_k charakteristischer Wert des Widerstandes

γ_R Teilsicherheitsbeiwert für den Widerstand

Dem semi-probabilistischen Sicherheitskonzept liegt der Gedanke zugrunde, die Sicherheiten der Einwirkungs- und der Widerstandsseite gemäß ihrer Natur erfassen zu können. Der Widerstand ist zunächst unabhängig von der Einwirkung. Diese Entkopplung weicht gegenüber dem Vorgehen des deterministischen Konzepts ab, bei dem die zulässigen Festigkeiten in Abhängigkeit der Einwirkungskombinationen definiert worden sind. Das Sicherheitskonzept wird als semi-probabilistisch bezeichnet, da zwar Teilsicherheitsfaktoren verwendet werden, die auf probabilistische Weise ermittelt wurden, der Nachweis der Tragfähigkeit jedoch mit der oben angegebenen deterministischen Gleichung erfolgt.

Die allgemeine Grenzzustandsfunktion oder Versagensfunktion Z drückt sich als Differenz zwischen dem resultierenden Widerstand R und der resultierenden Einwirkung S aus. Die Versagenswahrscheinlichkeit als das Reziproke der Zuverlässigkeit ergibt sich dann zu

$$p_f = P(Z = R - S < 0).$$

p_f Versagenswahrscheinlichkeit

Die Funktion drückt aus, mit welcher Wahrscheinlichkeit die Grenzzustandsfunktion überschritten wird.

Unter Berücksichtigung einer Standardnormalverteilung wird der Bezug zwischen Versagenswahrscheinlichkeit p_f und Sicherheitsindex β hergestellt. Die weitere Herleitung und Bestimmung der Teilsicherheitsbeiwerte ist in der Literatur ausführlich beschrieben und besitzt an dieser Stelle nur wiederholenden Charakter.

GruSiBau
[Shen 1997]
[Sedlacek 1999]
[Wörner 2001]

Der Bestimmung der Teilsicherheitsbeiwerte liegen statistische Methoden und gemessene Daten zugrunde. Für die jeweiligen auftretenden Einwirkungen gelten je nach Art der Einwirkung verschiedene statistische Verteilungsfunktionen.

Tabelle 3.8
Statistische Verteilungsfunktionen zur Bestimmung der Teilsicherheitsbeiwerte nach DIN EN 1990

V Variationskoeffizient
σ Standardabweichung
μ Mittelwert

Verteilung	Funktion	Anwendung
Normal	$\mu - \alpha \cdot \beta \cdot V$	Eigengewicht
Lognormal	$\mu \cdot e^{-\alpha \cdot \beta \cdot V}$	Baustoffeigenschaften[a]
Gumbel	$1 - V \cdot (0{,}45 - 0{,}78 \cdot \ln(-\ln \phi(-\frac{1{,}28 \cdot \beta}{\sigma})))$	Veränderliche Einwirkungen

mit α_E = -0,70 für Einwirkungen und α_R = 0,80 für Widerstände und $V = \sigma / \mu$.
[a] für viele Baustoffeigenschaften kann alternativ eine Weibull-Verteilung verwendet werden

DIN 1055-100 und DIN EN 1990

Die Teilsicherheitsbeiwerte der Einwirkungen sind den Anwendungsnormen übergeordnet geregelt. Auf der Widerstandsseite werden verschiedene streuende Parameter, die Basisvariablen, berücksichtigt. Diese bestehen aus Differenzen zwischen den nominellen und tatsächlichen Bauteilabmessungen und Streuungen in den Materialfestigkeiten und -parametern. Die Überlagerung der Einflüsse der jeweiligen Basisvariablen erfolgt multiplikativ.

GruSiBau, 6.4.4

Modellunsicherheiten wie vereinfachte Annahmen zum statischen System, Abweichungen in den Systemlängen (Spannweiten) und Systemempfindlichkeiten (Steigerung der Schnittgrößen bei geringfügiger Änderung des Systems) werden in einem gesonderten Teilsicherheitsbeiwert γ_{sys} erfasst. Dieser wird in der Regel, sofern nicht andere Gründe vorliegen, dem Teilsicherheitsbeiwert der Einwirkung γ_F multiplikativ zugeschlagen. Die DIN EN 1991 verfährt derart.

Der Variationskoeffizient als Division von Standardabweichung zu Mittelwert gilt als Maß für die Streuung der Ergebnisse.

Eine andere übliche Verteilung ist die Weibull-Verteilung.

Einen wesentlichen Einfluss auf den Teilsicherheitsbeiwert des Widerstands besitzt der Variationskoeffizient V der jeweiligen Basisvariablen. In Bild 3.4 ist die Auswirkung des Variationskoeffizienten V einer Basisvariablen (im Beispiel die Glasfestigkeit) auf den Teilsicherheitsbeiwert dargestellt. Dabei wird für die Festigkeit des Glases eine zur statistischen Auswertung übliche logarithmische Normalverteilung zugrunde gelegt.

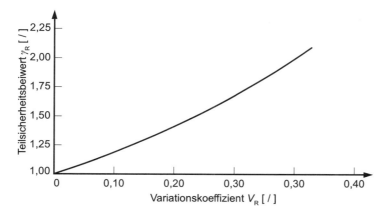

Bild 3.4
Teilsicherheitsbeiwert
γ_R in Abhängigkeit des
Variationskoeffizienten
basierend auf einer
Lognormalverteilung.

Nicht thermisch vorgespanntes Glas besitzt aufgrund der bruchmechanischen Charakteristik des Zusammenwirkens relativ hoher Zugspannungen mit relativ großen Oberflächendefekten eine große Streuung in der Prüfbiegefestigkeit. Daraus resultiert der recht hohe Teilsicherheitsbeiwert des Widerstands von $\gamma_M = 1{,}80$ bei Floatglas.

Bei thermisch vorgespannten Glasprodukten läuft ein industrieller Prozess ab, der sich durch eine hohe Prozessstabilität und Reprodurzierbarkeit der Ergebnisse ausweist. Durch die additive Überlagerung der stark streuenden Festigkeit des Basisglases mit einer sehr gut steuerbaren thermischen Vorspannung reduziert sich nicht zwangsläufig die Standardabweichung als Maß der Streuung der Beanspruchbarkeit der vorgespannten Produkte. Vielmehr reduziert sich der Variationskoeffizient aufgrund der Erhöhung des Mittelwerts bei gleichbleibender Standardabweichung wegen der Beziehung $V = \sigma / \mu$. Der resultierende Teilsicherheitsbeiwert ist daher bei thermisch vorgespannten Gläsern mit $\gamma_M = 1{,}50$ geringer als bei nicht vorgespannten Produkten.

Bei beiden Produkten besitzt die Abweichung der tatsächlichen Glasdicke von der nominellen einen zusätzlichen Einfluss auf den Teilsicherheitsbeiwert. In der Bemessungspraxis werden Normbauteilabmessungen angesetzt. Die Praxis der Glasherstellung zeigt jedoch, dass sich die Glashersteller an den unteren Grenzen der zulässigen Toleranzen hinsichtlich der Glasstärke orientieren, das heißt, dass Gläser in der Regel dünner als ihre Nenndicke ausfallen. Tabelle

3.9 zeigt die zulässigen Toleranzen der Glasdicke für verschiedene Glasprodukte.

Tabelle 3.9
Toleranzen für die Dicke verschiedener Glasprodukte nach Norm

Glasdicke	Floatglas DIN EN 572-2	TVG DIN EN 1863-1	ESG DIN EN 12150-1
2 mm		n.h.	n.h.
3 – 4 mm	±0,2 mm	±0,2 mm	±0,2 mm
5 – 6 mm		±0,3 mm	±0,3 mm
8 mm		±0,4 mm	±0,4 mm
10 mm	±0,3 mm	k.A.	±0,5 mm
12 mm			±0,6 mm
15 mm	±0,5 mm	n.h.	k.A.
19 – 25 mm	±1,0 mm		

n.h. nicht hergestellt
k.A. keine Angabe

3.2.5 Probabilistisches Sicherheitskonzept

Generell darf eine vollständig probabilistische Bewertung der Tragwerksicherheit vorgenommen werden. Allerdings gestaltet sich eine solche Aufgabe zum einen häufig sehr viel aufwendiger und zum anderen wegen einer fehlenden Datenbasis der statistischen Eingangswerte als nicht durchführbar. Nichtsdestotrotz muss eine solche Bewertung bei besonderen Bauwerken, die nicht mit den Methoden der DIN EN 1990 bewertet werden dürfen, durchgeführt werden.

Zu solchen gehören kerntechnische Anlagen und andere besondere Ingenieurbauwerke.
DIN EN 1990, 1.1.

Der Nachweis erfolgt zunächst in der Darstellung aller möglichen Versagensursachen in einem sogenannten probabilistischen Baum. Je komplexer die Bemessungsaufgabe und Konstruktion werden, desto umfangreicher fällt dieser Baum aus. Aus der Literatur kann ein Beispiel für eine mit Silikon verklebte Fassade entnommen werden. An dieser Stelle wird auf den probabilistischen Nachweis verzichtet, da er anderweitig ausführlich beschrieben worden ist.

[Shen 1997]

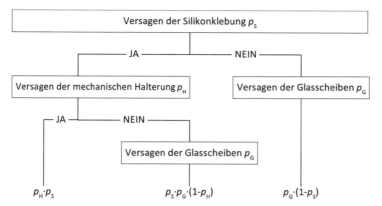

Bild 3.5
Probabilistischer Baum
für eine geklebte Fas-
sadenkonstruktion

[Shen 1997]

Die Gesamtversagenswahrscheinlichkeit ergibt sich dann als Addition der Einzelversagenswahrscheinlichkeiten zu

$$p_f = p_H \cdot p_S + p_S \cdot p_G \cdot (1 - p_H) + p_G \cdot (1 - p_S)$$

Die Gesamtversagenswahrscheinlichkeit p_f muss geringer ausfallen als in der DIN EN 1990 festgelegt (in diesem Fall $p_f < 10^{-6}$).

Im Konstruktiven Glasbau werden probabilistische Verfahren in der Regel nicht angewendet.

3.3 DIN 18008

3.3.1 Allgemeines und baurechtliche Einführung

Zum Zeitpunkt der Drucklegung befindet sich auf nationaler Ebene die Normenreihe „DIN 18008: Glas im Bauwesen – Bemessungs- und Konstruktionsregeln" kurz vor der bauaufsichtlichen Einführung. Diese Normenreihe auf Basis des semi-probabilistischen Sicherheitskonzepts ersetzt die bisher geltenden, auf dem deterministischen Sicherheitskonzept basierenden Technischen Regeln und wird sich aus den folgenden sieben Teilen zusammensetzen:

Teil 1:	Begriffe und allgemeine Grundlagen
Teil 2:	Linienförmig gelagerte Verglasungen
Teil 3:	Punktförmig gelagerte Verglasungen
Teil 4:	Zusatzanforderungen an absturzsichernde Verglasungen
Teil 5:	Zusatzanforderungen an begehbare Verglasungen
Teil 6:	Zusatzanforderungen an zu Reinigungs- und Wartungsmaßnahmen betretbare Verglasungen
Teil 7:	Sonderkonstruktionen

Teil 1 der Normenreihe legt grundlegende Randbedingungen für die weiteren Normteile fest und orientiert sich ebenso wie Teil 2 stark an den bisher geltenden TRLV. Teil 3 mit Zusatzanforderungen für die punktförmig gelagerten Verglasungen, ist an den TRPV sowie Teilen von DIN 18516-4 angelehnt. Die Zusatzanforderungen für absturzsichernde Verglasungen in Teil 4 werden vergleichbar mit den TRAV geregelt. Für die Teile 5, 6 und 7 existieren bisher nur wenige oder keine Regelungen. Zusatzanforderungen für begehbare Verglasungen, die im Teil 5 geregelt werden, sind bisher nur in geringem Umfang in den TRLV enthalten. Darüber hinaus existiert ein Merkblatt des DIBt für den Umgang mit ungeregelten begehbaren Verglasungen, dessen Inhalte auch für die Erstellung von Teil 5 herangezogen werden. Als Grundlage für die Erstellung von Teil 6 dienen die „Grundsätze für die Prüfung und Zertifizierung der bedingten Betretbarkeit oder Durchsturzsicherheit von Bauteilen bei Bau- oder Instandhaltungsarbeiten" sowie DIN 4426. Teil 7 bietet die Plattform für besondere Anwendungen. So ist hier die Aufnahme von Bemessungsregeln und -hinweisen für Glas-

träger und Glasschwerter geplant. Dafür existieren auch
bisher keinerlei nationale Regelungen.

Von der Normenreihe DIN 18008 wurden die Teile 1 und 2
im Dezember 2010 veröffentlicht. Zur Drucklegung lagen die
Entwurfsfassungen der Teile 3, 4 und 5 vor. Die Eingaben
zu diesen Teilen wurden bereits in den Einspruchssitzungen
durch den Normenausschuss behandelt und die überarbeitete Norm verabschiedet, so dass der Erstellung des Weiß-
drucks durch den DIN nichts mehr im Wege steht. Eine bauaufsichtliche Einführung über die MLTB kann erst nach der
endgültigen Veröffentlichung erfolgen, weshalb damit ver-
mutlich erst im Jahr 2013 gerechnet werden kann.

DIN 18008-6 und -7 befinden sich im Normenausschuss
noch in der Bearbeitung.

Da die Teile 1 und 2 der neuen Normenreihe einen geringeren Regelungsstand als die TRLV umfassen, galt ihre allei-
nige Einführung als Ersatz für die bisherigen Technischen
Regeln (TRLV, TRAV, TRPV) nicht als sinnvoll. Eine Koexis-
tenzphase von DIN 18008-1 und -2 mit TRAV und TRPV,
ergänzt durch eine Anpassungsregelung, wäre theoretisch
möglich, wurde aber vom zuständigen Normenausschuss
aber ebenfalls nicht befürwortet. Weiterhin wäre der Regelungsstand geringer als in der jetzigen Form, da zum Beispiel begehbare Verglasungen keine Berücksichtigung mehr
fänden und als komplett ungeregelte Bauart behandelt würden. Angestrebt wird daher, sämtliche Inhalte der vorhandenen Technischen Regeln und Merkblätter, die zum Teil für
Genehmigungsverfahren bei ungeregelten Bauarten als
Hilfestellung existieren, in die Teile 3 bis 6 der DIN 18008
kurzfristig umzusetzen. Derart kann dann die Bemessung
von Glas vollständig nach dem Konzept der DIN EN 1990
erfolgen. Parallel dazu wird aber weiterhin an einer Überar-
beitung und Verbesserung der Normenteile nach neuestem
Stand der Technik gearbeitet werden.

Trotz der Verfassung dieses Buches im Übergang zwischen
den Technischen Regeln und der DIN 18008, basieren alle
Beispiele im zweiten Teil des Buches auf der zukünftigen
Norm. Zum besseren Verständnis der Entwicklung der Glas-
bau-normung und für mögliche Nachrechnungen bestehen-

der Konstruktionen nach dem deterministischen Sicherheitskonzept behandelt Abschnitt 3.4 die Regelungen nach
TRxV.

3.3.2 Lastfallkombinationen

DIN 18008-1, 6.1

Nach DIN 18008-1 sind die anzusetzenden charakteristischen Werte der Einwirkungen, wie Eigengewicht, Wind,
Schnee, Erdbebenlasten, ggf. Eislasten und ggf. Klimalasten, den entsprechenden Normen zu entnehmen.

DIN 18008-1, 8.1

Die Lastfallkombinationen nach dem Konzept der Teilsicherheitsbeiwerte nach DIN EN 1990 (Eurocode 0) sind anzuwenden. Für den Nachweis im Grenzzustand der Tragfähigkeit sind die Bemessungsgrößen der Einwirkungen durch
Lastfallkombinationen zu bilden. Die dafür zu verwendenden
Teilsicherheitsbeiwerte γ_f entstammen der DIN EN 1990. Für
ständige und vorübergehende Bemessungssituationen wird
der Bemessungswert der Beanspruchung E_d gebildet aus:

DIN EN 1990, Glei-
chung 6.10 in Verbin-
dung mit Gleichung
6.9b

$$E_d = E\left\{\sum_{j\geq1}\gamma_{G,j}G_{k,j} \oplus \gamma_P P \oplus \gamma_{Q,1}Q_{k,1} \oplus \sum_{i>1}\left(\gamma_{Q,i}\psi_{0,i}Q_{k,i}\right)\right\}$$

Für außergewöhnliche Bemessungssituationen ergibt sich
E_{dA} zu:

DIN EN 1990, Glei-
chung 6.11a in Verbin-
dung mit Gleichung
6.11b

$$E_{dA} = E\left\{\sum_{j\geq1}G_{k,j} \oplus P \oplus A_d \oplus (\psi_{1,1}\text{oder}\,\psi_{2,1})Q_{k,1} \oplus \sum_{i>1}\left(\psi_{2,i}Q_{k,i}\right)\right\}$$

Tabelle 3.10
Teilsicherheitsbeiwerte
γ_f im Grenzzustand der
Tragfähigkeit für das
Versagen des Trag-
werks, eines seiner
Teile durch Bruch oder
übermäßige Verfor-
mung siehe Gleichung
(DIN EN 1990NA,
Tabelle NA.A.1.2(B))

Einwirkung	Richtung	Symbol	Bemessungssituation	
			Ständig und vorüber-gehend	Außer-gewöhn-lich
Ständige Einwirkun-gen als Eigenlast des Tragwerks und nicht tragenden Bauteilen	ungünstig	$\gamma_{G,sup}$	1,35	1,00
	günstig	$\gamma_{G,sup}$	1,00	1,00
Unabhängige verän-derliche Einwirkungen	ungünstig	γ_Q	1,50	1,00
Außergewöhnliche Einwirkungen	–	γ_A	–	1,00

Die in DIN EN 1990 aufgeführten Kombinationsbeiwerte ψ_f werden für weitere, den Konstruktiven Glasbau betreffende Beanspruchungen, in DIN 18008-1 ergänzt.

Einwirkung	ψ_0	ψ_1	ψ_2
Nutzlasten			
– Kategorie A, Wohn- und Aufenthaltsräume	0,7	0,5	0,3
– Kategorie B, Büros	0,7	0,5	0,3
– Kategorie C, Versammlungsräume	0,7	0,7	0,6
– Kategorie D, Verkaufsräume	0,7	0,7	0,6
– Kategorie E, Lagerräume	1,0	0,9	0,8
Verkehrslasten			
– Kategorie F, Fahrzeuglast ≤ 30kN	0,7	0,7	0,6
– Kategorie G, 30 kN ≤ Fahrzeuglast ≤ 160kN	0,7	0,5	0,3
– Kategorie H, Dächer	0,0	0,0	0,0
Schnee- und Eislasten			
– Orte bis NN + 1 000m	0,5	0,2	0,0
– Orte über NN + 1 000m	0,7	0,5	0,2
Windlasten	0,6	0,5	0,0
Temperatureinwirkungen	0,6	0,5	0,0
Baugrundsetzungen	1,0	1,0	1,0
Sonstige Einwirkungen	0,8	0,7	0,5
Einwirkungen aus Klima (Änderung der Temperatur und Änderung des meteorologischen Luftdrucks) sowie temperaturinduzierte Zwängungen	0,6	0,5	0,0
Montagezwängungen	1,0	1,0	1,0
Holm- und Personenlasten	0,7	0,5	0,3

Tabelle 3.11
Kombinationsbeiwerte ψ_f nach DIN EN 1990, Tabelle A.1.1 und DIN 18008-1, Tabelle 5

Im Gegensatz zu anderen Bemessungsnormen gibt es in der DIN 18008 auf der Widerstandsseite keine Berücksichtigung von außergewöhnlichen Lastfällen. Außergewöhnliche Lastfälle werden nur auf der Einwirkungsseite entsprechend der DIN EN 1990 berücksichtigt.

Die Besonderheit der Berücksichtigung der Dauer einer Beanspruchung bei Floatglas führt gegebenenfalls zu einem erhöhten Berechnungsaufwand für den bemessenden Ingenieur. Allerdings steht dies im Widerspruch zum Grundgedanken des semi-probabilistischen Bemessungskonzepts.

Die Berücksichtigung der Lastdauer auf der Widerstandsseite ist physikalisch gesehen korrekt. Allerdings entspricht dies nicht der Idee der getrennten Erfassung von Einwirkung und Widerstand, denn die Bestimmung des Beiwerts k_{mod} über die Einwirkung mit der geringsten Wirkungsdauer kombiniert wiederum Einwirkung und Widerstand.

Dieses Vorgehen bedeutet für den praktisch tätigen Ingenieur zunächst keinen zusätzlichen Aufwand, sofern die Spannungsberechnung linear erfolgt. Dann kann der Beiwert k_{mod} zur Bestimmung der maßgebenden Lastkombination auf die Einwirkungsseite gebracht werden. Die erforderliche Spannungsberechnung muss dann nur mit der Lastkombination mit dem höchsten Bemessungswert der Einwirkung vorgenommen werden. Bei einer nichtlinearen Berechnung lässt sich nicht zwangsläufig schon bei der Berechnung der Einwirkung die maßgebende Kombination identifizieren. Eine mehrfache Spannungsberechnung ohne Rechnerunterstützung erscheint dann unwirtschaftlich.

3.3.3 DIN 18008-1

Im Teil 1 wird das Sicherheitskonzept mit Verweis auf die DIN EN 1990 erläutert. Nachweise sind im Grenzzustand der Tragfähigkeit und der Gebrauchstauglichkeit zu führen. Für den Bemessungswert der Beanspruchung E_d sind die entsprechenden Kombinationsregeln nach DIN EN 1990 zu berücksichtigen.

DIN EN 1990, 6.4

Beim Nachweis im Grenzzustand der Tragfähigkeit ist der Bemessungswert der Beanspruchung, das heißt die maßgebende Biegezugspannung, nach den Gleichungen (6.9a und b), (6.10) und (6.11a und b) der DIN EN 1990 zu ermitteln. Der Bemessungswert des Widerstandes gegen Spannungsversagen für Basisgläser, zum Beispiel Floatglas, setzt sich wie folgt zusammen:

$$R_d = \frac{k_{mod} \cdot k_c \cdot f_k}{\gamma_M}$$

R_d Bemessungswert des Tragwiderstandes
k_{mod} Modifikationsbeiwert
k_c Beiwert zur Berücksichtigung der Konstruktionsart
f_k charakteristischer Wert der Biegezugfestigkeit
γ_M Materialsicherheitsbeiwert; für Floatglas $\gamma_M = 1{,}8$

Im Gegensatz zu der allgemeinen Definition für R_d, bei der der charakteristische Wert des Tragwiderstandes nur durch einen Materialsicherheitsbeiwert abgemindert wird, setzt sich die Berechnung des Tragwiderstandes im Konstruktiven Glasbau noch aus weiteren Faktoren zusammen.

Mit dem Beiwert k_c soll die Art der Konstruktion hinsichtlich der dadurch erreichten Sicherheit berücksichtigt werden. Da Glas ein sprödes Material ist, das eine Überlastung nicht durch plastische Verformung anzeigt, sondern plötzlich und vollständig versagt, spielt die Konstruktion, das heißt die Art der Lagerung, die Art der Lasteinleitung oder auch die Verwendung von zusätzlichen duktilen Materialien eine große Rolle hinsichtlich der Trag- und Resttragfähigkeit. Mit dem Faktor k_c kann der Tragwiderstand je nach Art der Konstruktion angepasst werden. In Teil 1 der Normenreihe wird er zunächst standardmäßig auf 1,0 gesetzt. Davon abweichende Werte werden in den nachfolgenden Normteilen genannt. In Teil 2 wird beispielsweise für linienförmig gelagerte Verglasungen aus nicht vorgespannten Gläsern ein $k_c = 1{,}8$ angegeben.

Der Modifikationsbeiwert k_{mod} dient der Berücksichtigung der Lasteinwirkungsdauer bei nicht vorgespannten Flachgläsern. Die Festigkeit des Glases nimmt mit anhaltender Belastungsdauer ab. An den mit bloßem Auge nicht sichtbaren Oberflächendefekten, Kerben und Rissen treten bei Zugbeanspruchung Spannungsspitzen auf, denen das Glas keine plastische Verformbarkeit entgegensetzen kann und die zu Risswachstum führen. Je länger die Belastung anhält, umso stärker wird die Belastbarkeit des Glases herabgesetzt. Die DIN 18008 sieht daher eine Reduktion des Tragwiderstandes in Abhängigkeit von der Lasteinwirkungsdauer vor.

Tabelle 3.12
Rechenwerte für den Modifikationsbeiwert k_{mod} nach DIN 18008-1

Einwirkungsdauer	Beispiele	Modifikationsbeiwert k_{mod}
ständig	Eigengewicht, Ortshöhendifferenz	0,25
mittel	Schnee, Temperaturänderung und Änderung des Meteorologischen Luftdruckes	0,40
kurz	Wind, Holmlast	0,70

Für thermisch vorgespanntes Glas ist eine Berücksichtigung der Lasteinwirkungsdauer nicht notwendig, da die auf der Glasoberfläche vorhandenen Defekte überdrückt werden und ein Risswachstum unter Druckspannung nicht stattfindet. Daher wird der Bemessungswert des Tragwiderstandes für thermisch vorgespannte Gläser wie folgt ermittelt:

$$R_d = \frac{k_c \cdot f_k}{\gamma_M}$$

R_d Bemessungswert des Tragwiderstandes
k_c Beiwert zur Berücksichtigung der Konstruktionsart
f_k charakterischer Wert der Biegezugfestigkeit
γ_M Materialsicherheitsbeiwert; für thermisch vorgespanntes Glas γ_M = 1,5

Die charakteristischen Biegezugfestigkeiten sind im Gegensatz zu den TRLV nicht in der Normenreihe DIN 18008 angegeben. Hier wird auf die Angaben in der jeweiligen Produktnorm der einzelnen Gläser verwiesen. Diese müssen über die Bauregelliste eingeführt sein.

Im Grenzzustand der Gebrauchstauglichkeit werden die Durchbiegungen des Glases überprüft. Der Nachweis muss dabei folgende Bedingung erfüllen:

$$E_d \leq C_d$$

E_d Bemessungswert der Beanspruchung
C_d Bemessungswert des Gebrauchstauglichkeitskriteriums

Der Bemessungswert der Beanspruchung E_d, hier die maßgebende Durchbiegung, wird mit den Gleichungen (6.14) bis (6.16) der DIN EN 1990 berechnet. Das Gebrauchstauglichkeitskriterium, die Durchbiegung des Glases, wird in Abhängigkeit von der Art der Konstruktion dem jeweiligen Normenteil von DIN 18008 entnommen.

DIN EN 1990, 6.5

3.3.4 DIN 18008-2

Der Teil 2 der DIN 18008 basiert im Wesentlichen auf den konstruktiven Regelungen der TRLV. Die in der TRLV verwendete Unterscheidung zwischen Horizontalverglasung (Neigung ≤ 10, bislang als Überkopfverglasung bezeichnet) und Vertikalverglasung wird beibehalten. Das vereinfachte Verfahren zur Berechnung der Klimalasten bei Mehrscheiben-Isolierverglasungen wurde aus der TRLV unverändert übernommen.

DIN 18008-2, Anhang A

Für linienförmig gelagerte Verglasungen gilt eine maximal zulässige Durchbiegung von $l / 100$ der Stützweite. Bei Vertikalverglasungen darf auf den Nachweis im Grenzzustand der Gebrauchstauglichkeit verzichtet werden, wenn nachgewiesen wird, dass infolge Sehnenverkürzung eine Mindestauflagertiefe von 5 mm eingehalten wird. Dabei muss die gesamte Sehnenverkürzung auf nur ein Auflager angesetzt werden. Darüber hinaus sind die Anforderungen der Isolierglashersteller zu beachten, die für die Gewährleistung der Dichtigkeit des Randverbunds gegebenenfalls höhere Durchbiegungsbegrenzungen angeben.

DIN 18008-2, Berichtigung 1 für 7.2

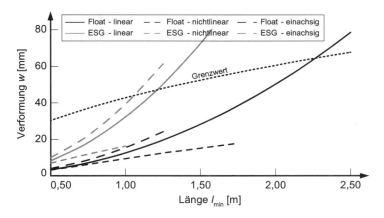

Bild 3.6
Grenzspannweiten verschiedener Glasarten unter verschiedenen Lagerungen zur Vermeidung des Herausrutschens aus dem Auflager. Der planmäßige Glaseinstand beträgt 10 mm gemäß DIN 18008-2, 4.1.

Die Darstellung zeigt, dass diese Vorgabe der Vermeidung eines Herausrutschens aus dem Auflager für allseitig linienförmig gelagerte Verglasung nicht maßgebend ist. In der Regel bestimmen die Spannungsnachweise die Bemessung, beziehungsweise bewirken die zur Überschreitung des Verformungskriteriums erforderlichen Lasten vorher ein Spannungsversagen. Einzig für den Fall einer linearen Bemessung mit ESG könnte ein solcher Fall eintreten. Dennoch ist dort ein solches Versagen nicht möglich, da eine lineare Bemessung nur eine vereinfachte Berechnungsmethode darstellt, wogegen ein nichtlineares Tragverhalten physikalisch gesehen immer vorhanden ist.

Bei zweiseitig gelagerten, einachsig spannenden Scheiben kann ein solcher Fall bemessungsmaßgebend werden. Allerdings ist die maximale Spannweite dann auf 1,20 m begrenzt. Besondere Beachtung erfordern rechnerische Nachweise des Pendelschlags nach DIN 18008-4, Anhang C, bei denen aufgrund der höheren Kurzzeitbiegezugfestigkeit ebenfalls entsprechend höhere Verformungen möglich sind. Allerdings wird eine solche Bemessung geometrisch nichtlinear geführt, so dass auch rechnerisch die Tauglichkeit in der Regel nachgewiesen ist.

Der Nachweis im Grenzzustand der Tragfähigkeit ist für linienförmige Verglasungen ohne thermische Vorspannung mit k_c = 1,8 und bei thermisch vorgespannten Gläsern mit k_c = 1,0 zu führen.

3.3.5 DIN 18008-3

Der Normenteil DIN 18008-3 basiert auf den TRPV sowie der DIN 18516-4. Der Normenteil umfasst die Zusatzanforderungen für punktförmig gelagerte Verglasungen und ist in Kombination mit den Teilen 1 und 2 anzuwenden. Der Regelungsumfang umfasst sowohl Tellerhalter (durch Glasbohrung geführte Punkthalterbolzen mit oberem und unterem Teller) und Klemmhalter, die ohne Glasbohrung am Rand oder Eckbereich einer Verglasung befestigt werden. Senkkopfhalter oder Hinterschnittanker werden durch die Norm nicht geregelt. Weiterer Inhalt sind die bereits aus der TRPV bekannten, teilweise erweiterten konstruktiven Randbedin-

DIN 18008-3, 4.2, 4.5

gungen, wie beispielsweise Bohrlochgeometrie und Bohr-
lochrandabstände, Glasdicken und Herstellungsmaterialien
für die Punkthalter.

DIN 18008-3, 5.3, 5.5

Klemmhalter dürfen nach DIN 18008-3 gegenüber der DIN
18516-4 für eine größere Vielfalt von Verglasungen eingesetzt werden. Aufgrund der höheren Resttragfähigkeit dürfen
nur Tellerhalter für horizontale Verglasungen verwendet
werden, während bei Vertikalverglasungen auch Klemmhalter zulässig sind. Kombinierte Lagerungen, beispielsweise
Sogteller auf Linienlager, sind in der Norm aufgeführt und
entsprechende Klemmflächen und Tellerabstände definiert.
Demgegenüber wird als eine Kombination von Lagerungsarten die Anwendung von linien- und punktförmiger Lagerung
an einer Verglasung verstanden.

DIN 18008-3, 4.1

DIN 18008-3, 6.3

DIN 18008-3, 6.2

Der Nachweis der Tragfähigkeit und Gebrauchstauglichkeit
von punktförmig gestützten Gläsern erfolgt in der Regel mit
Hilfe der Finite-Elemente-Methode. Das FE-Modell muss die
auftretenden Beanspruchungen auf der sicheren Seite liegend erfassen. Für gebohrte, punktgestützte Verglasungen
ist ein detailliertes Rechenmodell nötig, welches nach Anhang B oder Anhang C ausgeführt werden kann.

DIN 18008-3, 8.3

Der Nachweis der Resttragfähigkeit ist für Horizontalvergla-
sungen gefordert. Dieser kann, soweit möglich, mit Hilfe von
Verglasungsaufbauten erfolgen, die eine nachgewiesene
Resttragfähigkeit besitzen.

DIN 18008-3, Tabelle 2

In den Anhängen B bis D werden dem Anwender Werkzeuge angeboten, die es erlauben, mit Tellerhaltern ausgeführte
punktförmige gelagerte Verglasungen durch ein numerisches oder vereinfachtes Verfahren zu berechnen. In Anhang A werden für die numerische Simulation Materialparameter festgelegt.

Trennmaterialien	Elasto-mere	Thermo-plaste	Verguss	Reinalu-minium[a]
E-Modul in N/mm²	5 – 200	10 – 3 000	1 000 – 3 000	69 000
Querdehnzahl	0,45	0,30 – 0,40	0,30 – 0,40	0,30
[a] Werkstoff-Nr. EN AW 1050A, Zustand weich O/H111 nach DIN EN 573-3				

Tabelle 3.13
Anhaltswerte der rech-
nerischen Materialstei-
figkeiten von Trennma-
terialien.

DIN 18008, Tabelle A.1

DIN 18008-3, 8.3

Mit den Anhaltswerten der rechnerischen Materialsteifigkeiten aus Anhang A und der Bohrlochverifizierung bei Finite-Element-Modellen wird es dem Anwender ermöglicht, ein für ein auf der sicheren Seite liegendes, geeignetes Berechnungsverfahren notwendiges numerisches Modell zu generieren. In dieses Modell sind die Steifigkeitsangaben der Punkthalterzulassungen für das Punkthaltermodell zu integrieren, und die dem Baustoff Glas gerecht werdenden Modellierungen auszuführen, wie beispielsweise eine ausschließliche Druckkraftübertragung von Glas zu Bolzen der Hülse, die durch Kontaktelemente modelliert werden kann.

DIN 18008-3,
Anhang C

Neben der numerischen Modellierung der punktförmig gelagerten Verglasung ist es auch möglich, mit Hilfe des in Anhang C beschriebenen vereinfachten Verfahrens die Nachweise im Grenzzustand der Tragfähigkeit und der Gebrauchstauglichkeit zu erbringen. Beim vereinfachten Verfahren wird eine punktförmig gestützte Verglasung vereinfacht modelliert, sodass nur die Knotenpunkte des Finite-Element-Netzes gelagert werden. Die aus diesem Modell im Knoten- und im Feldbereich abgelesenen Spannungen werden mit Hilfe von mehreren Korrekturfaktoren verändert, um die tatsächlich im Feldbereich oder Bohrlochrand auftretenden Hauptzugspannungen abzubilden.

DIN 18008-3,
Anhang D

Da Tellerhalter mit Hilfe der eingeführten Technischen Baubestimmungen häufig nicht mit vertretbarem Aufwand nachgewiesen werden können, besteht die Möglichkeit des Nachweises mit der in Anhang D vorgeschlagenen Prüfvorschrift. Die aus den Versuchsergebnissen zu ermittelnden Steifigkeiten gelten auch für die numerische Berechnung der punktförmig gelagerten Konstruktion nach Anhang B.

3.3.6 DIN 18008-4

Der Teil 4 der Normenreihe definiert die Zusatzanforderungen für absturzsichernde Verglasungen. Für die Nachweisführung müssen zusätzlich für linienförmige Verglasungen die Teile 1 und 2 und für punktförmig gelagerte Verglasungen die Teile 1 und 3 berücksichtigt werden. Grundlage für die DIN 18008-4 bilden die Regelungen der TRAV, die ergänzt wurden. Insgesamt wurde das Spektrum der Glasarten für die einzelnen Kategorien (A, B, C1, C2, C3) erweitert. Die nach TRAV zulässigen Nachweise der stoßartigen Einwirkung mit Hilfe von nachgewiesenen Verglasungsaufbauten oder durch experimentelle Versuche wurden beibehalten. Die in Anhang B aufgelisteten nachgewiesenen Verglasungsaufbauten wurden gegenüber der TRAV deutlich erweitert, so dass diese Nachweisführung beispielsweise auch auf linienförmig gelagertes Dreischeiben-Isolierglas oder punktförmig gestützte Verglasungen der Kategorie A anwendbar ist.

DIN 18008-4, Anhang B

Der in den TRAV verankerte Nachweis der stoßartigen Einwirkung mit Spannungstabellen wurde in der DIN 18008-4 durch Rechenverfahren ersetzt. Dabei handelt es sich um zwei in Anhang C beschriebene Verfahren, zum einen ein volldynamisch-transientes Verfahren zur Simulation der stoßartigen Einwirkung im Finite-Elemente-Modell, zum anderen ein vereinfachtes Verfahren, welches die Stoßkörpereinwirkung mit Hilfe einer statischen Ersatzlast abbildet.

DIN 18008-4, Anhang C.3

Die Nachweisführung mit Hilfe einer volldynamisch-transienten Pendelschlagsimulation basiert auf einem Zweimasseschwinger. Dieses Verfahren hat seinen Ursprung in der ETB-Richtlinie – Bauteile, die gegen Absturz sichern.

Ziel der volldynamisch-transienten Pendelschlagsimulation ist die Abbildung des physikalisch-mechanischen Strukturverhaltens mit Hilfe einer FE-Simulation. Dabei soll der elastische Kontakt zwischen Pendelkörper und Verglasung in zeitlicher und flächiger Entwicklung wiedergegeben werden.

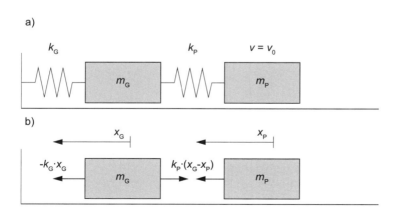

Bild 3.7
Der Zweimassenschwinger bildet die Wechselwirkung zwischen Verglasung und Pendelkörper ab.

[Schneider 2011]

Dies lässt sich über zwei Näherungsverfahren umsetzen. Bei beiden Verfahren wird die Verglasung über eine Platte mit der durch die Dicke bestimmten Steifigkeit als Zweimassenschwinger modelliert. Auf dieses Verglasungsmodell stößt der Pendelkörper, der als Doppelreifen mit Schalenelementen und der mit 3,5 bar eingebrachten Luftfüllung als Fluidelemente modelliert werden kann. Einfacher ist der ingenieurmäßige Ansatz, bei dem auch das Pendel als elastischer Ersatzkörper mit einer steifigkeitsgetreuen Abbildung und einer Modellierung der Kontaktflächen generiert wird.

DIN 18008-4, Bilder C.2 bis C.6

Praktisch muss einmal ein volldynamisch-transientes Rechenmodell generiert werden, welches an unterschiedlichen, in der Norm vorgegebenen Situationen verifiziert wird. Das Modell bildet die Masse und Steifigkeit des Doppelreifenpendels ab und beschreibt über eine geeignete Formulierung den Kontaktalgorithmus zwischen Verglasung und Pendelkörper. Die verwendete numerische Berechnungssoftware muss in der Lage sein, die Zeitverläufe der Pendelbeschleunigung mit den auftretenden Pendelbeschleunigungen und die zeitabhängigen Hauptzugspannungen in der Verglasung abzubilden.

Die grundlegenden Modellierungsschritte beinhalten die Generierung der Verglasung aus Schalenelementen mit einer Gesamtdicke der Einzelscheiben unter Vernachlässigung der PVB-Folien. Der Pendelköper wird als Massepunkt von 50 kg modelliert. Diese hat die Pendelbewegung schon fast vollständig ausgeführt und wird direkt vor dem Kontakt zur Verglasung eingefroren. Damit erhält der Massepunkt eine Anfangsgeschwindigkeit, die sich aus dem Energieerhaltungssatz mit der Pendelhöhe berechnet. Die Pendelhöhe beträgt 200 mm, womit das Pendel eine Stoßenergie von 100 Nm besitzt.

$$v_0 = \sqrt{2 \cdot g \cdot h}$$

v_0	Stoßgeschwindigkeit [m/s]
h	Fallhöhe des Pendels [m]
g	Erdbeschleunigung [m/s^2]

Der Kontakt zur Verglasung wird über eine Kontaktfläche oder Federn, die nur Druckkräfte übertragen, modelliert. Die Gesamtfedersteifigkeit soll etwa 400 kN/m betragen und die Pendelauftreffstelle etwa 20 cm x 20 cm. Die Berechnung erfolgt im Zeitschrittverfahren mit Schritten von 1 ms, bei einem Gesamtuntersuchungsintervall von 60 ms bis 100 ms (abhängig von der Steifigkeit der Verglasung). Durch Veränderung von Steifigkeits- und Geometrieparametern müssen die berechneten Pendelbeschleunigungs- und Hauptzugspannungskurven innerhalt der in der Norm angegebenen Verifizierungskurven liegen. Dann kann das numerische Modell zur volldynamisch transienten Berechnung verwendet werden. Der Anwendungsbereich wird in der Norm auf rechteckige und ebene, zwei-, drei- oder vierseitig linienförmig gelagerte Verglasungen begrenzt.

Neben dem volldynamisch-transienten Rechenverfahren steht ein vereinfachtes Rechenverfahren zur Verfügung. Das Verfahren ist auf zwei- und vierseitig ebene, rechteckige Verglasungen bis zu einer Maximalabmessung von $b \times h = 2{,}0\ m \times 4{,}0\ m$ anwendbar. Bei zweiseitig gelagerten Verglasungen beträgt die Minimalbreite 0,7 m und die maximale Spannweite 2,0 m. Beim vereinfachten Verfahren wird die Stoßbelastung als statische Ersatzlast auf das statische System Verglasung aufgebracht und die Verglasung mit Hilfe der Platten- oder Balkentheorie berechnet.

DIN 18008-4, C.2

Grundlage für das vereinfachte Rechenverfahren ist wiederum die ETB-Richtlinie Bauteile, die gegen Absturz sichern, aus dem Jahr 1985. Das System Stoßkörper-Verglasung wird als Zweimassenschwinger idealisiert und als homogenes Differentialgleichungssystem 2. Ordnung gelöst. Unter den bereits beim volldynamisch-transienten Verfahren bekannten Randbedingungen

- Pendelmasse $\quad\quad\quad\quad\quad\quad$ $m_P = 50\ kg$
- Ersatzsteifigkeit Pendelkörper $\quad$ $k_P \sim 400\ kN/m$
- Fallhöhe $\quad\quad\quad\quad\quad\quad\quad$ $h = 200\ mm$

wird aus der Basisenergie $E_{Basis} = 100\ Nm$ die Kontaktkraft beim Stoßvorgang $Q_{Stoß} = 8{,}5\ kN$ und bei 50 %iger Fallhöhe für die stoßabgewandte Seite einer Mehrscheiben-Isolierverglasung $Q_{Stoß} = 6{,}0\ kN$ berechnet.

Die Festlegung der bemessungsrelevanten Stellen erfolgt in Abhängigkeit von den Steifigkeitsverhältnissen von Verglasung und Pendelkörper. Dazu wird mit Hilfe der linearen Plattentheorie die Ersatzsteifigkeit der Verglasung k_V ermittelt. Bei vierseitiger Lagerung ist die maßgebende Stelle in Scheibenmitte, wenn gilt:

$$\frac{k_V}{k_P} < 1$$

Anderenfalls ist die maßgebende Auftreffstelle in der Scheibenecke. Bei zweiseitiger Lagerung ist die maßgebende Auftreffstelle stets in der Mitte der Verglasung. Berechnungsgrundlage ist bei zweiseitig gelagerten Platten ein Plattenstreifen mit einer Breite $b = 0,7$ m.

Der noch zu berechnende Stoßübertragungsfaktor β dient der Berücksichtigung der mitschwingenden Masse der Verglasung. Bei vierseitiger Lagerung gilt:

$$\beta \approx 1,0$$

DIN 18008-4, Bild C.1

Bei zweiseitiger Lagerung wird β mit Hilfe der Steifigkeit eines 0,7 m breiten Streifens als idealisierte Verglasung bestimmt. Der Wert β ist in der Norm auch als Diagramm abzulesen:

$$\beta = \frac{\beta_m \cdot m}{10^6} \beta_0$$

mit

$1 \leq k_V > 150$:

$$\beta_m = (0,42 \cdot k_V - 30)^2 - 1600$$

$$\beta_0 = 1,15 \cdot \arctan\sqrt{\frac{k_V}{435}}$$

und

$150 \leq k_V < 1000$:

$$\beta_m = -(0,11 \cdot k_V - 107)^2 + 7700$$

$$\beta_0 = 0,88 \cdot \arctan \sqrt{\frac{k_V}{175}}$$

Die Bemessungsgröße der Stoßbeanspruchung errechnet sich zu:

$$Q_{\text{Stoß,d}} = \beta \cdot Q_{\text{Stoß}}$$

Diese Belastung wird als statische Flächenlast von 20 cm x 20 cm auf die Verglasung aufgebracht und mit Hilfe linearer Plattentafeln oder eines numerischen Modells die entstehenden Hauptzugspannungen ermittelt.

3.3.7 DIN 18008-5

Die DIN 18008-8 behandelt die Zusatzanforderungen an begehbare Verglasungen. Als begehbare Verglasungen werden Verglasungen unter planmäßigem Personenverkehr bei üblicher Nutzung und einer lotrechten Nutzlast von 5 kN/m^2 festgelegt. Da befahrbare Verglasungen deutlich größeren Belastungen ausgesetzt sind, finden sie im Normenteil keine Berücksichtigung. Dies gilt ebenso für Verglasungen, die im Rahmen von Reinigungs- und Instandsetzungsarbeiten betreten werden und gesondert in Teil 6 geregelt sind. Maßgebliche Regelungen der DIN 18008-5 sind die Festlegung des Verglasungsaufbaus aus VSG aus mindestens drei Einzelscheiben und die durchzuführenden Nachweise der Tragfähigkeit und Gebrauchstauglichkeit unter statischen Lasten und unter stoßartiger Einwirkung.

DIN 18008-5, 1.1

DIN 18008-5, 4

Die Nachweisführung unter statischen Lasten umfasst eine Nachweisführung der Tragfähigkeit und der Gebrauchstauglichkeit der linien- oder punktförmig gelagerten begehbaren Verglasungen nach DIN 18008 Teil 2 oder Teil 3. Neben den in DIN EN 1991 festgelegten Flächenlasten ist auch die Lastfallkombination Eigengewicht mit Einzellast zu untersuchen. Die Einzellast wird dabei auf einer Aufstandsfläche von 50 mm x 50 mm aufgebracht. Für den Nachweis der Tragfähigkeit sind zwei Szenarien zu untersuchen. Beim ersten Szenario wird von der Unversehrtheit aller Einzelscheiben der Verglasung ausgegangen und der Nachweis

DIN 18008-5, 6.1.3

DIN EN 1990, 6.4.3

der Tragfähigkeit und der Gebrauchstauglichkeit nach DIN 18008-1 geführt. Das zweite Szenario geht von einer außergewöhnlichen Lasteinwirkungskombination mit gebrochener und damit nicht mittragender, oberster Einzelscheibe der Verglasung aus.

DIN 18008-5, Anhang A

Der Nachweis der Grenzzustände für stoßartige Einwirkungen und Resttragfähigkeit wird in der Regel durch Bauteilversuche erbracht. Das in Anhang A beschriebene Verfahren nutzt einen sogenannten Torpedo als zylindrischen Stoßkörper. Dieser besitzt eine Masse von 40 kg mit einer am Kopf eindrehten Sechskantschraube M8. Vor Abwurf des Stoßkörpers aus einer Fallhöhe von 800 mm ist auf die Verglasung die halbe planmäßig verteilte Flächenlast in Form von Personenersatzlasten von je 100 kg und einer Aufstellfläche von 200 mm x 200 mm aufzubringen. Die Stoßversuche gelten als bestanden, wenn die Verglasung nicht von ihren Auflagern rutscht, nicht vom Stoßkörper vollständig durchstoßen wird und keine Bruchstücke herabfallen, die zur Gefährdung der darunter liegenden Verkehrsflächen führen.

Bild 3.8
Stoßkörper für Betretbarkeitsversuche nach
DIN 18008-5, Anhang A

Der Nachweis der Resttragfähigkeit der Verglasung wird durch eine Standzeit von 30 Minuten mit gebrochener oberster Einzelscheibe und vollständig gebrochenen Einzelscheiben bei einem VSG aus nicht mehr als drei Schichten oder unter halber Nutzlast erbracht. Gibt es Einzelschichten von Verbundglasscheiben, welche ungeschützte Kanten besitzen, die durch die Stoßversuche noch nicht gebrochen wurden, so sind diese ungeschützten Einzelscheiben ebenfalls vor Beginn der Resttragfähigkeitsversuche durch Anschlagen zu brechen.

DIN 18008-5, Anhang B

Entsprechend der anderen Normungsteile kann die Resttragfähigkeit der Verglasung auch durch die Einhaltung der Glasaufbauten von Verglasungen mit nachgewiesener Stoßsicherheit und Resttragfähigkeit erfolgen. Diese nachgewiesenen Verglasungen beschränken sich auf allseits linienförmig gelagerte Verglasungen mit maximalen Abmessungen von 2000 mm x 1400 mm. Die angegebenen konstruktiven Randbedingungen, zum Beispiel die Auflagertiefe, müssen eingehalten werden.

3.3.8 DIN 18008-6

In der DIN 18008-6 werden zukünftig Zusatzanforderungen für zu Instandhaltungsmaßnahmen betretbare Verglasungen geregelt. Zum Zeitpunkt der Drucklegung lag von diesem Normenteil eine Arbeitsfassung vor. Mit Inkrafttreten dieses Normungsteils werden die Regelungen der GS-BAU-18 durch den Teil 6 übernommen. Inhalt des Normenteils sind die Anforderungen an linien- oder punktförmig gelagerte Verglasungen, die zu Instandhaltungsmaßnahmen betreten werden oder durchsturzsicher sein sollen.

Für diese Verglasungen sind der Nachweis im Grenzzustand der Tragfähigkeit für statische Lasten und der Nachweis der Stoßsicherheit und der Resttragfähigkeit zu erbringen. Die Nachweisführung kann entweder durch einen Bauteilversuch oder rechnerisch erfolgen. Der Bauteilversuch soll mit einem Pendelschlaggerät durchgeführt werden und ersetzt den aus der GS-BAU-18 bekannten Glaskugelsack. Der Pendelkörper entspricht dem Stoßkörper aus DIN 18008-4 zum experimentellen Nachweis der Stoßsicherheit absturzsichernder Verglasungen.

Neben dem experimentellen Nachweis ist ebenso ein rechnerischer Nachweis vorgesehen. Dieser soll in Anlehnung an das vereinfachte Rechenverfahren aus Teil 4 der Normungsreihe erfolgen.

3.3.9   DIN 18008-7

Im letzten Teil der Normungsreihe sollen zukünftig Tragelemente als Sonderkonstruktionen geregelt werden. Diese umfassen Verglasungselemente,

– die zur Aussteifung dienen (Schubfeld),
– die zur Lastabtragung dienen (Stütze, Unterzug, Rahmen),
– die kalt verformt eingebaut oder im Zuge ihrer Nutzung vergleichbar beansprucht werden,
– die aus warm verformten Gläsern bestehen und
– die durch Klebungen gehalten sind.

Zum Zeitpunkt der Drucklegung wurde im Normenausschuss die Arbeit zum Normenteil begonnen. Aussagen über die Fertigstellung einer Entwurfsfassung sind nicht möglich.

3.4 Bisherige Regelungen TRLV/TRAV/TRPV

3.4.1 Allgemeines

Zum Zeitpunkt der Drucklegung umfassen die in der MLTB eingeführten Bemessungsnormen für Glasbauteile die auf dem deterministischen Sicherheitskonzept beruhenden Richtlinien TRLV, TRAV und TRLV. Diese Werke stellen jedoch nicht mehr die anerkannten Regeln der Technik dar, und es muss davon ausgegangen werden, dass Anfang 2013 die Normenreihe DIN 18008 in die MLTB aufgenommen wird und die technischen Regeln ersetzt.

Funktion	Linienförmige Lagerung		Punktförmige Lagerung	
Vertikal	TRLV	DIN 18008-2	TRPV DIN 18516-4	DIN 18008-3
Horizontal	TRLV	DIN 18008-2	TRPV	DIN 18008-3
Absturzsichernd	TRLV	DIN 18008-4	TRAV	DIN 18008-4
Begehbar	TRAV	DIN 18008-5	–	DIN 18008-5
Betretbar	–	DIN 18008-6	–	DIN 18008-6
Tragelement	–	DIN 18008-7	–	DIN 18008-7

Tabelle 3.14
Die Normenreihe DIN 18008 erweitert im Normungsumfang deutlich die Technischen Regeln TRxV.

Die Technischen Regeln TRxV basieren auf dem deterministischen Sicherheitskonzept, welches sich jedoch nicht in das im Bauwesen gültige semi-probabilistische Sicherheitskonzept DIN EN 1990 einbinden lässt. Deshalb ist für die Anwendung der TRLV/TRAV/TRPV eine Anpassung der nach DIN EN 1990 ermittelten Einwirkungen an das deterministische Sicherheitskonzept notwendig. Dies geschieht in der Regel durch die Festlegung der Teilsicherheitsfaktoren $\gamma_f = 1{,}0$, ähnlich der Ermittlung der Einwirkungen im Grenzzustand der Gebrauchstauglichkeit. Durch Verwendung der Kombinationsbeiwerte ψ_f lassen sich die Lastfallkombinationen nach DIN EN 1990 bilden. Eine Abstimmung über das Nachweisverfahren ist im Vorfeld mit allen Planungsbeteiligten durchzuführen.

3.4.2 Lastfallkombinationen

Die Lastfallkombinationen der Technischen Regeln haben ihren Ursprung im deterministischen Sicherheitskonzept mit darin zu unterscheidenden Haupt-, Zusatz- und Sonderlasten. Insbesondere die TRAV verpflichtet die Anwender zur Bildung folgender Lastfallkombinationen:

TRAV, 4.2

$$W \oplus \frac{H}{2} \text{ und } H \oplus \frac{W}{2}$$

Bei bestehender Klimalast muss nur mit jeweils einer Art der äußeren Belastung kombiniert werden.

$$D \oplus W \text{ und } D \oplus H$$

TRAV, 4.3

Eine Überlagerung von Stoßbelastungen mit statischen Belastungen ist für den Nachweis der Stoßsicherheit nicht erforderlich.

Bei gleichzeitigem Ansatz von Windlast (W) und Holmlast (H) dürfen die zusätzlichen Beanspruchungen aus Druckdifferenzen (D) infolge klimatischer Einwirkungen unberücksichtigt bleiben.

TRLV, 4.1

Die TRLV fordert demgegenüber nur die Berücksichtigung von Einwirkungen, die sich aus den bauaufsichtlich bekannt gemachten Technische Baubestimmungen ergeben.

3.4.3 TRLV

Die TRLV regeln Verglasungen, die an mindestens zwei gegenüberliegenden Seiten durchgehend linienförmig gelagert sind. Dies umfasst Vertikalverglasungen, Überkopfverglasungen und begehbare Verglasungen, allerdings nur in eingeschränktem Maße. Sie gelten nicht für geklebte Fassadenelemente, für planmäßig aussteifende Verglasungen und gekrümmte Überkopfverglasungen. Auch Überkopfverglasungen, die zu Reinigungs- und Wartungszwecken betreten werden sollen, sogenannte bedingt betretbare Verglasungen, sind nicht in den TRLV geregelt. Befreit von den Regelungen der TRLV sind Dachflächenfenster mit einer Lichtflä-

MLTB 2011-09, Anlage 2.6/1

che von bis zu 1,6 m^2 in Wohnbereichen sowie Räumen ähnlicher Nutzung, Verglasungen von Kulturgewächshäusern, die nach DIN V 11535-1 zu bemessen sind, und Vertikalverglasungen, deren Oberkante nicht mehr als 4 m über einer Verkehrsfläche liegt. Zu beachten ist, dass auch Glasanwendungen, die nicht in den Geltungsbereich der TRLV fallen, Standsicherheits- und Gebrauchstauglichkeitsnachweise benötigen, die dem Stand der Technik entsprechen.

Darüber hinaus sind die vorab genannten Vertikalverglasungen in öffentlichen Verkehrsbereichen wie Arbeitsstätten, Kindergärten oder Schulen mit Sicherheitsglas (ESG oder VSG) auszuführen. Für Mehrscheiben-Isolierverglasungen (MIG) ist bezüglich der Lastfallkombinationen eine Besonderheit zu beachten: Die Einwirkung von Druckdifferenzen, resultierend aus Veränderungen von Temperatur, meteorologischem Luftdruck sowie Höhendifferenz zwischen Herstellungs- und Einbauort, ist zusätzlich zu den übrigen Einwirkungen voll zu berücksichtigen. Dafür darf bei dieser Lastfallkombination die zulässige Biegezugspannung um 15 % erhöht werden, bei Anwendungen mit Floatglas und Glasflächen bis zu 1,6 m^2 sogar um 25 %.

Technische Richtlinien des Glaserhandwerks, Nr. 8

TRLV, Abschnitt 5.2.1

Die zulässigen Glasprodukte für die geregelten Anwendungen nach TRLV sind in Abschnitt 2 der Technischen Regeln angegeben. Die dort genannten Bauprodukte aus Glas wurden jedoch aus Abschnitt 11 der BRL A Teil 1 zum größten Teil herausgestrichen. Dies liegt an der bereits angesprochenen Umstellung von nationalen zu harmonisierten europäischen Produktnormen (hEN). Die neue Zuordnung der bisher national geregelten Bauprodukte zu aktuellen europäischen Normen kann der Anlage zur MLTB entnommen werden. Darüber hinaus wird bei Bauprodukten aus Glas nach Abschnitt 11 der BRL A Teil 1 zusätzlich darauf verwiesen, bei welchen Technischen Baubestimmungen, in denen bisher die alten Glasprodukte genannt waren, ein Einsatz der Glasprodukte nach hEN vorgesehen ist. Ein Beispiel ist das Glasprodukt Floatglas (DIN EN 572-2), das in der bisherigen nationalen Produktnorm als Spiegelglas geführt wurde (DIN 1249-3).

MLTB 2011-09, Anlage 2.6/6 E (2), Tabelle 1

Beim Nachweis der Gebrauchstauglichkeit unter charakteristischen Lasten wird die Einhaltung zulässiger Durchbiegungen überprüft.

Tabelle 3.15
TRLV, Tabelle 3

Lagerung	Vertikalverglasung	Überkopfverglasung
vierseitig linienförmig	Keine Anforderungen	1/100 der Stützweite in Haupttragrichtung
zwei- und dreiseitig linienförmig	1/100 der freien Kante	1/100 der Stützweite in Haupttragrichtung 1/200 der freien Kante bei Isolierverglasung
punktförmig geklemmt nach DIN 18516-4	1/100 des maßgebenden Punktstützungsabstandes	1/100 des maßgebenden Punktstützungsabstandes

TRLV, Abschnitt 3.1.2

Darüber hinaus darf sich die Unterkonstruktion nur maximal l / 200 bezogen auf die Glaskantenlänge verformen. Bei einer Überschreitung dieses Wertes ist die Annahme einer allseitigen, linienförmigen Lagerung nicht mehr gültig. Solche Konstruktionen sind bei Berücksichtigung der Unterkonstruktion als nachgiebiges Federlager erlaubt.

3.4.4 TRAV

In den TRAV werden Vertikalverglasungen geregelt, die zusätzlich Personen auf Verkehrsflächen gegen seitlichen Absturz sichern. Ab welchem Höhenunterschied eine Absturzsicherung vorzunehmen ist, regeln die Landesbauordnungen (LBO). Die den LBO zugrunde liegende MBO schreibt ab einer Höhe von 1 m eine Absturzsicherung vor. Der Geltungsbereich der TRAV bezieht sich auf Vertikalverglasungen gemäß TRLV, tragende Glasbrüstungen mit durchgehendem Handlauf sowie Geländerausfachungen aus Glas. Hinsichtlich der verwendbaren Glasprodukte verweisen die TRAV auf die TRLV, die darüber hinaus auch die Grundlage für einige konstruktive Randbedingungen bilden.

MBO, § 38

MLTB 2011-09, Anlage 2.6/10 (2)

TRAV, Anhang C

Der Nachweis der Tragfähigkeit erfolgt gemäß TRAV für statische und für stoßartige Einwirkungen, die infolge eines Personenanpralls an die Glasscheibe entstehen können. Im Nachweis der Tragfähigkeit für statische Einwirkungen muss bei Mehrscheiben-Isolierglas, im Gegensatz zu den Angaben in DIN 1055-3, Abschnitt 7.1 (3), eine Überlagerung von Wind- und Holmlast nach den in den TRAV vorgegebenen Kombinationsregeln durchgeführt werden. In diesem Fall darf aber die Beanspruchung aus Druckdifferenzen infolge Klimalast vernachlässigt werden. Windlast und Holmlast alleine müssen jedoch jeweils mit der vollen Last aus Druckdifferenzen überlagert werden.

Der Nachweis der Tragfähigkeit unter stoßartigen Einwirkungen kann mittels der in den TRAV aufgeführten Spannungstabellen erfolgen. Alternativ werden in einer weiteren Tabelle Glasaufbauten mit versuchstechnisch nachgewiesener Stoßsicherheit aufgeführt. Diese erhalten mit der neuen Fassung der MLTB eine Erweiterung im Bereich der aufgelisteten Mehrscheiben-Isolierverglasungen, die mit einer oder mehreren zusätzlichen Scheiben im Scheibenzwischenraum ergänzt werden dürfen. Ist ein Nachweis der stoßartigen Einwirkungen mit keiner der beiden vorgenannten Varianten möglich, muss er experimentell mittels Bauteilprüfung erfolgen.

TRAV, Tabelle 2

3.4.5 TRPV

Die TRPV regeln Vertikal- und Überkopfverglasungen, bei denen alle Glasscheiben ausschließlich durch punktförmige mechanische Halterungen formschlüssig gelagert sind. Eine Kombination mit linienförmiger Lagerung ist möglich. Die Glasscheiben dürfen nicht aussteifend wirken, sondern nur ausfachend angeordnet werden. Absturzsichernde, bedingt betretbare und begehbare Verglasungen sind in den TRPV nicht geregelt und benötigen zusätzliche Anwendbarkeitsnachweise. Wie auch bei den linienförmig gelagerten Vertikalverglasungen ist eine Anwendung der TRPV nicht notwendig, wenn die Oberkante der punktgelagerten Vertikalverglasung nicht mehr als 4 m über einer Verkehrsfläche liegt. Ein Standsicherheitsnachweis ist aber auch hier erforderlich. Ebenso gilt die Regelung der Verwendung von Sicherheitsglas in öffentlichen Verkehrsbereichen.

MLTB, Anlage 2.6/8

Technische Richtlinien des Glaserhandwerks, Nr. 8

3.5   Ergänzende Vorschriften

3.5.1   Allgemeines

In den aktuell gültigen Richtlinien werden für Wartungs- und Reinigungsarbeiten betretbare Verglasungen nicht berücksichtigt. Die Durchführung von Prüfverfahren im Rahmen von Zustimmungsverfahren im Einzelfall wird durch einige ergänzende Normen und Richtlinien festgelegt.

3.5.2   DIN 4426

In der DIN 4426, 5.1.2 befinden sich die Definition von Anforderungen und Regelungen bezüglich Verglasungstyp und Nachweisverfahren.

GS-BAU-18, 4.2 für eine exemplarische Versuchsdurchführung einer Betretbarkeitsprüfung.

Nach E DIN 4426, 5.2 dürfen betretbare Glasflächen zu Inspektions-, Reinigungs- und Wartungszwecken genutzt werden, wenn die Tragfähigkeit, die Stoßsicherheit und ausreichende Resttragfähigkeit für betretbare Bauteile nach DIN 18008-4 oder -6 nachgewiesen ist.

In der DIN 4426 wird die Nutzung von nicht planmäßig betretbaren Glasflächen als Arbeitsplatz und Verkehrsweg geregelt. Dies betrifft die Betretbarkeit im Zuge von Reinigungs- und Wartungsarbeiten. Die zur Zeit der Drucklegung baurechtlich nicht geregelten, nicht planmäßig betretbaren Glasflächen müssen für eine Verwendung als Arbeitsplatz beziehungsweise Verkehrsweg eine Reihe von Anforderungen erfüllen. Diese umfassen den bauordnungsrechtlichen Verwendbarkeitsnachweis, die belegte Stoßsicherheit und eine ausreichende Resttragfähigkeit unter Beachtung der GS-BAU-18, die Verwendung einer geeigneten obersten Verglasungsschicht zur Verringerung des Verletzungsrisikos und die Verwendung von Verglasungen, die auch bei Glasbruch über ausreichende Resttragfähigkeit verfügen, zum Beispiel Verbund-Sicherheitsglas. Weiterhin legt die DIN 4426 die zulässige Masse von mitgeführten Werkzeugen und Ähnliches fest. Um Doppeldefinitionen in den Regelwerken zu vermeiden, verweist die zur Drucklegung als Entwurf erhältliche E DIN 4426 Ausgabe 06/2012 nur auf die Regelungen der DIN 18008-4 und -6. Es ist damit zu rechnen, dass nach Fertigstellung des Teils 6 eine gleichzeitige baurechtliche Einführung von DIN 18008-6 und DIN 4426 stattfindet. Die bislang noch gültigen Regelungen der GS-BAU-18 werden dann obsolet.

3.5.3   GS-BAU-18

Die Grundsätze für die Prüfung und Zertifizierung der bedingten Betretbarkeit oder Durchsturzsicherheit von Bauteilen bei Bau- oder Instandhaltungsarbeiten (GS-BAU-18) werden durch den Hauptverband der gewerblichen Berufsgenossenschaften verantwortet. Die Grundsätze regeln, welche Anforderungen Bauteile erfüllen müssen, damit sie bei Bau-, Instandhaltungs- oder Reinigungsarbeiten als Arbeitsplatz oder Verkehrsweg genutzt werden können. Die Grundsätze finden dabei Anwendung auf die Prüfung- und Beurteilung der Tragfähigkeit von Bauteilen und Verglasungen, die für die genannten Bau-, Instandhaltungs- oder Reinigungsarbeiten bedingt betretbar oder durchsturzsicher ausgeführt werden müssen. Verglasungen, die sich in öffentlich zugänglichen Verkehrsbereichen befinden oder gegen seitlichen Absturz sichern, werden nicht durch die GS-BAU-18 berücksichtigt.

GS-BAU-18, 2

Der experimentelle Nachweis von bedingt betretbaren Verglasungen ist in Abschnitt 4.2 ausführlich behandelt.

3.5.4 Gesetze und Verordnungen zum Arbeitsschutz

Neben den bislang aufgeführten Regelwerken und Verordnungen sind die Regelungen des Arbeitsschutzes zu erfüllen. Diese sind insbesondere im ArbSchG und in der ArbStättV sowie ergänzenden Landesverordnungen und den Richtlinien der Berufsgenossenschaften dargestellt. Diese Regelungen sind insbesondere für die Betretbarkeit und Durchsturzsicherheit von Dachverglasungen relevant.

3.6 Europäische Normung

Auf europäischer Ebene bearbeitet das Technische Komitee TC129 des Europäischen Komitees für Normung (CEN) die Normenreihe EN 13474 „Glas im Bauwesen – Bemessung von Glasscheiben". In Deutschland wurde noch kein aktueller Entwurf veröffentlicht, so dass alle Normenteile bislang nur als unveröffentlichte Fassungen vorliegen. Mit einer baurechtlichen Einführung ist in den nächsten Jahren nicht zu rechnen. Im Sommer 2012 wird offiziell die Normenarbeit für den Eurocode 10 mit einer konstituierenden Sitzung des Arbeitskreises gestartet. Nach einem Zeitraum vom fünf bis sechs Jahren soll dann ein erster Entwurf des Eurocodes 10 vorgelegt werden.

4 Nicht geregelte Bauprodukte und Bauarten

4.1 Genehmigungsinstrumente

Eine Vielzahl der heute im Bauwesen eingesetzten Verglasungen ist als nicht geregelte Bauprodukte oder Bauarten einzuordnen. Die Gründe reichen von der Umsetzung innovativer Konstruktionen oder dem Einsatz neuartiger Materialkombinationen bis hin zur unbeträchtlichen Abweichung von Technischen Baubestimmungen. Genehmigungspflichtige, nicht geregelte Bauprodukte und Bauarten sind:

– linienförmig gelagerte Verglasungen mit wesentlichen Abweichungen zu eingeführten Normen oder Technischen Baubestimmungen (zum Beispiel gebogene Verglasungen)
– punktförmig gelagerte Verglasungen mit wesentlichen Abweichungen zu eingeführten Normen oder Technischen Baubestimmungen (zum Beispiel Verglasungen mit Senkkopfhaltern)
– absturzsichernde Verglasungen ohne nachgewiesene Stoßsicherheit oder mit wesentlichen Abweichungen zu eingeführten Normen oder Technischen Baubestimmungen (zum Beispiel gebogene Verglasungen)
– begehbare Verglasungen mit wesentlichen Abweichungen zu eingeführten Normen oder Technischen Baubestimmungen (zum Beispiel großformatige Verglasungen)
– zu Reinigungs- und Wartungszwecken bedingt betretbare Verglasungen
– geklebte Glaskonstruktionen (zum Beispiel Glasrahmenecken)
– Sonderkonstruktionen (zum Beispiel Glasträger).

Mit der baurechtlichen Einführung der DIN 18008 in allen Teilen wird sich der Regelungsumfang erhöhen und somit weniger Bauprodukte und Bauarten dem ungeregelten Bereich zugeordnet werden.

Die Musterbauordnung (MBO) bietet unterschiedliche Genehmigungsinstrumente, um den notwendigen Verwendbarkeitsnachweis für Bauprodukte beziehungsweise Anwendbarkeitsnachweis für Bauarten zu erbringen. Der jeweilige Umfang der Nachweisführung variiert und hängt unter ande-

MBO, § 17 Definition und Einordnung von Bauprodukten sowie § 21 Definition und Einordnung von Bauarten

rem vom Innovationsgrad der Konstruktion, dem Stand des Wissens und den zu erreichenden Schutzzielen ab. Die Instrumente sind im Einzelnen:

- allgemeine bauaufsichtliche Zulassung nach § 18 MBO
- allgemeines bauaufsichtliches Prüfzeugnis nach § 19 MBO
- Zustimmung im Einzelfall nach § 20 MBO.

Aufgrund des lückenhaften Regelungsstandes im Konstruktiven Glasbau sind die einzelnen Genehmigungsinstrumente von besonderer Bedeutung und sollen nachfolgend kurz erläutert werden.

	Allgemeine bauaufsichtliche Zulassung (abZ) nach § 18 MBO	Allgemeines bauaufsichtliches Prüfzeugnis (abP) nach § 19 MBO	Zustimmung im Einzelfall (ZiE) nach § 20 MBO
Zuständige Behörde oder Stelle	Deutsches Institut für Bautechnik (DIBt)	Bauaufsichtlich anerkannte Prüfstelle nach § 25 MBO	Oberste Bauaufsichtsbehörde der Bundesländer
Antragsgegenstand	Nicht geregelte Bauprodukte und Bauarten	Nicht geregelte Bauprodukte und Bauarten, deren Verwendung nicht der Erfüllung erheblicher Anforderungen an die Sicherheit baulicher Anlagen dient oder die nach allgemein anerkannten Prüfverfahren beurteilt werden können.	Nicht geregelte Bauprodukte und Bauarten
Gültigkeitsdauer	In der Regel 5 Jahre	In der Regel 5 Jahre	Einmalig für beantragtes Bauvorhaben

Tabelle 4.1
Nationale Verwendbarkeits- und Anwendbarkeitsnachweise nach MBO

MBO, § 18 Allgemeine bauaufsichtliche Zulassung (abZ)

Die abZ wird vom Deutschen Institut für Bautechnik (DIBt) erteilt. Hiermit ist ein relativ aufwendiges Verfahren verbunden. Eine abZ eignet sich für die Genehmigung von Bauprodukten und Bauarten mit wiederkehrender Gestalt und ausreichend hohem Verbreitungsgrad. Typische Beispiele hierfür sind teilvorgespannte Gläser als Bauprodukt und Vordachsysteme mit punktförmig gelagerten Verglasungen als

Bauart. Da das Dokument einen Verwendbarkeits- oder Anwendbarkeitsnachweis unabhängig vom etwaigen Bauvorhaben darstellt, sind allgemeingültige experimentelle und rechnerische Nachweise zur Tragfähigkeit und Gebrauchstauglichkeit zu erbringen. Die abZ bietet aufgrund ihrer Ausgestaltung die Möglichkeit, individuell auf den Antragsgegenstand und die Wünsche des Antragstellers einzugehen. Der grundsätzliche Ablauf des Verfahrens ist in Bild 4.1 gezeigt.

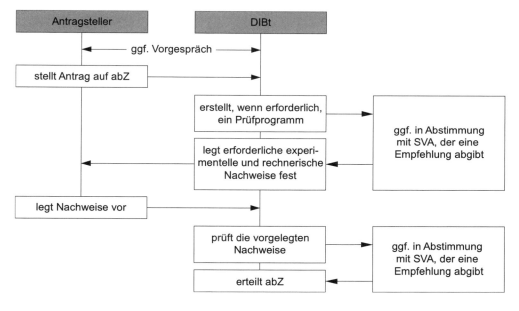

abZ: Allgemeine bauaufsichtliche Zulassung
DIBt: Deutsches Institut für Bautechnik
SVA: Sachverständigenausschuss

Bild 4.1
Verfahren zur Erlangung der abZ in Anlehnung an den Ablauf nach DIBt

Im Vorgespräch, welches in jedem Fall angeraten ist, kann der Ablauf des Verfahrens erläutert und der Aufwand für den Antragsteller abgeschätzt werden.

Mit der anschließenden Antragstellung sind eine Beschreibung des Zulassungsgegenstandes, eine Festlegung hinsichtlich des beantragten Verwendungszweckes beziehungsweise Anwendungsbereiches sowie Angaben zu den verwendeten Bauprodukten beim DIBt einzureichen. Darüber hinaus ist das Antragsziel (z. B. Neuzulassung, Verlängerung, Änderung oder Ergänzung) zu benennen.

Die eigentliche Beurteilung der Eignung erfolgt anhand von rechnerischen und experimentellen Nachweisen sowie Gutachten. Das DIBt stellt nach Eingang des Antrages ein Nachweisprogramm auf und teilt dieses dem Antragsteller mit. Bei der Erstellung des Nachweisprogramms wird das DIBt je nach Innovationsgrad des Zulassungsgegenstandes beziehungsweise je nach Anzahl vergleichbarer Zulassungsverfahren durch die zuständigen Sachverständigenausschüsse (SVA) unterstützt. Für die Durchführung erforderlicher Prüfungen und Aufstellung von Gutachten kann das DIBt sachverständige Personen und Stellen bestimmen.

In der Folge sind vom Antragsteller die erforderlichen Unterlagen und Nachweise für sein Produkt zu erbringen. Alle verwendeten Materialien sind eindeutig zu deklarieren und müssen in ihrer Konformität mit entsprechenden Produktnormen nachgewiesen sein. Eventuell ist es auch erforderlich, Muster des Antragsgegenstandes beim DIBt zu hinterlegen. In der Regel werden umfangreiche experimentelle Nachweise erforderlich, um den allgemeinen Schutzzielen ausreichend gerecht zu werden. So kann etwa durch experimentelle Untersuchungen die Beständigkeit gegen unterschiedliche Umwelteinflüsse nachgewiesen werden. Auch werden, soweit keine adäquaten rechnerischen Verfahren existieren, die Tragfähigkeitsnachweise experimentell erbracht. Notwendige rechnerische Standsicherheitsnachweise sind durch einen mit dem DIBt abgestimmten Prüfingenieur zu prüfen.

Nach Einreichung der Unterlagen und Nachweise wird das DIBt die Eignung des Produktes prüfen und beurteilen. Bei offenen Fragestellungen kann es dabei den jeweiligen SVA konsultieren. Bei positiver Beurteilung des Zulassungsgegenstandes erteilt das DIBt die abZ, die dann für gewöhnlich fünf Jahre gültig ist. In dieser werden der Zulassungsgegenstand mit seinen Komponenten sowie der Anwendungsbereich beschrieben. Weiterhin werden die Bemessung, die Herstellung, die Montage und teilweise auch die Wartung geregelt. Die Kosten des Verfahrens trägt der Antragsteller.

Ein zusätzliches Instrument auf europäischer Ebene stellt die European Technical Approval (ETA), die Europäisch Technische Zulassung, dar. Allerdings beschränkt sich die

ETA lediglich auf die Beschreibung der Zusammensetzung und Eigenschaften des Produkts. Die Bestimmungen zu Verwendung und Bemessung sind nicht enthalten und liegen in der Verantwortung des Mitgliedstaates, in dem das Bauvorhaben realisiert wird. Die ETA ist in der gesamten EU und in den Vertragsstaaten des Europäischen Wirtschaftsraums (EWR) für einen Zeitraum von fünf Jahren gültig. Zu einigen Bauprodukten und Bauarten existieren Zulassungsleitlinien (European Technical Approval Guideline, ETAG), durch die das Zulassungsverfahren erleichtert wird. Im Konstruktiven Glasbau gibt es die ETAG 002 für geklebte Glaskonstruktionen. Dabei bezieht sich diese Richtlinie in erster Linie auf Silikone als Klebstoffe, wird in der Praxis wegen fehlender Vergleichsdokumente aber ebenfalls auf andere Klebstoffarten sinngemäß übertragen.

Ein weiteres Genehmigungsinstrument mit allgemeingültigem Charakter stellt das allgemeine bauaufsichtliche Prüfzeugnis (abP) dar. Die Erteilung eines abP erfolgt für Bauprodukte und Bauarten, die nach allgemein anerkannten Prüfverfahren beurteilt werden können oder deren Verwendung nicht der Erfüllung erheblicher Anforderungen an die Sicherheit baulicher Anlagen dient. Die abP werden von bauaufsichtlich anerkannten Prüfstellen ausgestellt und sind üblicherweise für fünf Jahre gültig. Den Ablauf des Verfahrens zeigt Bild 4.2.

> MBO, § 19 Allgemeines bauaufsichtliches Prüfzeugnis (abP)

Im Glasbau gilt ausschließlich der experimentelle Nachweis der Stoßsicherheit von absturzsichernden Verglasungen als allgemein anerkanntes Prüfverfahren. Hierbei wird der Anprall eines menschlichen Körpers bei Sturz gegen die Verglasung simuliert. Neben der Verglasung wird auch die Auflagerkonstruktion auf ihre Eignung hin bewertet. Entsprechende Anträge auf die Erteilung eines abP sind direkt an die Prüfstellen zu richten, die nach BRL A Teil 2 laufende Nummer 2.43 und BRL A Teil 3 laufende Nummer 2.12 akkreditiert sind.

> TRAV, Abschnitt 6.3
>
> Mit der baurechtlichen Einführung der DIN 18008-4 werden die Reglungen durch die Bemessungsnorm übernommen.

Zum Zeitpunkt der Drucklegung kann ein abP für absturzsichernde Verglasungen erstellt werden, die in den Geltungsbereich der TRAV fallen und die keinen Nachweis der Stoßsicherheit besitzen. Dies ist beispielsweise der Fall, wenn sie in ihren Abmessungen oder ihrem Schichtenaufbau von den in der TRAV angegebenen Werten abweichen. Darüber hinaus kann die Erstellung eines abP notwendig werden, wenn die Haltekonstruktion von den konstruktiven Mindestanforderungen der TRAV abweicht oder für die Mindestanforderungen, insbesondere in Bezug auf die Tragkraft, ein experimenteller Nachweis erforderlich ist.

Mit der baurechtlichen Einführung der DIN 18008 werden zukünftig auch abP für begehbare Verglasungen und bedingt betretbare Verglasungen erteilt werden.

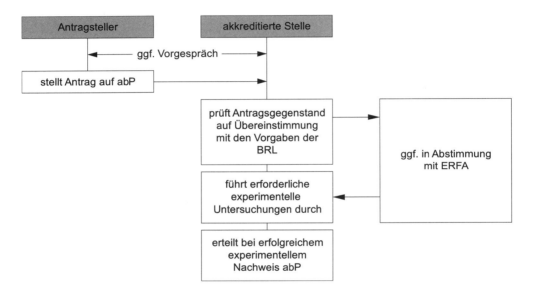

Bild 4.2
Verfahren zur Erlangung eines abP

abP: allgemeines bauaufsichtliches Prüfzeugnis
ERFA: Erfahrungsaustausch der Prüfstellen

Ein Vorgespräch zwischen akkreditierter Prüfstelle und Antragsteller über Ablauf des Verfahrens, zum Antragsgegenstand und zum voraussichtlichen Umfang der zu erbringenden Nachweise ist empfehlenswert. Neben der Zuordnung des Antragsgegenstandes als Bauprodukt oder Bauart stellt die Prüfstelle fest, welcher Kategorie die Verglasung zuzuordnen ist und ob eine wesentliche Abweichung von den Regelwerken besteht.

Entsprechend des Antragsgegenstandes und der Kategorie der Verglasung wird ein Prüfprogramm erstellt und dem Antragsteller mitgeteilt. Die notwendigen experimentellen

Untersuchungen werden im Folgenden durch die Prüfstelle durchgeführt. Auf den Ablauf der experimentellen Nachweise bei absturzsichernden Verglasungen wird im Abschnitt 4.2 näher eingegangen. Bei positiver Beurteilung der Eignung wird die Prüfstelle ein abP erteilen. Der Hersteller hat mit dem einmal erteilten abP die Möglichkeit, im Gültigkeitszeitraum den Nachweis der Stoßsicherheit für gleichartige Verglasungen zu erbringen.

Liegen für nicht geregelte Bauprodukte oder Bauarten keine abP, abZ oder ETA vor, beziehungsweise bestehen dazu wesentliche Abweichungen, ist für die Verwendung dieser Bauprodukte oder für die Anwendung dieser Bauarten eine ZiE zu erbringen. Die Erteilung der ZiE erfolgt durch die oberste Bauaufsichtsbehörde des entsprechenden Bundeslandes ausschließlich für das jeweilige Bauvorhaben. Eine Übertragung auf andere Bauvorhaben ist nicht möglich. Allerdings können durch die bauwerkspezifische Einbausituation auch individuelle Einschätzungen des Gefährdungspotentials erfolgen. Der prinzipielle Ablauf des Verfahrens zur Erlangung einer ZiE ist in Bild 4.3 gezeigt.

MBO, § 20 Zustimmung im Einzelfall (ZiE)

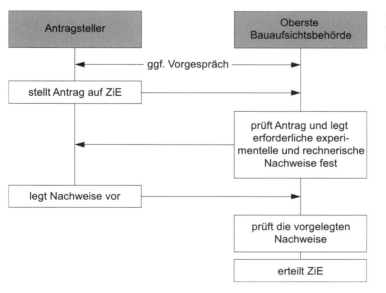

Bild 4.3
Verfahren zur Erlangung einer ZiE

ZiE: Zustimmung im Einzelfall

Es wird empfohlen, sich frühzeitig mit der zuständigen obersten Bauaufsichtsbehörde in Verbindung zu setzen, um die grundsätzliche Vorgehensweise, die einzuschaltenden sachverständigen Stellen und Personen sowie den Umfang der Nachweise abzustimmen. Der formlose Antrag wird von einem Beteiligten des Bauvorhabens gestellt. Der Antragsteller ist dann Empfänger des Zustimmungsbescheids und Gebührenschuldner.

Die Anforderungen der obersten Bauaufsichtsbehörden können in den einzelnen Bundesländern teilweise unterschiedlich sein. Die Bauteilprüfungen zu typischen Glaskonstruktionen sind aber üblicherweise vergleichbar. Die Bauteilprüfungen werden grundsätzlich an Prüfkörpern durchgeführt, die das Originalbauteil hinsichtlich des Glasaufbaus, der Lagerung und weiterer Randbedingungen ausreichend genau abbilden. Die Anzahl der Prüfkörper legt die oberste Bauaufsichtsbehörde fest. Typische Bauteilversuche im Rahmen von Zustimmungs- und Zulassungsverfahren werden im folgenden Abschnitt näher erläutert. Eine ZiE ersetzt nicht die erforderlichen statischen und sonstigen Berechnungen oder die bautechnische Prüfung sowie eine erforderliche Baugenehmigung.

4.2 Experimentelle Nachweise

Im Rahmen von Genehmigungsverfahren für nicht geregelte Bauprodukte und Bauarten sind häufig experimentelle Nachweise zu erbringen. Die Beschreibungen der Bauteilversuche basieren auf dem derzeit gültigen Regelungsstand. Auf im Zuge der Einführung der DIN 18008 auftretenden Änderungen wird eingegangen. In diesem Abschnitt sollen die experimentellen Nachweise

- der Resttragfähigkeit,
- der zu Wartungs- und Reinigungszwecken bedingten Betretbarkeit,
- der Begehbarkeit und
- der Absturzsicherheit

näher erläutert werden. Die nachfolgend beschriebenen Versuchsabläufe sind prinzipieller Natur. Im Einzelfall wird das Nachweisprogramm von der zuständigen Behörde beziehungsweise durch eine sachverständige Person oder

Prüfstelle festgelegt. Eine frühzeitige Abstimmung mit allen am Verfahren Beteiligten ist in jedem Fall empfehlenswert.

Für Glasanwendungen im Bauwesen ist häufig die Tragfähigkeit nach Glasbruch, auch Nachweis der Resttragfähigkeit genannt, nachzuweisen. In der Regel erfordern Horizontalverglasungen, die aus dem Geltungsbereich Technischer Baubestimmungen fallen, einen solchen Nachweis. Die Nachweisführung im Rahmen eines Zustimmungsverfahrens erfolgt durch Bauteilversuche, die von einer sachverständigen Person beziehungsweise Prüfstelle durchgeführt werden. Neben der Tragfähigkeit ist eine ausreichende Splitterbindung an der Zwischenschicht des Verbund-Sicherheitsglases beziehungsweise ein ausreichender Splitterschutz für Verkehrsflächen experimentell nachzuweisen.

Nachfolgend soll der prinzipielle Ablauf einer Prüfung zum Nachweis der Resttragfähigkeit für außenliegende Horizontalverglasungen dargestellt werden. Die Versuche werden an mindestens zwei Prüfkörpern für jede maßgebende Ausführungsvariante durchgeführt, die den Originalbauteilen entsprechen. Vor der Schädigung des Glases wird eine Flächenlast mit der halben planmäßig anzusetzenden veränderlichen Last, mindestens aber 0,5 KN/m^2, aufgebracht. Als Belastungstechnik haben sich gefüllte Sandsäcke mit definiertem Gewicht als sinnvoll erwiesen.

Bild 4.4
Nachweis der Resttragfähigkeit für linienförmig gelagerte Horizontalverglasungen mit Tellerhaltern in Windsogrichtung und zweiseitigem Glasüberstand. Die Belastung der Verglasung erfolgt mit halber planmäßiger veränderlicher Last in Form von Sandsäcken. Dargestellt sind die Prüfkörper nach der Entlastung und unter Last. Beendigung des Versuches nach 24 Stunden Standzeit.

Anschließend wird die unter Last stehende Verglasung in allen Schichten gebrochen. Je nach Bundesland erfolgt die Schädigung der Verglasung durch Anschlagen mit einem Hammer oder Stahlkugelabwurf zur Erzeugung eines ungünstigen Rissverlaufs. Das Rissbild und die erreichte Standzeit werden dokumentiert. Der Versuch wird dem Anforderungsprofil entsprechend nach 24, 48 oder 72 Stunden beendet. Die Mindeststandzeit beträgt üblich 24 Stunden.

Bild 4.5
Nachweis der Resttragfähigkeit einer punktförmig gelagerten Vordachkonstruktion. Die Belastung der Verglasung erfolgt mit halber planmäßiger veränderlicher Last in Form von Sandsäcken. Beendigung des Versuches nach einer Standzeit von 24 Stunden.

Der Nachweis einer ausreichenden Resttragfähigkeit ist erbracht, wenn die Verglasung während des Versuchs nicht aus der Auflagerung fällt und keine Bruchstücke abgehen, die darunterliegende Verkehrsflächen gefährden könnten. Sollen der Horizontalverglasung die Beanspruchung durch bedingte Betretbarkeit oder durch Begehbarkeit zugeordnet werden, sind zusätzliche Anforderungen zu erfüllen.

DIN 4426: Einrichtungen zur Instandhaltung baulicher Anlagen; Sicherheitstechnische Anforderungen an Arbeitsplätze und Verkehrswege; Planung und Ausführung

Zu Wartungs- und Reinigungsarbeiten bedingt betretbare Verglasungen gemäß DIN 4426 sind nicht geregelte Bauarten oder Bauprodukte, wenn bauordnungsrechtliche Schutzziele eingehalten werden müssen. Dies ist zum Beispiel der Fall, wenn unter der Verglasung liegende Verkehrsflächen gefährdet sind, da sie während der Reinigungsarbeiten nicht abgesperrt werden können. Der Nachweis der bedingten Betretbarkeit kann in der Regel nur experimentell erbracht werden. Im Rahmen der Bauteilversuche wird überprüft, ob die Verglasung in der Lage ist, die planmäßigen Betretungslasten bei stoßbedingtem Ausfall der obersten Verglasungsschicht abzutragen. Außerdem soll das Verhalten der Kon-

struktion bei Stoßeinwirkung durch den Sturz einer Person
oder das Herabfallen eines Werkzeugs untersucht werden.

In einigen Bundesländern ist für die zu Wartungs- und Reinigungsarbeiten betretbaren Verglasungen keine ZiE erforderlich, wenn die Planung und Ausführung nach DIN 4426
durchgeführt werden kann und keine Gefährdung für darunterliegende Verkehrsflächen besteht. In den jeweiligen Bundesländern ist zu klären, mit welchem Umfang der geforderte Verwendbarkeitsnachweis zu erbringen ist.

DIN 4426, 5.1.2: Defini-
tion von Anforderungen
und Regelungen be-
züglich Verglasungstyp
und Nachweisverfahren

Exemplarisch soll nachfolgend ein typisches Versuchspro-
gramm für den experimentellen Nachweis einer bedingt betretbaren Mehrscheiben-Isolierverglasung beschrieben werden. Die Verglasung besteht aus einer oberen Scheibe aus
Einscheibensicherheitsglas, einem Scheibenzwischenraum
und einer unteren Verbund-Sicherheitsglasscheibe aus
zweimal Floatglas. Mit verschiedenen Fall- und Belastungs-
körpern werden mögliche Beanspruchungsszenarien für
eine bedingt betretbare Verglasung nachgebildet. Der Abwurf eines mit Glaskugeln gefüllten Leinensacks von 50 kg
simuliert den Aufprall einer auf die Verglasung stürzenden
Person (weicher Stoß). Schwere und harte Werkzeuge werden durch den Aufprall einer Stahlkugel mit einer Masse von
4,1 kg nachempfunden (harter Stoß). Umfang sowie die Art
der Versuche sind für jedes Zustimmungsverfahren mit der
obersten Bauaufsichtsbehörde des jeweiligen Bundeslandes
abzustimmen und können somit voneinander abweichen.

Die Prüfung von zu
Reinigungs- und War-
tungszwecken bedingt
betretbarer Verglasun-
gen erfolgt in den
meisten Fällen in An-
lehnung an die GS-
BAU-18. Das hier
beschriebene Prüfpro-
gramm enthält zusätzli-
che Versuchsschritte,
die von der obersten
Bauaufsichtsbehörde
gefordert werden kön-
nen.

Zu Beginn wird die obere Glastafel der Mehrscheiben-
Isolierverglasung hinsichtlich der Betretbarkeit durch Aufbringen einer Belastung von 100 kg auf einer Fläche von
200 mm x 200 mm in ungünstiger Laststellung geprüft. Danach ist die obere Glastafel durch Anschlagen zu brechen
und das Gewicht zu entfernen. Anschließend erfolgt der
Abwurf der Stahlkugel auf eine maßgebende Auftreffstelle.
Auf den gleichen Punkt ist nochmals der Leinensack abzu-
werfen. Nach dessen Entfernung wird die Auftreffstelle mit
einer Personenersatzlast von 100 kg belastet. Die Einzellast
verbleibt für eine festgelegte Zeit, in der Regel zwischen 15
und 30 Minuten, an dieser Position. Die Reststandzeit, die
Verformung der Verglasung und der Haltekonstruktion sowie
der Splitterabgang werden dokumentiert.

Bild 4.6
Bauteilversuch zum Nachweis einer bedingt betretbaren Horizontalverglasung. Abwurf eines Leinensacks aus einer Fallhöhe von 1,20 m auf die durch den Kugelaufprall geschädigte untere Scheibe aus VSG. Der Fallkörper hat die Verglasung nicht durchschlagen oder aus der Verankerung gerissen.

Bild 4.7
Bauteilversuch zum Nachweis einer bedingt betretbaren Horizontalverglasung. Belastung der geschädigten Verglasung mit einer Personenersatzlast von 100 kg auf einer Aufstandsfläche von 200 mm x 200 mm. Beendigung des Versuches nach 30 Minuten Reststandzeit. Die Verglasung hielt der Belastung stand.

Der Nachweis der bedingten Betretbarkeit gilt als erbracht, wenn die Fallkörper die untere Scheibe aus Verbund-Sicherheitsglas nicht durchschlagen, die Verglasung in den Auflagern verbleibt und keine Bruchstücke herunterfallen, die Verkehrsflächen gefährden könnten.

Darüber hinaus handelt es sich nach DIN 4426 bei zu Wartungs- und Reinigungsarbeiten betretbaren Verglasungen um Arbeitsflächen und Verkehrswege. Neben einem Verwendbarkeitsnachweis sind deshalb auch zusätzlich die Regelungen der Berufsgenossenschaften zu beachten.

Weichen begehbare Verglasungen von den Technischen Bestimmungen der TRLV ab oder liegt keine abZ vor, dann müssen sowohl eine ausreichende Stoßsicherheit als auch eine Resttragfähigkeit unter vergleichsweise hoher Verkehrslast nachgewiesen werden.

TRLV, 3.4: Zusätzliche Regelungen und Anwendungsbedingungen für begehbare Verglasungen

Die zum Zeitpunkt der Drucklegung notwendigen experimentellen Nachweise im Rahmen des Zustimmungsverfahrens erfolgen experimentell nach den Vorgaben der zuständigen obersten Bauaufsicht. Der Umfang und der prinzipielle Ablauf sind in den DIBt-Mitteilungen im Bericht „Anforderungen an begehbare Verglasungen; Empfehlungen für das Zustimmungsverfahren" in der Fassung von November 2009 beschrieben. Zukünftig werden die notwendigen Versuche zur Stoßsicherheit und Resttragfähigkeit begehbarer Verglasungen in der DIN 18008-5 beschrieben und bei Bestehen durch die akkreditierte Prüfstelle eine abP ausgestellt.

[DIBt 1/2010], Seiten 13 – 14

DIN 18008-5, Anlage A

Grundsätzlich werden für die Versuche Prüfkörper verwendet, die den Originalbauteilen entsprechen. Mindestens zwei Prüfkörper sind für jede Ausführungsvariante zu untersuchen. Vor Abwurf des Stoßkörpers wird auf den Prüfkörper die halbe planmäßige Verkehrslast gleichmäßig verteilt aufgebracht. Diese Belastung erfolgt durch Stahlgewichte, die zu Personenersatzlasten von 100 kg mit einer Aufstandsfläche von 200 mm x 200 mm zusammengesetzt werden.

Bild 4.8
Stoßkörperabwurf zum Nachweis der Stoßsicherheit. Der Stoßkörper mit einem Gewicht von 40 kg wird aus 800 mm Fallhöhe auf ausgewählte Auftreffstellen abgeworfen. Die Verglasung darf nicht vom Stoßkörper durchschlagen werden oder aus der Auflagerung rutschen. Dabei dürfen keine Bruchstücke herabfallen, die darunterliegende Verkehrsflächen gefährden könnten.

Der Stoßkörper zum Nachweis der Stoßsicherheit (harter Stoß) hat ein Gewicht von 40 kg. Die Stoßenergie wird beim Abwurf auf den Kopf einer Sechskantschraube mit der Größe M8 an der Spitze des Stoßkörpers konzentriert. Die Auftreffstellen sind so zu wählen, dass eine maximale Schädigung der Verglasung und der Haltekonstruktion zu erwarten sind. Typische Auftreffstellen sind die Feldmitte, der Eckbereich oder die Glaskante. Die Fallhöhe beträgt 800 mm.

Der Nachweis der Stoßsicherheit gilt als bestanden, wenn die Verglasung nicht vom Stoßkörper durchstoßen wird und nicht aus den Auflagern rutscht. Das Herabfallen von Bruchstücken ist nur zulässig, wenn davon keine Gefährdung für darunterliegende Verkehrsflächen ausgeht.

Der experimentelle Nachweis der Resttragfähigkeit wird im Anschluss an den Nachweis der Stoßsicherheit an der durch die Abwürfe des Stoßkörpers geschädigten Verglasung geführt. Die Belastung der Verglasung besteht aus der vorher beschriebenen halben planmäßigen veränderlichen Last. Bei begehbaren Verglasungen mit ungeschützten Glaskanten müssen alle Schichten des Verbund-Sicherheitsglases gebrochen sein. Die nicht durch die Abwürfe zerstörten Schichten sind durch Anschlagen zu brechen. Der Versuch gilt als bestanden, wenn die Standzeit mindestens 30 Minuten beträgt und keine Bruchstücke herunterfallen, die zu einer Gefährdung darunterliegender Verkehrsflächen führen.

Bild 4.9
Nachweis der Resttragfähigkeit. Belastung der Verglasung mit halber planmäßiger Verkehrslast in Form von Personenersatzlasten von jeweils 100 kg auf Aufstandsflächen von 200 mm x 200 mm. Beendigung des Versuches nach 30 Minuten Standzeit.

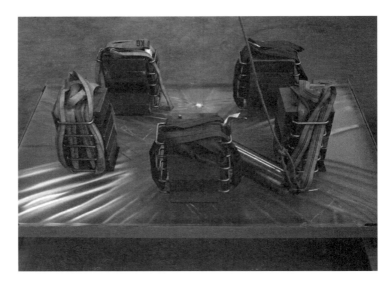

Wenn die örtliche Einbausituation eine Gefährdung von Verkehrsflächen erwarten lässt, so wird empfohlen, die Resttragfähigkeit ohne zusätzliche Belastung für eine Standzeit von weiteren 24 Stunden zu prüfen.

Absturzsichernde Verglasungen ohne nachgewiesene Stoßsicherheit oder mit wesentlichen Abweichungen zu eingeführten Technischen Baubestimmungen benötigen einen Nachweis der Stoßsicherheit. Je nach Antragsgegenstand kann der Nachweis der Eignung durch ein abP oder im Rahmen eines Zustimmungs- oder Zulassungsverfahrens erfolgen. Das Prüfverfahren zum experimentellen Nachweis ist dabei allgemein anerkannt und wird unverändert in der DIN 18008-4 beschrieben.

TRAV, 6.2: Experimenteller Nachweis der Stoßsicherheit

Der experimentelle Nachweis der Tragfähigkeit unter stoßartiger Einwirkung basiert auf dem Prüfverfahren mit dem Doppelreifenpendel in Anlehnung an DIN EN 12600. Der Stoßkörper hat ein Gesamtgewicht von 50 kg. Die Reifen werden mit einem Reifendruck von 4,0 bar aufgepumpt. Neben der Verglasung hat die Prüfstelle auch die Glashalterung bezüglich ihrer grundlegenden Eignung zu bewerten.

TRAV, 6.2.2: Beschreibung der Prüfeinrichtung

Die Pendelschlagprüfung wird in Abhängigkeit von der Verglasungskategorie durchgeführt. Die jeweiligen Pendelfallhöhen sind in Tabelle A.1 der DIN 18008-4 angegeben.

Kategorie A	Kategorie B	Kategorie C
900 mm	700 mm	450 mm

Tabelle 4.2
TRAV, Tabelle 1 und DIN 18008-4, Tabelle A.1: Pendelfallhöhen für experimentelle Nachweise

Der Versuchsaufbau muss das Tragverhalten der Originalkonstruktion auf der sicheren Seite liegend abbilden. Prüfungen vor Ort an der Originalkonstruktion sind im Rahmen der Norm zulässig.

Die Festlegungen bezüglich der Anzahl der zu prüfenden Ausführungsvarianten, der Anzahl zu prüfender Scheiben und der Auswahl geeigneter Auftreffstellen obliegen der Prüfstelle (bei Erteilung abP) oder der zuständigen Behörde (bei Erteilung ZiE oder abZ). Die Beurteilung der Verglasung mit der zugehöriger Glashaltekonstruktion während und nach der Prüfung erfolgt durch die beauftragte Prüfstelle.

Für die Prüfung werden zwei bis vier Auftreffstellen festgelegt, bei denen maximale Beanspruchungen der Verglasung und der Haltekonstruktion zu erwarten sind. Auf jede Auftreffstelle wird mindestens ein Pendelschlag ausgeführt. In der Regel sind wenigstens zwei Scheiben von jeder Ausführungsvariante zu prüfen.

Bild 4.10
Pendelschlagversuch zum Nachweis der Stoßsicherheit. Die Verglasung darf nicht vom Stoßkörper durchschlagen oder aus der Verankerung gerissen werden. Dabei sollen keine Bruchstücke herabfallen, die darunterliegende Verkehrsflächen gefährden könnten. Risse mit mehr als 76 mm Öffnungsweite dürfen nicht auftreten.

TRAV, 6.2.7 , DIN 18008-4, A.1.10 und DIN EN 12600, Anlage A: Kriterien zur Beurteilung der Versuchsergebnisse

Als bestanden gilt die Pendelschlagprüfung, wenn der Stoßkörper die Verglasung nicht durchschlägt oder die Verglasung aus der Haltekonstruktion reißt. Bruchstücke, die eine Gefährdung für Verkehrsflächen darstellen, dürfen nicht herabfallen. Wird die Verglasung bei der Pendelschlagprüfung beschädigt, so ist ihre Tragfähigkeit durch einen weiteren Pendelschlag mit der Fallhöhe 100 mm zu prüfen. Gebrochene Scheiben aus Verbund-Sicherheitsglas dürfen keine Risse von mehr als 76 mm aufweisen. Diese Bedingung ist mit einem Kraftmessgerät und einer Kunststoffkugel mit 76 mm Durchmesser in Anlehnung an DIN EN 12600 zu prüfen. Bei einer Krafteinleitung von 25 N darf kein Durchgang der Kunststoffkugel durch den Riss erfolgen.

BRL A Teil 2 2.43 und Teil 3 2.12: Experimenteller Nachweis der Stoßsicherheit für absturzsichernde Verglasungen über Erteilung eines abP

Mit der Aufnahme der absturzsichernden Verglasungen in die Bauregelliste A wurde die Erteilung einer abP mit dem Prüfverfahren nach Norm ermöglicht. Ausschließlich dafür bauaufsichtlich anerkannte Prüfstellen können diese abP erteilen. Die nach den Landesbauordnungen anerkannten Prüfstellen werden im "Verzeichnis der Prüf-, Überwa-

chungs- und Zertifizierungsstellen nach den Landesbauordnungen" veröffentlicht.

Mit steigender Komplexität der Tragstruktur und bei Einsatz
von Glas als primäres Tragelement erhöht sich zwangsläufig
auch der Versuchsaufwand für eine ZiE. Die umfangreichen
experimentellen Untersuchungen in solchen Fällen werden
kurz am Beispiel einer Atriumverglasung verdeutlicht. Das
Glasdach bilden mehrere bogenförmige Vierendeelbinder
mit etwa 15 m Spannweite. Der Obergurt des Bogens besteht aus in Scheibenebene druckbeanspruchten Mehrscheiben-Isolierverglasungen. Die hohen Druckkräfte im
Glas werden über mehrteilige Klotzungselemente in den
Edelstahlknotenpunkten an den Ecken der Glasscheiben
von Feld zu Feld weitergeleitet. Die Verglasung erfährt neben der Druckbeanspruchung in Scheibenebene auch eine
Biegebeanspruchung infolge von Schnee-, Wind- und Klimalasten sowie infolge der für Wartungs- und Reinigungsarbeiten zu berücksichtigenden Mannlast.

Bild 4.11
Bauteilversuch am
Stahl-Glas-Bogen einer
Atriumverglasung. Ge-
prüft wurde die Tragfä-
higkeit der Verglasung
in der Druckzone unter
dreifacher charakteristi-
scher Last. Die Stahl-
unterkonstruktion ist im
Versuchsaufbau stärker
als in der Originalkon-
struktion dimensioniert
worden, um die hohe
Versuchsbelastung
sicher abzutragen.

Das Prüfprogramm wurde zwischen der obersten Bauaufsichtsbehörde, der beauftragten Prüfstelle und den Planern
abgestimmt. Es umfasst neben Tragfähigkeitsversuchen an
einem einzelnen Stahl-Glas-Fachwerkbogen unter dreifacher Schneelast auch Untersuchungen zum Verhalten der
Kontaktmaterialien zwischen dem Glas und den Knoten-
punkten. Diese müssen dauerhaft hohe Lasten übertragen,
so dass Druckfestigkeits- und Kriechversuche notwendig

waren. Die Resttragfähigkeit und das Stabilitätsverhalten wurden an einzelnen Verglasungsfeldern des Obergurts getestet. Anhand von Beulversuchen konnte geklärt werden, welche Größe die Verformungen unter Druck- und Biegebeanspruchung erreichen und bei welcher über die Scheibenränder eingeleiteten Druckkraft die Scheibe versagt.

Bild 4.12
Beulversuch am Verglasungsfeld des Stahl-Glas-Bogens. Die Verglasung ist in einem massiven Stahlrahmen eingebaut. Die Druckbelastung wird über hydraulische Pressen an den Ecken aufgebracht. Zusätzlich erhält die Scheibe eine konstante vertikale Belastung. Im Bild ist der Moment des vollständigen Versagens der Glaseinheit dargestellt.

Aufgrund der spezifischen Eigenschaften von Glas kann auch bei hohen Sicherheitsfaktoren ein Glasbruch nicht vollständig ausgeschlossen werden. Das Dachtragwerk muss deshalb redundant ausgebildet werden, da die Gesamtkonstruktion auch bei Ausfall einzelner Verglasungselemente nicht komplett versagen darf. Die Schädigungsszenarien wurden an einem numerischen Modell simuliert und die sichere Lastumlagerung nachgewiesen. Experimentelle Untersuchungen waren hierfür nicht erforderlich.

4.3 Spannungsoptische Prüfungen

Mit spannungsoptischen Methoden lassen sich zerstörungs-
freie Prüfungen bei Bauteilversuchen oder Qualitätskontrollen durchführen. Das Ziel solcher Untersuchungen besteht in
der Ermittlung beziehungsweise im Nachweis von eingeprägten Spannungen – gewollten oder ungewollten – und
ihrer Verteilung in Gläsern. Dabei können die Spannungen
qualitativ hinsichtlich ihrer Gleichmäßigkeit über die Fläche
und auch quantitativ mit ihren Werten bestimmt werden.

Glas besitzt spannungsdoppelbrechende Eigenschaften, die
die Grundvoraussetzung für spannungsoptische Untersuchungen darstellen. Spannungsdoppelbrechung bedeutet,
dass der polarisierte Lichtstrahl im belasteten Medium in
Richtung der Hauptspannungsrichtungen aufgespalten wird.
Beide Teilstrahlen pflanzen sich anschließend mit unterschiedlichen Geschwindigkeiten im Medium fort.

Im Folgenden werden zunächst die allgemeinen physikalischen Grundlagen erläutert, bevor einzelne Messmethoden
genauer dargestellt werden.

Eine umfassende
Darstellung der Span-
nungsoptik ist bei
[Föppl 1972] und [Wolf
1976] zu finden. [Aben
1993] ist konkret auf
Glas bezogen.

4.3.1 Grundlagen

Zur Beschreibung der spannungsoptischen Effekte ist es
zunächst unerheblich, ob monochromatisches oder weißes
Licht betrachtet wird. In der Regel wird aufgrund der An-
schaulichkeit und wegen der häufigen Nutzung von monochromatischem Laserlicht die spannungsoptischen Verfahren mit diesem beschrieben.

Monochromatisches
Licht ist Licht mit einer
bestimmten Wellenlän-
ge. Weißes Licht dage-
gen besteht aus elekt-
romagnetischen Wellen
des gesamten sichtba-
ren Spektrums.

Bild 4.13
Spannungsdoppelbre-
chung in spannungsop-
tischen Körpern

[Föppl 1972]

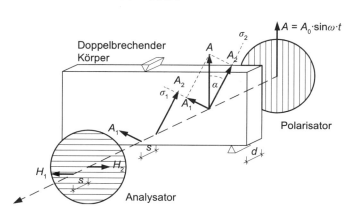

Das monochromatische Licht durchläuft zunächst einen sogenannten Polarisator aus einer Folie oder einer Kristallschicht. Der Polarisator richtet die Schwingungsrichtung der Welle in eine ausgewiesene Richtung, beispielsweise senkrecht, aus. Alle nicht zur Polarisationsrichtung parallelen Schwingungsebenen werden herausgefiltert. Anschließend spaltet sich der Strahl beim Durchgang durch das spannungsoptische Medium aufgrund der Spannungsdoppelbrechung in Richtung der Hauptspannungen auf. Beide Wellen bewegen sich aufgrund der Doppelbrechung mit unterschiedlichen Geschwindigkeiten v_1 und v_2 weiter fort. Am Ende der Messstrecke d ergibt sich ein Gangunterschied oder eine Phasenverschiebung δ zwischen den beiden Wellen, die direkt proportional zur Hauptspannungsdifferenz ist.

$$\delta = \frac{C \cdot d}{\lambda} \cdot (\sigma_1 - \sigma_2)$$

Abweichend der Nomenklatur nach DIN 52314 zur Bestimmung des spannungsoptischen Koeffizienten wird wie im Schrifttum üblich der Buchstabe „C" verwendet.

δ Phasenverschiebung [/]

C Spannungsoptische Konstante [mm^2/N]

d Messstrecke, Dicke des Prüfkörpers [mm]

λ Wellenlänge des verwendeten Lichts [mm]

$\sigma_1 - \sigma_2$ Hauptspannungsdifferenz [N/mm^2]

Diese Gleichung wird als Grundgleichung der Spannungsoptik bezeichnet und bildet die Basis für die folgenden Untersuchungsmethoden. Die spannungsoptische Konstante ist im Wesentlichen durch die Bestandteile im Glas beeinflusst wird. C beträgt $2{,}72$ TPa^{-1} = $2{,}72 \cdot 10^{-6}$ mm^2/N für praktische Zwecke. Für Weißglas gelten andere Werte, allerdings betragen die Abweichungen in der Regel maximal 10 %. In vielen baupraktischen Fällen ist die exakte Kenntnis dieser Konstanten aufgrund der Betrachtung qualitativer Verhältnisse von eher untergeordneter Bedeutung.

Nach Austritt aus dem spannungsoptischen Medium liegen zwei Teilstrahlen mit einem Gangunterschied δ vor. Am Ende des Prüfaufbaus befindet sich ein Analysator, der gegenüber dem ersten um 90° gedreht ist, das heißt in einer gekreuzten Stellung vorliegt. Dieser Filter lässt nur die horizontalen Anteile der doppeltgebrochenen Teilstrahlen hindurch, sofern der Polarisator vertikal ausgerichtet war.

Befinden sich die Horizontalkomponenten der Teilstrahlen beim Durchtritt durch den Analysator in Gegenphase, löschen sich beide Strahlen aus und es entsteht ein dunkler Punkt. Dieses sagt aus, dass an diesem Modellpunkt die Hauptspannungsdifferenz $\sigma_1 - \sigma_2 = 0$ beträgt. In Gleichphase addieren sich beide Horizontalkomponenten und es entsteht ein Helligkeitsmaximum. An dieser Stelle ist die Hauptspannungsdifferenz maximal.

Die Verbindung aller Punkte gleicher Phasenverschiebung δ mit ganzzahligem Wert ($\delta = 0, 1, 2, \ldots$) nennt man Isochromaten. Die ganzzahlige Phasenverschiebung wird dann als Isochromatenordnung bezeichnet. Mit Kenntnis der spannungsoptischen Konstanten und der Dicke des Modells lässt sich die Hauptspannungsdifferenz an diesen Stellen bestimmen. Ist an einer Stelle eine Hauptspannung bekannt (beispielsweise die Randfaser eines biegebeanspruchten Stabes), kann der vorliegende Spannungszustand auch quantitativ berechnet werden.

> Isochrom heißt eigentlich gleichfarbig. Bei monochromatischem Licht erhält man allerdings nur Hell-Dunkel-Felder. Erst bei weißem Licht ergibt sich eine farbige Darstellung.

Es kann nun der Fall eintreten, dass die Polarisationsrichtung und eine Hauptspannungsrichtung kongruent zueinander stehen. Dann wird der auf das spannungsdoppelbrechende Medium auftreffende Strahl nicht mehr in zwei Teilstrahlen aufgespalten, das heißt dieser Strahl passiert ungebrochen das Medium. Am Analysator ergibt sich eine Auslöschung dieses Strahls. In der Polarisationsaufnahme erscheint dadurch eine dunkle Linie, die alle Punkte miteinander verbindet, bei denen eine Hauptspannungsrichtung zufällig mit der Polarisationsrichtung zusammenfällt. Diese Isoklinen sind in der Auswertung häufig störend und werden durch die Zwischenschaltung weiterer Bauteile eliminiert.

Mit der Anordnung einer Viertelwellenplatte aus doppelbrechendem Material lassen sich die Isoklinen ausschalten. Mit solchen Bauteilen erhält man zirkular polarisiertes Licht. Die Viertelwellenplatte (λ/4-Platte) spaltet den polarisierten Lichtstrahl, sofern diese um einen Winkel von 45° beziehungsweise 135° gegenüber dem Polarisator geneigt ist, in zwei betragsmäßig gleiche, senkrecht zueinander stehende Teilstrahlen auf. Gleichzeitig tritt eine Phasenverschiebung von $\pi/2 = \lambda/4$ auf. Das Licht wurde zirkular polarisiert.

Bild 4.14
Strahlengang mit An-
ordnung von Viertelwel-
lenplatten

[Föppl 1972]

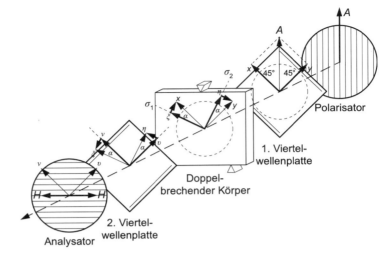

Polarisator

1. Viertel-
wellenplatte

Doppel-
brechender Körper

2. Viertel-
wellenplatte

Analysator

Bild 4.15
Zirkular polarisiertes
Licht zur Vermeidung
von Isoklinen. Aus der
Überlagerung zweier
ebener Wellen gleicher
Amplitude und Wellen-
geschwindigkeit ergibt
sich bei Phasenver-
schiebung von $\pi/2$ eine
räumliche Welle.

[Wolf 1976]

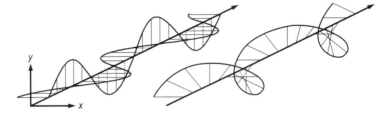

Beim Auftreffen auf das doppelbrechende Modell ändert sich
gegenüber der vorherigen Vorgehensweise nichts, nur dass
jetzt nicht ein Lichtstrahl, sondern zwei Teilstrahlen gebrochen werden. Hinter dem Modell ist eine weitere, gegen die
Erste gekreuzte Viertelwellenplatte angeordnet. Die Phasenverschiebung aus der ersten $\lambda/4$-Platte wird hier wieder
aufgehoben. Die Teilstrahlen sind anschließend um 45°
gegenüber dem Analysator geneigt. Dieser lässt wiederum
nur die Horizontalanteile hindurch. Mit einem solchen Aufbau lassen sich die Isoklinen vermeiden, da das auf das
Modell auftreffende Licht keine ausgewiesene Polarisationsrichtung aufweist.

Verwendet man anstelle von monochromatischem Licht
weißes Licht, ergibt sich ein farbiges Isochromatenbild. Die
Isochromate nullter Ordnung erscheint wieder dunkel. Da
weißes Licht eine Überlagerung von Wellen unterschiedlicher Wellenlängen darstellt, werden aufgrund der Wellenlänge im Nenner der spannungsoptischen Grundgleichung
erst die kurzen Wellenlängen kompensiert. Es wird daher

immer die Farbe ausgelöscht, bei der Phasenverschiebung ein ganzzahliges Vielfaches darstellt. Dadurch erscheinen die Isochromaten in der Komplementärfarbe der ausgelöschten Wellenlänge.

Weißes Licht bietet die Vorteile, dass die Isochromaten einfacher unterschieden werden können und sich ab- oder zunehmende Spannungsdifferenzverläufe einfacher ermitteln lassen. Allerdings verwaschen die Farben mit zunehmender Ordnung, welches eine Auswertung erschwert.

4.3.2   Polarisationsfilteraufnahmen

Die einfachste Anwendung der Spannungsoptik besteht aus Polarisationsfilteraufnahmen. Mit solchen Aufnahmen lässt sich die Gleichmäßigkeit der Vorspannung in den Oberflächen von vorgespannten Gläsern ermitteln. Der Versuchsaufbau gestaltet sich einfach, da nur ein Polarisator und ein Analysator benötigt werden.

Bei einer Durchleuchtung von vorgespannten Gläsern mit einem homogenen und symmetrischen Eigenspannungszustand ergibt sich an jedem Punkt über die Glasdicke eine kontinuierliche Doppelbrechung. Trifft der Lichtstrahl auf die erste Oberfläche mit Druckvorspannung auf, wird der Lichtstrahl entsprechend mit der Phasenverschiebung und Aufspaltung in die Hauptspannungsrichtungen gebrochen. Diese Doppelbrechung verläuft solange in eine „Richtung", wie Spannungen gleichen Vorzeichens im Modell wirken. Nach Durchlaufen der ersten Druckzone kehrt sich die Doppelbrechung in der Zugzone um. Entsprechendes tritt dann wieder beim Durchlaufen der zweiten Druckzone ein.

Aufgrund des Eigenspannungszustands ist daher die resultierende Doppelbrechung Null, das heißt alle Brechungen heben sich gegenseitig auf. Die Aufnahme von vorgespannten Scheiben sollte daher bei polarisiertem, weißem Licht keine Farbverläufe zeigen. Anderenfalls liegen eine inhomogene Vorspannung oder sonstige Zwangsspannungen vor.

Bild 4.16
Inhomogene Eigen-
spannungsverteilung an
Unstetigkeitsstellen wie
Ecken und Einschnitten

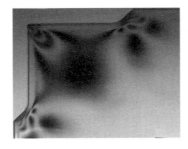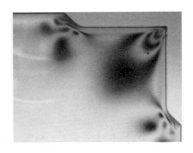
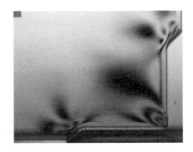

Ausgenommen sind die Randbereiche vorgespannter Gläser, bei denen aufgrund des Gleichgewichts der Spannungen bis etwa das 2,0-fache der Glasdicke in die Fläche hin-
ein kein parabelförmiger Eigenspannungs-, sondern ein
konstanter Spannungszustand vorliegt.

Bild 4.17
Verteilung der Vor-
spannung an der Kante
aufgrund dreiseitiger
Abkühlung

[Laufs 2000]

Kantenmembran-
druckspannung σ_2

Dickenspannung σ_3

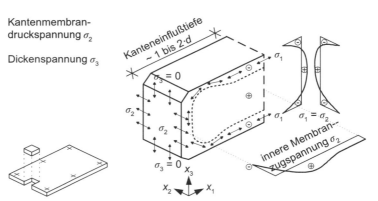

4.3.3   Kompensationsmethode nach Sénarmont

Polarisationsmikroskope arbeiten nach der Kompensationsmethode nach Sénarmont. Ein wesentlicher Nachteil besteht
darin, dass entlang der Messstrecke über die Glasdicke nur
der Mittelwert einer veränderlichen Spannungsdifferenz angegeben wird. Eine Aussage über Spannung an einem be-

stimmten Punkt entlang der Messstrecke ist nicht möglich, beziehungsweise nur dann möglich, wenn weitere Informationen zum Spannungszustand vorliegen.

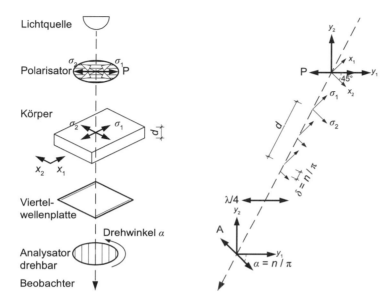

Dieses Verfahren ist überall dort geeignet, wo annähernd konstante Spannungen entlang des Messweges angenommen werden können, beziehungsweise eine solche Annahme nicht zu starken Vereinfachungen führt. Ein solcher Fall liegt an der Kante vor. Über die Glasdicke ist die Membranspannung σ_2 annähernd konstant, und die anderen Spannungen σ_1 und σ_3 betragen Null. Daher ist die Kantendruckspannung direkt bestimmbar.

Für solche Untersuchungen existieren Kantenspannungsmessgeräte auf dem Markt, welche nach der Kompensationsmethode arbeiten. Aussagen zur mittleren Vorspannung [Laufs 2000] an der Kante sind damit möglich, allerdings entzieht sich die Spannungsverteilung der Kenntnis. Untersuchungen mit der Streulichtmethode an den Kanten haben ergeben, dass die Vorspannung nicht konstant sondern ebenfalls parabelförmig über die Glasdicke verläuft. Allerdings liegt kein Verlauf mit wechselndem Vorzeichen vor, sondern die Spannung ist auch in ihrem Minimum immer negativ. Von daher sind Angaben der mittleren Vorspannung zur Bewertung der Vorspannqualität hinreichend genau.

Bild 4.19
Aufbau Prüfung der
Kantendruckspannung

[Laufs 2000]

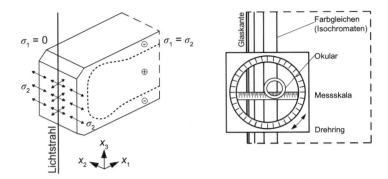

4.3.4 Differential-Refraktographie

Mit dieser Methode können auf verhältnismäßig einfache
Weise Oberflächenspannungen in Flachglasprodukten bestimmt werden. Dabei wird sich der sogenannte Mirage-
Effekt zu Nutze gemacht. Dieses optische Phänomen tritt
überall dort auf, wo große Gradienten der Temperatur oder
des Brechungsindex auftreten. Im Falle von Temperaturgradienten ergeben sich Luftspiegelungen auf heißen Asphalt-
flächen oder eine Fata Morgana.

Bild 4.20
Mirage-Effekt aufgrund
eines Gradienten im
Brechungsindex

[Aben 1993]

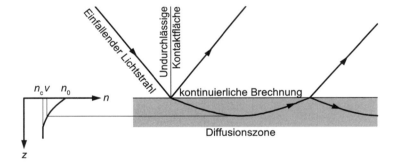

Der Mirage-Effekt bewirkt die kontinuierliche Brechung eines
Lichtstrahls bis zur Totalreflektion. Betrachtet man eine infi-
nitesimal dünne Schicht, so liegen an ihrer Ober- und Unter-
seite aufgrund des Gradienten des Brechungsindexes unterschiedliche Brechungszahlen vor. Somit ergibt sich eine
Schichtung von Grenzflächen, die den Lichtstrahl kontinuierlich zur Glasoberfläche hin brechen.

Dieser Effekt tritt allerdings nur dann auf, wenn der Gradient des Brechungsindexes entsprechend stark und größer als der des Glases ausfällt. Bei ebenem Floatglas ist dieses der Fall, weil durch den Herstellungsprozess mit dem Auslaufen der Glasschmelze auf ein Zinnbad Zinnionen in die Glasoberfläche diffundieren. Die Diffusionstiefe beträgt etwa 10 μm. Die Einlagerung von Zinnionen verändert die physikalischen Eigenschaften des Glases, namentlich an dieser Stelle den Brechungsindex. Da die Zinnkonzentration mit der Diffusionstiefe abnimmt, baut sich ein Konzentrationsgefälle und somit ein Gefälle des Brechungsindexes auf.

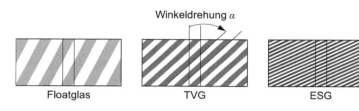

Winkeldrehung α

Floatglas   TVG   ESG

Bild 4.21
Auswertung der Oberflächenspannung. Der Neigungswinkel α ist direkt proportional zur Spannung.

[Schneider 2001]

Unabhängig vom Mirage-Effekt tritt Spannungsdoppelbrechung beim Durchlaufen der oberflächennahen Schicht auf. Die austretenden Lichtstrahlen verlaufen parallel, besitzen aber einen Gangunterschied. Als Analysator wird ein sogenannter Babinet-Kompensator verwendet. Im Fall eines spannungsfreien Mediums besteht das sich ergebende Bild aus senkrechten Linien, bezogen auf den Kompensator. Bei Spannungsdoppelbrechung neigt sich das Bild, und der Neigungswinkel α ist direkt proportional zur vorhandenen Spannung. Als weitere Konstanten gehen die spannungsoptische Konstante, eine Konstante zur Berücksichtigung des Babinet-Kompensators und der Einstrahlungswinkel mit ein.

Ein Babinet-Kompensator besteht aus zwei spannungsdoppelbrechenden Quarzkeilen.

Es ist offensichtlich, dass mit dieser Methode nur ebene Floatglasprodukte untersucht werden können. Im Fall von gezogenem oder gegossenem Glas ist dieses Verfahren wegen der fehlenden Zinnbadseite nicht anwendbar. Bei gebogenen Scheiben gestalten sich neben technischen auch Ausführungsprobleme hinsichtlich des Aufsetzens des Messgeräts auf der Oberfläche.

4.3.5 Streulichtmethode

Die Grundlagen zum Streulichtverfahren als spannungsoptisches Messverfahren wurden bereits 1939 von R.J. Weller gelegt. Durch D.C. Drucker und H.T. Jessop wurde die Theorie hinter diesem Verfahren vervollständigt.

Der Nachteil der Kompensationsmethode hinsichtlich der Absolutwerte der Spannungen entlang des Messweges und der Differential-Refraktographie hinsichtlich der alleinigen Angabe der Oberflächenspannung auf der Zinnbadseite kann mit der Streulichtmethode vermieden werden. Wegen der schwachen Darstellung von Streulicht aus normalem Licht fand diese Methode lange Zeit keine Anwendung und wurde erst mit der Entwicklung des Lasers mit einer hohen Lichtintensität praktisch anwendbar. Mit diesem Verfahren ist eine Aufzeichnung des Spannungsprofils entlang des Messweges möglich. Wegen der sehr häufigen Verwendung von polarisiertem Licht wird die Beschreibung des Verfahrens mit diesem vorgenommen.

Mie- und Rayleigh-Streuung bezeichnen Streuungen elektromagnetischer Wellen an Teilchen. Dabei sind bei der Mie-Strahlung Wellenlänge und Teilchengröße etwa gleich, bei der Rayleigh-Streuung sind die Teilchen klein gegenüber der Wellenlänge des Lichts. DIN 1349

Die Streulichtmethode basiert auf den physikalischen Grundlagen des Tyndall-Effekts und der Mie-Strahlung. Ein polarisierter Lichtstrahl trifft beim Durchgang durch ein transparentes Medium auf ein Teilchen. Dieses wird in Richtung der Schwingungsebene des Lichts angeregt und sendet dabei eine Welle senkrecht zur Ausbreitungsrichtung des Primärstrahls aus. Die Intensität ist abhängig von der Beobachtungsrichtung und nimmt bei einer Betrachtung senkrecht der Schwingungsebene des Primärstrahls ein Maximum ein. Parallel zur Schwingungsebene ist keine Schwingung zu erkennen.

Bild 4.22
Streulichtintensitätsverteilung senkrecht zum Primärstrahl

I Intensität

[Aben 1993], [Laufs 2000]

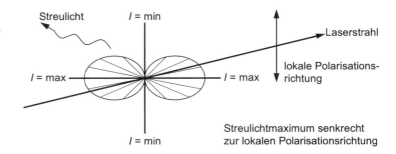

Der Primärstrahl kann über die Kante oder die Fläche in das Glas eingekoppelt werden. Bei einer Beleuchtung über die Fläche muss ein Prisma zur geneigten Einkopplung vorgeschaltet werden. Besonders bei großformatigen Scheiben ist dieses die gebräuchliche und geeignete Methode, da bei einer Einkopplung in die Kante über die Weglänge die Intensität des Primärstrahls aufgrund von Absorption und Reflektion abnimmt. Allerdings lässt sich das Prinzip anhand der Einkopplung über die Kante einfacher erläutern. Die Übertragung auf eine geneigte Einstrahlung ist dann nur ein weiterer Schritt. Die folgende Herleitung gilt für monochromatisches, polarisiertes Licht mit einer geraden Einkopplung.

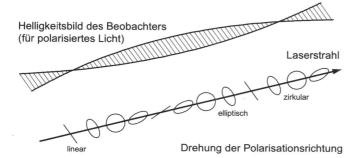

Helligkeitsbild des Beobachters
(für polarisiertes Licht)

Laserstrahl

zirkular

elliptisch

linear

Drehung der Polarisationsrichtung

Bild 4.23
Streulichtintensitätsverteilung entlang des Primärstrahls nach Doppelbrechung

[Aben 1993], [Laufs 2000]

Aufgrund der Doppelbrechung wird die Polarisationsrichtung des Laserstrahls gedreht. Bei einer gleichbleibenden Betrachtungsrichtung variiert die Streulichtintensität je nach Drehung der Polarisationsrichtung des Primärstrahls sinuswellenförmig. Bei einer konstanten Spannung über den Messweg ergibt sich ein periodisches Bild der Intensitätsverteilungen. Aus der Wellenlänge dieser Verteilung kann die Hauptspannungsdifferenz berechnet werden. Da die Spannung σ_3 in Dickenrichtung gegen den Wert Null tendiert, kann auf diese Weise die Spannung σ_1 direkt bestimmt werden.

$$\sigma_1 = \frac{\lambda}{C \cdot l}$$

l Wellenlänge der Intensitätsverteilung [mm]

σ_1 Hauptspannung in Richtung 1 [N/mm²]

Dieser Ansatz gilt nur bei einer konstanten Spannung entlang der Messstrecke. Bei Spannungsänderungen wird zur Erhöhung der Messgenauigkeit die Schwingungsrichtung des Primärstrahls planmäßig mit einer konstanten Winkelgeschwindigkeit rotiert. Dabei verändert sich die Streulichtintensität nicht nur hinsichtlich des Ortes sondern auch während der Zeit. Betrachtet man zwei Punkte mit einem bekannten Abstand, so verändert sich die Intensität periodisch mit der Zeit. Die Phasenverschiebung der Intensitäten ist über die Zeit konstant und kann somit mit einer hohen Genauigkeit bestimmt werden.

Bild 4.24
Erhöhung der Messgenauigkeit durch Rotation der Polarisationsebene

[Aben 1993], [Laufs 2000]

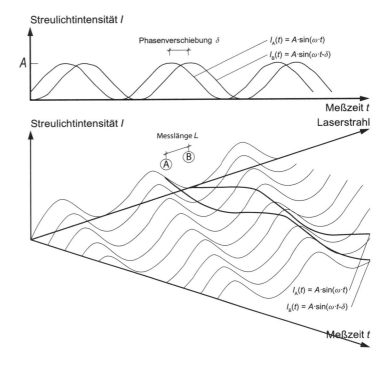

Bei thermisch vorgespannten Gläsern wird die Messrichtung derart festgelegt, dass die Hauptspannungsrichtung σ_2 parallel zum Primärstrahl ausgerichtet ist. Diese erzeugt somit keine Doppelbrechung. Allerdings ist dieses nur dort möglich, wo die Hauptspannungsrichtungen bekannt sind. Bei thermisch vorgespannten Gläsern können die Hauptspannungsrichtungen parallel zu den Kanten angenommen werden. In den Fällen, in denen aufgrund von Zwangsspannungen oder anderen Spannungsüberlagerungen die Hauptspannungsrichtungen nicht bekannt sind, können diese mit einer vorlaufenden Polarisationsfilteraufnahme ermittelt werden. Alternativ besteht die Möglichkeit der Berechnung aus vier Streulichtmessungen an einer Stelle, wo zwei Messungen jeweils senkrecht zueinander stehen. Beide Messpaarrichtungen sind mit einem bestimmten Winkel – in der Regel aufgrund der Handhabung 45° – zueinander gedreht.

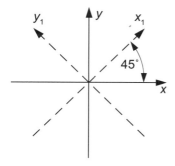

Bild 4.25
Anordnung der Messrichtungen bei unbekannten Hauptspannungsrichtungen

[SCALP]

Bei einer geneigten Einkopplung muss der Winkel θ zwischen der Glasoberfläche und der Ausbreitungsrichtung des Primärstrahls in den Formeln zur Auswertung berücksichtigt werden. Sind die Hauptspannungsrichtungen für σ_1 und σ_2 bekannt, und wird der Primärstrahl in die Ebenen σ_1-σ_3 beziehungsweise σ_2-σ_3 eingeleitet, können mit den Phasenverschiebungen δ_i aus zwei Messungen mit zwei Gleichungen die Hauptspannungen σ_1 und σ_2 bestimmt werden.

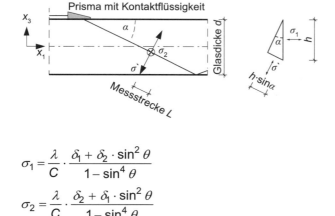

Bild 4.26
Geometrische Verhältnisse bei geneigter Einkopplung

[Laufs 2000]

$$\sigma_1 = \frac{\lambda}{C} \cdot \frac{\delta_1 + \delta_2 \cdot \sin^2 \theta}{1 - \sin^4 \theta}$$

$$\sigma_2 = \frac{\lambda}{C} \cdot \frac{\delta_2 + \delta_1 \cdot \sin^2 \theta}{1 - \sin^4 \theta}$$

δ_i Phasenverschiebung der Messung i [/]
θ Neigungswinkel der Einstrahlung [°]

Bei einer isotropen Vorspannung ist die Vorspannung in beiden Hauptspannungsrichtungen gleich, und somit gilt unter Kenntnis der Hauptspannungsrichtung für die Phasenverschiebung $\delta_1 = \delta_2$. Die obigen Gleichungen vereinfachen sich dadurch zu

$$\sigma = \frac{\lambda \cdot \delta}{C} \cdot \frac{1}{1 - \sin^2 \theta} \cdot$$

Bild 4.27
Ergebnis einer Streulichtmessung mit Phasenverschiebung, Regression und Spannungsverlauf

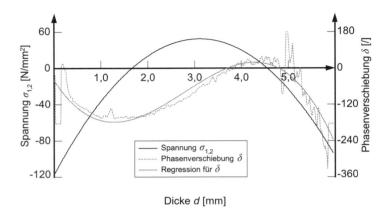

Dicke d [mm]

Eine umfassende Darstellung ist in [Feldmann 2012] gegeben.

Zur praktischen Anwendung entsprechender Messgeräte sind bestimmte Randbedingungen und Einschränkungen zu beachten. Beispielsweise sind Messungen durch metallische Beschichtungen wegen ihrer reflektierenden Eigenschaften nicht möglich. Ebenso ist die Vermessung von Spannungsprofilen mit sehr starken Gradienten beziehungsweise geringen Dicken der vorgespannten Ebene aufgrund der Wellenlänge des Lasers und des Abstandes der Messpunkte (in der Regel 0,01 bis 0,02 mm bezogen auf die Dicke des Glases nicht möglich. Chemisch vorgespannte Gläser lassen sich somit nach dieser Methode nicht untersuchen.

Darüber hinaus steigt der Messaufwand bei inhomogen vorgespannten Scheiben und nicht symmetrischen Spannungsprofilen an. Bei ungleichmäßig vorgespannten Scheiben ist nicht mehr von Hauptspannungsrichtungen parallel zu den Kanten auszugehen. Daher müssen insgesamt vier Messungen an einer Stelle in unterschiedliche Richtungen durchgeführt werden, um die Hauptspannungsrichtungen und daraus die Hauptspannungen zu bestimmten. Bei unsymmetrischen Spannungsprofilen sollte von beiden Oberflächen gemessen, und die Messkurve der Phasenverschiebung jeweils bis zur halben Scheibendicke berücksichtigt werden. Eine Kopplung beider Halbmessungen in der Scheibenmitte ergibt in der Regel wegen der Messungenauigkeit keine exakte Übereinstimmung.

5 Überwachungen

5.1 Allgemeines

Die Muster-Bauordnung (MBO) regelt die Verwendung von Bauarten und Bauprodukten. Für Bauprodukte und Bauarten, die wegen ihrer besonderen Eigenschaften oder ihres besonderen Verwendungszwecks einer außergewöhnlichen Sorgfalt bei Einbau, Transport, Instandhaltung oder Reinigung bedürfen, kann die Überwachung dieser Tätigkeiten durch eine Überwachungsstelle vorgeschrieben werden. Dies geschieht in der Regel durch Festlegung in der allgemeinen bauaufsichtlichen Zulassung, in der Zustimmung im Einzelfall oder durch Rechtsverordnung der obersten Bauaufsichtsbehörde.

MBO §17, Abs. 6 i.V.m. §21 Abs. 1 Satz 4

Im Bereich des Konstruktiven Glasbaus erfolgen Einbauüberwachungen in den Bereichen punktgestützter Fassaden aus ESG und bei der Ausführung von lastabtragenden Klebungen mit Silikonen entsprechend eines Structural-Sealant-Glazing-Systems (SSG-System).

5.2 Einbauüberwachung punktgestützter Fassaden aus ESG

Sowohl in der DIN 18008 als auch der bislang gültigen TRLV ist festgelegt, dass bei Vertikalverglasungen aus monolithischem Einscheibensicherheitsglas (ESG) oder einer monolithischen ESG-Scheibe als Teil einer Mehrscheiben-Isolierverglasung (MIG) über vier Metern Einbauhöhe nur heißgelagertes Einscheibensicherheitsglas (ESG-H) verwendet werden darf. In der Bemessungsnorm DIN 18008 sind punktförmig gestützte Gläser aus monolithischem ESG nicht gestattet.

DIN 18008-2, 6.2

DIN 18008-3, 7

Ziel dieser Forderungen ist eine Erhöhung des Sicherheitsniveaus für Vertikalverglasungen über vier Meter Höhe, da die Gefahr von Spontanbruch durch Nickel-Sulfid-Einschlüsse (NiSx) durch den bei ESG-H durchgeführten Heißlagerungstest signifikant reduziert wird.

Abschnitt 1.2.3

BRL A Teil A1, Abschnitt 11.13

Die BRL stellt für den Einbau von ESG-H höhere Anforderungen gegenüber Kantenbeschädigungen als für ESG. Bei ESG-H sind Schädigungen der Glaskante bis zu einer Tiefe von maximal 5 % der Scheibendicke zulässig, während bei thermisch vorgespannten Gläsern 15 % Schädigungstiefe entsprechend DIN 18008-1 erlaubt sind.

Bild 5.1
Unzulässige Kantenschädigung der ESG-H Scheibe von mehr als 5 % der Scheibendicke

Im Zuge der Einbaupflicht von ESG-H für Vertikalverglasungen über vier Meter Höhe wird als zusätzliches Mittel zur Erhöhung des Sicherheitsniveaus eine Einbauüberwachung der Baumaßnahme für punktförmig gestützte, hinterlüftete Wandbekleidungen über acht Meter Höhe durch eine vom DIBt akkreditierte Überwachungsstelle gefordert.

Im Konstruktiven Glasbau wird die Einbauüberwachung von punktgestützten, hinterlüfteten Wandbekleidungen aus ESG-H über acht Meter Höhe durch die Oberste Bauaufsicht bei der Erteilung der ZiE oder den abZ der Punkthalterhersteller vorgeschrieben. Für die Einbauüberwachung wird üblicherweise eine vom DIBt anerkannte Überwachungsstelle durch den Fassadenbauer beauftragt. Die wesentlichen Konstruktionsunterlagen wie Glasstatik, Glaspositionen, erteilte ZiE und abZ der verwendeten Punkthaltersystem, Lage und Art der Lager, den Prüfbescheid des Prüfingenieurs etc. sind der Überwachungsstelle vorzulegen und durch den verantwortlichen Bauleiter eine Montageanleitung für das spezielle Bauvorhaben anzufertigen, die alle Schritte der Wandbekleidungsherstellung enthält.

Die Einbauüberwachung beinhaltet in der Regel mehrere Überwachungstermine. Alle wesentlichen Montageschritte werden bei einer Erstbegehung abgeklärt. Die weiteren Überwachungstermine werden individuell festgelegt und richten sich nach den Gegebenheiten des Bauvorhabens als auch nach möglichen Beanstandungen während vorheriger Überwachungstermine. Die durchgeführten Montagearbeiten werden täglich durch den Bauleiter protokolliert und dienen der Nachweisführung. Weiterhin müssen alle wesentlichen Lieferscheine und Übereinstimmungsnachweise für die Glasscheiben aus ESG-H sowie die Zulassungen für verwendete Punkthalter auf der Baustelle vorliegen. Das Fachpersonal der ausführenden Firma muss vor Montagebeginn durch den Bauleiter eine protokollierte Einweisung erhalten. Werden Anzugsmomente für die Befestigung der Haltekonstruktion oder Verglasungen durch Produktzulassungen oder die Planung vorgeschrieben, so ist der Nachweis zu erbringen, dass ein Drehmomentenschlüssel mit gültiger Eichung auf der Baustelle zum Einsatz kommt.

Während der einzelnen Einbauüberwachungstermine werden durch die Überwachungsstelle Übereinstimmungsnachweise der Verglasungen anhand der Lieferscheine und Glasstempel kontrolliert. Weiterhin findet eine stichprobenartige Kontrolle der Scheibenabmessungen, Lage und Durchmesser von Bohrungen und eine Prüfung der Glaskanten statt. Scheiben mit Kantenverletzungen von mehr als 5 % der Scheibendicke dürfen nicht eingebaut beziehungsweise müssen rückgebaut werden. Die Haltekonstruktion wird anhand von Übereinstimmungskennzeichen und Lieferscheinen überprüft. Durch stichprobenartige Kontrolle der Anzugsmomente und eventueller Verschieblichkeiten der Lager soll die Umsetzung der in den Planunterlagen und der Zustimmung im Einzelfall festgelegten Auflagerbedingungen sichergestellt werden. Eine Gesamtübereinstimmung der ausgeführten Konstruktion mit den in der ZiE und abZ definierten Randbedingungen muss gewährleistet sein.

Alle durchgeführten Überwachungstermine werden in einem Überwachungsbericht dokumentiert, der die Ergebnisse der Überwachungstätigkeit enthält.

5.3 Fremdüberwachung bei Silikonklebungen

5.3.1 Notwendigkeit der Qualitätssicherung

Die Verglasung wird bei Structural-Sealant-Glazing-Systemen über eine linienförmige Klebung mit einem Tragrahmen oder einem Adapterprofil aus Metall verbunden. Spezielle Klebstoffe auf Silikonbasis eignen sich für den Einsatzzweck. Diese Klebstoffe benötigen einen Nachweis der Verwendbarkeit, da geklebte Verglasungen nicht durch die gültigen Technischen Baubestimmungen geregelt sind. Im Allgemeinen erbringen die Hersteller von SSG-Silikonen diesen Nachweis durch eine europäisch technische Zulassung. Die europäische Leitlinie ETAG 002 beschreibt unter anderem die erforderlichen experimentellen Untersuchungen für das Zulassungsverfahren der geklebten Fassadenkonstruktionen. Hersteller von geklebten Fassadensystemen, die diese Klebstoffe anwenden, weisen die Anwendbarkeit der Bauart ihres Systems vorzugsweise auch über eine europäische technische Zulassung beziehungsweise über eine allgemeine bauaufsichtliche Zulassung nach.

SSG-Klebungen sollten unter kontrollierbaren Umgebungsbedingungen beim Glasveredelungsbetrieb oder beim Fassadenhersteller ausgeführt werden. In Einzelfällen kann auch eine Verklebung auf der Baustelle erfolgen. Die Dauerhaftigkeit und die Festigkeit einer Klebverbindung hängen in großem Maße von der Sorgfalt bei der Ausführung ab. Zusätzlich beeinflussen die Umgebungsbedingungen bei der Herstellung die Aushärtung und die Entwicklung der Haftfestigkeit. Nach dem Aushärten des Klebstoffs kann die Qualität der Klebefuge nur selten zerstörungsfrei überprüft werden. Daher werden parallel zur Herstellung der Klebverbindungen Qualitätskontrollen durchgeführt, anhand derer Rückschlüsse auf die Klebefuge getroffen werden können.

Nachfolgend werden die Besonderheiten bei der Produktion im Werk und bei der Verklebung auf der Baustelle erläutert. Ergänzend werden ausgewählte Kontroll- und Qualitätssicherungsmaßnahmen beschrieben, die während der Verklebung vom Klebstoffverarbeiter oder auch bei einer Fremdüberwachung von einer PÜZ-Stelle (Prüf-, Überwachungs und Zertifizierungsstelle) durchgeführt werden.

Die Auswahl dient der Orientierung und erhebt keinen Anspruch auf Vollständigkeit. Aufschluss über den tatsächlichen Umfang der Kontrollen können der Zulassung des
SSG-Systems und den Richtlinien der Klebstoffhersteller
entnommen werden.

[Dow Corning 2011]
und [Sika 2011]

5.3.2 Kontrolle der werkseigenen Produktion

SSG-Fassadenelemente werden beim Hersteller vorgefertigt
und anschließend auf der Baustelle montiert. Die Hersteller
solcher Systeme müssen kontinuierlich die werkseigene
Produktion kontrollieren. Als Hersteller des SSG-Systems
gilt die Firma, die die Bauart in Verkehr bringt. Im Allgemeinen hält diese auch die Zulassung. Die Produktionskontrolle
umfasst die Überprüfung der eingesetzten Ausgangsmate-
rialien und Komponenten auf Übereinstimmung mit den Vorgaben der Zulassung und eine ausführliche Dokumentation.
Weiterhin sind arbeitstägliche Kontrollen an Klebstoffproben
durchzuführen und die fertigen Elemente einer Sichtprüfung
zu unterziehen. Dadurch soll sichergestellt werden, dass das
Produkt konform zur europäischen technischen oder zur
allgemeinen bauaufsichtlichen Zulassung gefertigt wird.

ETAG 002-1, 8.2.1.1

In regelmäßigen Abständen muss die werkeigene Produkti-
onskontrolle in jedem Herstellwerk durch eine fremdüberwa-
chende Stelle kontrolliert werden. Der Turnus wird in der
Systemzulassung festgelegt und beträgt in der Regel sechs
Monate. Die Überwachungsstelle benötigt eine entspre-
chende Zertifizierung durch das DIBt. Ein Verzeichnis der
Prüf-, Überwachungs- und Zertifizierungsstellen nach den
Landesbauordnungen kann vom DIBt bezogen werden.

ETAG 002-1, 8.2.3.1

DIBt 8/2010, Teil IIa lfd.
Nr. 9/1

5.3.3 Verklebungen auf der Baustelle

SSG-Systeme sollten vorzugsweise unter kontrollierbaren
Umgebungsbedingungen in einer Produktionsstätte hergestellt werden. Bestimmte Konstruktionen schließen eine
solche Vorgehensweise aber aus und müssen vor Ort ver-
klebt werden. Dazu zählen beispielsweise geklebte Ganz-
glaskonstruktionen und Glasecken aus Mehrscheiben-
Isolierglas, bei denen die Eckverklebung statisch tragend
ausgeführt werden soll (Bild 5.2). Tragende Silikonklebun-

gen, die auf der Baustelle ausgeführt werden, lassen sich derzeit nur über eine Zustimmung im Einzelfall realisieren. Daher werden die erforderlichen Überwachungs- und Qualitätssicherungsmaßnahmen individuell vorgegeben. Die oberste Landesbauaufsichtsbehörde, die die Zustimmung erteilt, benennt die fremdüberwachende Stelle.

Bild 5.2
Baustellenklebung an einer Fassadenecke, ausgeführt mit einem Kartuschensystem

Der Antragsteller ist verpflichtet, die in der Zustimmung geforderten Unterlagen und Nachweise beizubringen. Nach Maßgabe kann die Überwachungsstelle im Rahmen der Fremdüberwachung weitere Anforderungen stellen. Im Allgemeinen müssen die Klebfugengeometrie und die geplante Verfahrensweise im Rahmen einer Projektprüfung durch den Klebstoffhersteller freigegeben werden. Sämtliche Materialien, die in Kontakt mit dem Klebstoff kommen, müssen einer Verträglichkeitsprüfung unterzogen worden sein. Die tatsächliche Tragfähigkeit der Verbindung wird häufig neben den typischen Qualitätskontrollen an gesonderten Arbeitsproben ermittelt und darf Mindestwerte aus der europäischen technischen Zulassung des Klebstoffs oder gesonderte Vorgaben aus der Zustimmung nicht unterschreiten.

Auf der Baustelle kommt der Einhaltung der Verarbeitungsbedingungen eine besondere Bedeutung zu, da Temperatur und Luftfeuchtigkeit nicht steuerbar sind und die Verschmutzungsgefahr sehr hoch ist. Hier obliegt dem Ausführenden eine besondere Verantwortung, diese einzuhalten. Eine entsprechende Schulung durch den Klebstoffhersteller wird zwingend vorausgesetzt. Die fremdüberwachende Stelle kontrolliert stichprobenartig die Einhaltung der Herstellervorgaben und überprüft die Konstruktion auf Übereinstimmung mit den Planunterlagen. Probennahmen erfolgen parallel zu den Verklebungsarbeiten.

5.3.4 Kontrolle der Mischhomogenität

Die Mischqualität hat erheblichen Einfluss auf die Eigenschaften des Klebstoffs. Daher ist es unerlässlich, bei jedem Produktionsbeginn und nach einem Wechsel der Klebstoffkomponenten die ausreichende Durchmischung zu kontrollieren. Zwei Verfahren haben sich etabliert und können alternativ angewendet werden: der Schmetterlingstest und der Glasplattentest.

Beim Schmetterlingstest (Bild 5.3) wird ein weißes Blatt gefaltet. In die Mitte des Falzes gibt man nun eine kleine Menge des Klebstoffes, der aus einer weißen und einer schwarzen Komponente zusammengemischt wurde. Danach wird das Blatt wieder zusammengefaltet und der Klebstoff verstrichen. Die dünne Klebstoffschicht wird nach dem Öffnen des Blattes visuell auf Schlieren oder Lunkerstellen kontrolliert.

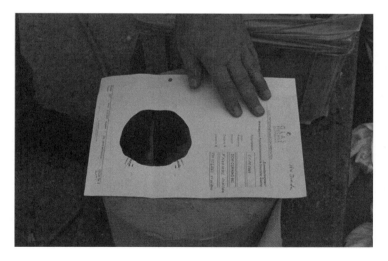

Bild 5.3
Schmetterlingstest bei der Fremdüberwachung einer Baustellenklebung

Zur Kontrolle der Mischhomogenität mittels Glasplattentest (Bild 5.4) wird eine kleine Klebstoffmenge auf eine Glasplatte appliziert. Nach Auflegen einer zweiten Glasplatte wird der Klebstoff zu einer dünnen Schicht zusammengedrückt. Schlieren und Einschlüsse lassen sich so gut erkennen.

Bild 5.4
Glasplattentest bei der Fremdüberwachung einer Baustellenklebung

Grundsätzlich dürfen keine Schlieren oder Lunkerstellen im Klebstoff festgestellt werden. Eine inhomogene Klebstoffmischung darf nicht verwendet werden. In einem solchen Fall muss die Mischanlage kontrolliert werden. Gegebenenfalls sollte das Mischrohr getauscht werden.

5.3.5 Ermittlung der Topfzeit

[Habenicht 2012]

Bei zweikomponentigen Klebstoffen setzt die chemische Vernetzungsreaktion direkt nach dem Mischen der beiden Komponenten ein. Mit zunehmender Vernetzung steigt die Viskosität der Mischung. Die Benetzungsfähigkeit des Klebstoffs, eine notwendige Voraussetzung für den Haftungsaufbau, nimmt parallel dazu ab. Der Zeitpunkt, an dem die Reaktion so weit fortgeschritten ist, dass der Klebstoff keine ausreichende Haftung zur Fügeteiloberfläche mehr aufbauen kann oder eine hohe Viskosität eine Applikation unmöglich macht, wird als Topfzeit bezeichnet.

Die Topfzeit ist keine Konstante und wird bei den SSG-Silikonen maßgeblich von den Umgebungsbedingungen und dem exakten Mischungsverhältnis beeinflusst. Ein kühles und trockenes Umgebungsklima verlangsamt den Vernet-

[Dow Corning 2011]

zungsprozess. Hohe Temperaturen und hohe Luftfeuchtigkeit beschleunigen ihn dagegen.

Eine Topfzeitmessung muss bei jedem Produktionsstart und nach jedem Auswechseln der einzelnen Komponenten durchgeführt werden. Ein Becher wird etwa zu einem Drittel mit dem gemischten Klebstoff gefüllt. Sofort danach wird ein Spatel aus Holz oder Kunststoff hineingesteckt und die Startzeit notiert. In regelmäßigen Abständen von etwa fünf Minuten wird der Spatel aus der Klebstoffmasse gezogen. Bildet sich ein langer Faden, so ist der Klebstoff noch nicht stark vernetzt. Reißt der Faden jedoch schon nach kurzem Ziehen, so ist die Topfzeit erreicht. Wegen des elastischen Zurückschnellens des Klebstofffadens beim Zerreißen wird der Test auch als „Snap"-Test bezeichnet.

Weicht die ermittelte Topfzeit von den Herstellervorgaben ab, so muss die Mischanlage auf einen Defekt oder eine Fehleinstellung überprüft werden. Sehr kurze Topfzeiten deuten auf eine Überdosierung des Katalysators hin, sehr lange Topfzeiten dagegen auf eine zu geringe Menge. Weiterhin kann eine schlechte Aushärtung auch auf eine Über- oder Fehllagerung des Klebstoffes vor der Verarbeitung hindeuten.

5.3.6 Schäl-Haftversuch

Der Schäl-Haftversuch, der häufig auch als Peel-Test oder Raupenschältest bezeichnet wird, liefert aussagekräftige Ergebnisse zur Bewertung der Haftung zwischen dem Klebstoff und der Fügeteiloberfläche. Der Test erfordert nur einen geringen technischen Aufwand und eignet sich daher gut für die tägliche Produktionskontrolle und Qualitätskontrollen auf der Baustelle.

Der Versuch wird, die Herstellung begleitend, mit den gleichen Produkten durchgeführt, die auch im geklebten System verwendet werden. Die Lieferanten der verwendeten Materialien stellen die Probestücke zur Verfügung. Am vorgesehenen Anfang und Ende des Klebstoffstrangs wird jeweils ein Trennmittel wie beispielsweise ein Stück Folie aus Polyethylen befestigt, um eine Haftung des Klebstoffs an dem Substratmaterial zu verhindern. Die Reinigung und die Oberflächenvorbehandlung entsprechen dem tatsächlichen Herstellverfahren, das im Zuge der Zulassung klar definiert oder für ein spezifisches Vorhaben durch eine vom Klebstoffproduzenten durchgeführte Projektprüfung festgelegt wurde. Anschließend wird eine etwa 20 cm lange Klebstoffraupe auf die Substratplatten aufgebracht. Die Dicke der Raupe sollte zwischen 3 mm und 10 mm, die Breite zwischen 15 mm und 25 mm liegen. Genaue Vorgaben zur Geometrie finden sich in der Zulassung des Fassadensystems oder in den Verarbeitungsrichtlinien der Klebstoffhersteller.

Der Test wird nach Ablauf der produktabhängigen Mindestaushärtungszeit durchgeführt. Dazu greift man den Anfang des Klebstoffstrangs und zieht ihn nach hinten bis der Klebstoff durch die starke Schälbeanspruchung am Ansatzpunkt aufreißt (Bild 5.5). Der Klebstoff muss komplett auf der Substratoberfläche haften bleiben und darf sich nicht – auch nicht teilweise – von der Oberfläche lösen. Das innerliche Aufreißen des Klebstoffs wird als Kohäsionsbruch bezeichnet. Im Versuch muss die gesamte Klebstoffraupe überprüft werden.

Bild 5.5
Schäl-Haftversuch auf einer Glasoberfläche, kohäsives Versagen des Klebstoffs

Sollte der Versuch keine zufriedenstellenden Ergebnisse liefern, so darf er nach einer weiteren Aushärtungszeit wiederholt werden. Als geeignetes Zeitintervall können 24 Stunden angesehen werden. Haftet der Klebstoff auch nach mehreren Tagen noch nicht ausreichend auf der Substratoberfläche, ist der Haftungsaufbau der Klebstoffmischung mit hoher Wahrscheinlichkeit gestört. Die Verglasungselemente dürfen dann keinesfalls ausgeliefert oder belastet werden. Die nun erforderlichen Maßnahmen sollten grundsätzlich mit dem Klebstoffhersteller abgestimmt werden.

5.3.7 Kontrolle der Haftfestigkeit im Zugversuch

Alternativ zum Schäl-Haftversuch kann die Haftung auch an H-Proben überprüft werden. In diesem Versuch lässt sich zusätzlich die Zugfestigkeit der Verbindung bestimmen. Die H-Prüfkörper bestehen aus zwei kleinen parallelen Substratplatten die über eine 50 mm lange und eine 12 mm breite Klebefuge verbunden sind. Die Dicke der Klebefuge beträgt 12 mm. Auch in diesem Fall müssen die Prüfkörper die gleiche Materialkombinationen der tatsächliche Konstruktion widerspiegeln und auf gleiche Weise vorbereitet sein.

ETAG 002 Teil 1, Bild 7

Die Prüfkörper werden im Zugversuch bis zum Bruch getestet (Bild 5.6). In Abhängigkeit von den Herstellervorgaben und dem Material – zweikomponentige Silikone härten schneller aus als einkomponentige Silikone – kann der erste Versuch bereits nach einem bis drei Tagen erfolgen. Die Prüfkörper für die Bestimmung der mechanischen Festigkeit, die im Rahmen des Zulassungsverfahrens nach ETAG 002 gefordert werden, müssen allerdings grundsätzlich 28 Tage aushärten, bevor sie getestet werden.

ETAG 002 Teil 1, 5.1.4

Bild 5.6
Zugversuch an einem H-Prüfkörper

Die im Zugversuch ermittelte Bruchfestigkeit muss über dem vom Hersteller vorgegebenen Mindestwert liegen. Das Bruchbild muss vollständig kohäsiv sein. Erst dann dürfen die Elemente transportiert oder belastet werden. Erreichen die Prüfergebnisse auch nach längerer Aushärtungsdauer nicht die Mindestwerte, so muss die Klebverbindung als nicht hinreichend tragfähig angesehen werden. Gegebenenfalls müssen die zugehörigen Fugen ausgetauscht werden.

6   Berechnungstafeln

6.1   Allgemeines

Im Konstruktiven Glasbau werden für Verglasungen überwiegend rechteckige, allseitig linienförmig gelagerte Gläser eingebaut. Aufgrund der begrenzten Anzahl von möglichen Lastfällen ist es für diese Verglasungen nicht immer erforderlich, numerische Berechnungen durchzuführen. Die folgenden Berechnungstafeln ermöglichen daher eine analytische Berechnung für die am häufigsten auftretenden Situationen im Glasbau.

Das Berechnungsverfahren wurde für den isotropen Werkstoff Glas mit dem Ansatz der linearen Plattentheorie nach Kirchhoff unter Verwendung einer Querdehnzahl von 0,23 erstellt. Die Bemessungstafeln gelten für allseitig gelagerte, rechteckige Verglasungen mit einer frei verschieblichen und gelenkigen Auflagerung.

Berechnungsverfahren aus [Weller 2006]

Eine Berechnung nach der linearen Plattentheorie ist für die meisten Anwendungen im Glasbau ausreichend. Die Ergebnisse liegen auf der sicheren Seite. Eine geometrisch nichtlineare Betrachtung unter Berücksichtigung des Membrantragverhaltens ist zweckmäßig, wenn die vorhandene Durchbiegung die Plattendicke überschreitet. Diese Berechnungen werden üblicherweise numerisch mit der Finite-Elemente-Methode durchgeführt und können wirtschaftlichere Ergebnisse liefern.

Nichtsdestotrotz kann für geometrisch nichtlineare Berechnung auf Berechnungsverfahren mit tabellierten Faktoren zurückgegriffen werden. Diese beschränken sich allerdings einzig auf den Anwendungsfall für vollflächige Belastungen. Linien- oder Blocklasten sind nicht derart aufbereitet.

6.2 Berechnungstafeln allseitig linienförmig gelagerter Verglasungen unter Flächenlast

Die Tafeln der Bilder 6.1 und 6.2 werden für die Berechnung der Biegemomente und Verformungen an Vertikal- und Horizontalverglasungen mit flächigen Beanspruchungen, wie etwa aus Eigenlast, Nutzlast oder Klimalast, verwendet.

In Abhängigkeit vom Seitenverhältnis a und b können die Beiwerte η_x und η_y für die Berechnung der zugehörigen Biegemomente m_x und m_y in Plattenmitte abgelesen werden. Die Berechnung erfolgt mit den Formeln:

$$m_x = \eta_x \cdot a \cdot b \cdot q$$

$$m_y = \eta_y \cdot a \cdot b \cdot q$$

Die Berechnung der Verformung erfolgt analog. Aus dem Seitenverhältnis a und b wird der Beiwert η_f ermittelt und die Verformung mit folgender Formel

$$f = \eta_f \cdot \frac{a^2 \cdot b^2}{K} \cdot q$$

unter Berücksichtigung der Plattensteifigkeit

$$K = \frac{E \cdot d^3}{12 \cdot (1 - \mu^2)} = 6159\,\text{N/mm}^2 \cdot d^3$$

berechnet.

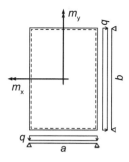

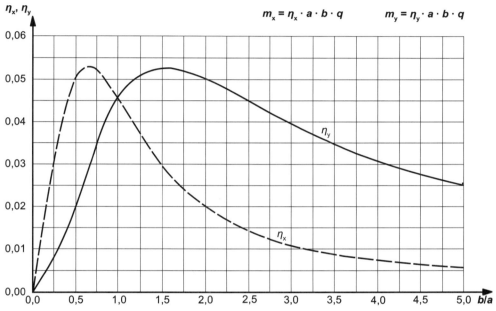

$$m_x = \eta_x \cdot a \cdot b \cdot q \qquad m_y = \eta_y \cdot a \cdot b \cdot q$$

Bild 6.1
Beiwerte η_x und η_y für allseitig linienförmig gelagerte Verglasungen unter Flächenlast

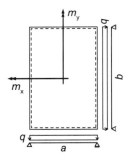

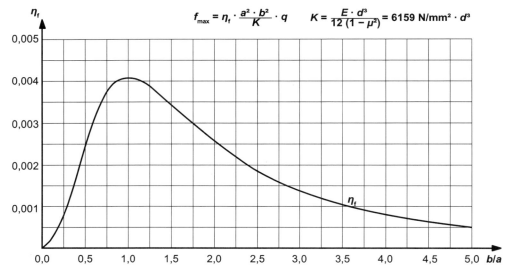

$$f_{max} = \eta_f \cdot \frac{a^2 \cdot b^2}{K} \cdot q \qquad K = \frac{E \cdot d^3}{12\,(1 - \mu^2)} = 6159 \text{ N/mm}^2 \cdot d^3$$

Bild 6.2
Beiwerte η_f und K für
allseitig linienförmig
gelagerte Verglasungen
unter Flächenlast

6.3 Berechnungstafeln allseitig linienförmig gelagerter Verglasungen unter Linienlast

Linienförmige Einwirkungen auf rechteckige, allseits linienförmig gelagerte Verglasungen resultieren in der Regel aus horizontalen Nutzlasten in Holmhöhe. Zur Berechnung der Biegemomente und Verformungen werden die Tafeln in den Bildern 6.3 bis 6.5 verwendet.

DIN EN 1991-1-1/NA, 6.4

In Abhängigkeit der Seitenlängen a und b und vom Verhältnis der Höhe des Lastangriffs e_x zur Glastafelhöhe b können die Beiwerte η_x und η_y für die Berechnung der zugehörigen Biegemomente m_x und m_y abgelesen werden. Es ist zu beachten, dass die maximalen Biegemomente und Verformungen nicht zwangsläufig in Plattenmitte liegen. Die Berechnung erfolgt mit den Formeln:

$$m_x = \eta_x \cdot b \cdot q$$

$$m_y = \eta_y \cdot b \cdot q$$

Die Berechnung der Verformung erfolgt analog. Aus den Seitenlängen a und b und dem Verhältnis von der Höhe des Lastangriffs e_x zur Glastafelhöhe b wird der Beiwert η_f ermittelt. Die Berechnung der maximalen Verformung erfolgt mit der Formel

$$f = \eta_f \cdot \frac{b^3}{1000 \cdot K} \cdot q$$

unter Berücksichtigung der Plattensteifigkeit

$$K = \frac{E \cdot d^3}{12 \cdot (1 - \mu^2)} = 6159 \, \text{N/mm}^2 \cdot d^3 \, .$$

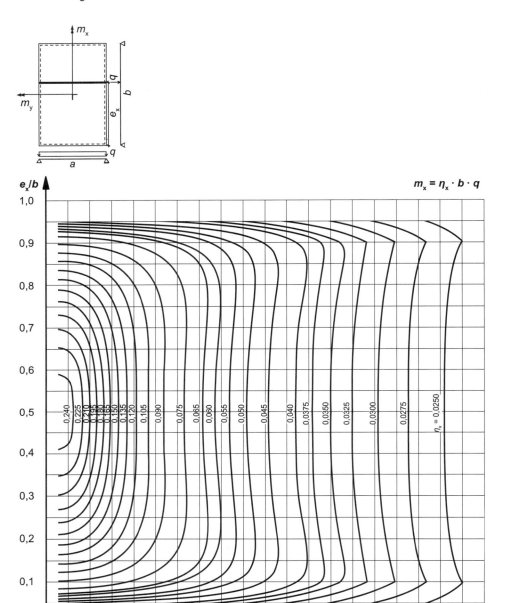

Bild 6.3
Beiwert η_x für allseitig
linienförmig gelagerte
Verglasungen unter
Linienlast

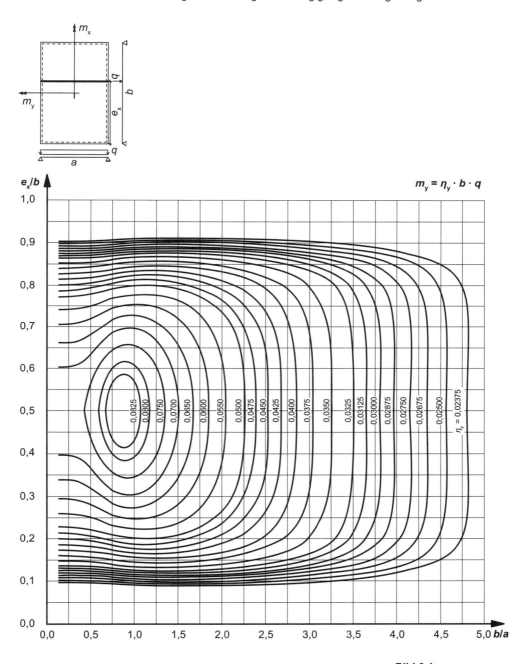

Bild 6.4
Beiwert η_y für allseitig
linienförmig gelagerte
Verglasungen unter
Linienlast

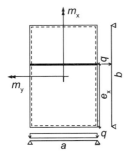

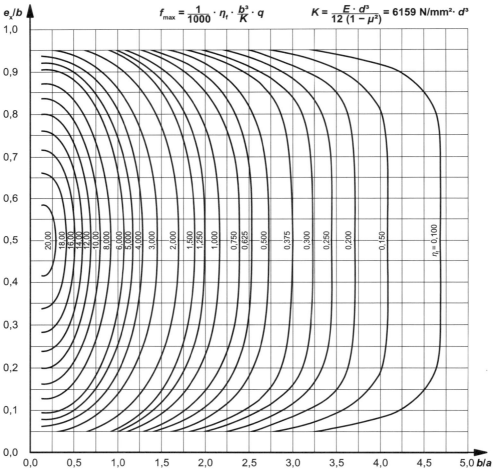

$$f_{max} = \frac{1}{1000} \cdot \eta_f \cdot \frac{b^3}{K} \cdot q \qquad K = \frac{E \cdot d^3}{12(1 - \mu^2)} = 6159\ N/mm^2 \cdot d^3$$

Bild 6.5

Beiwerte η_f und K für allseitig linienförmig gelagerte Verglasungen unter Linienlast

6.4 Berechnungstafeln allseitig linienförmig gelagerter Verglasungen unter Blocklast 50 x 50 mm

Die Berechnung von begehbaren und von für Wartungs- und Reinigungszwecke bedingt betretbaren Verglasungen erfordert die Berücksichtigung der Einwirkung einer Personenersatzlast.

DIN EN 1991-1-1/NA, 6.3, DIN 4426, 5.1.2, DIN 18008-5, 6.1.3

Die Personenersatzlast ist in ungünstigster Laststellung und mit einer Aufstandsfläche von 50 mm x 50 mm anzusetzen. Für die Einwirkung Personenersatzlast Q in Feldmitte können die Biegemomente und die Verformung anhand der Tafeln in den Bildern 6.6 bis 6.8 ermittelt werden.

In Abhängigkeit der Seitenlängen a und b können die Beiwerte η_x und η_y für die Berechnung der zugehörigen Biegemomente m_x und m_y abgelesen werden. Die Berechnung erfolgt mit den Formeln:

$$m_x = \eta_x \cdot Q$$

$$m_y = \eta_y \cdot Q$$

Zur Berechnung der Verformung wird anhand der Seitenlängen a und b der Beiwert η_f ermittelt. Die Berechnung der Verformung erfolgt mit der Formel

$$f = \eta_f \cdot \frac{a^2 \cdot b^2}{25\,000 \cdot K} \cdot q$$

unter Berücksichtigung der auf eine Fläche von 0,01 m^2 verteilten Punktlast

$$q = \frac{Q}{2500\ \text{mm}^2}$$

und der Plattensteifigkeit

$$K = \frac{E \cdot d^3}{12 \cdot (1 - \mu^2)} = 6159\ \text{N/mm}^2 \cdot d^3 \, .$$

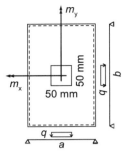

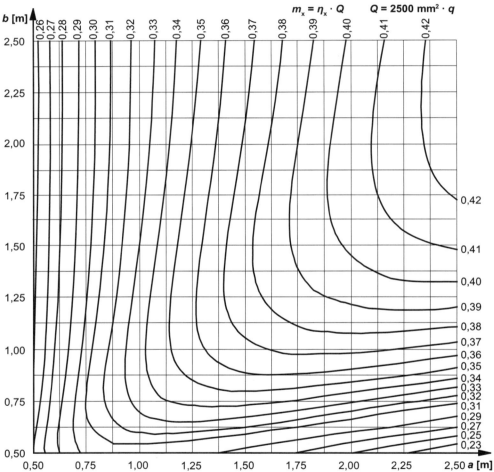

Bild 6.6
Beiwert η_x für allseitig
linienförmig gelagerte
Verglasungen unter
Personenersatzlast

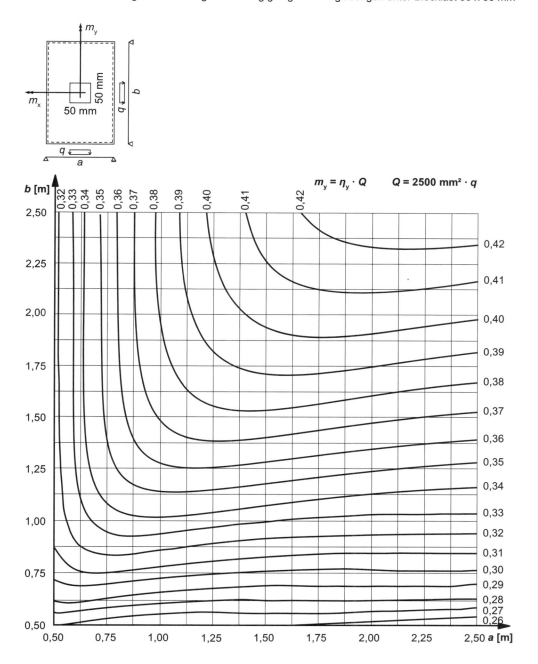

Bild 6.7
Beiwert η_y für allseitig linienförmig gelagerte Verglasungen unter Personenersatzlast

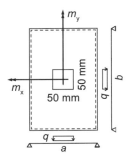

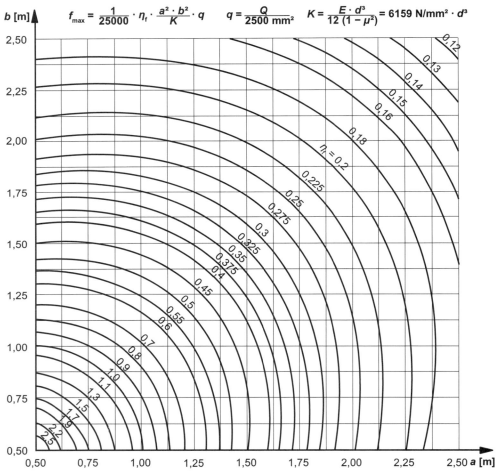

$$f_{max} = \frac{1}{25000} \cdot \eta_f \cdot \frac{a^2 \cdot b^2}{K} \cdot q \qquad q = \frac{Q}{2500 \text{ mm}^2} \qquad K = \frac{E \cdot d^3}{12(1-\mu^2)} = 6159 \text{ N/mm}^2 \cdot d^3$$

Bild 6.8
Beiwerte η_f und K für allseitig linienförmig gelagerte Verglasungen unter Personenersatz-last

6.5 Berechnungstafeln allseitig linienförmig gelagerter Verglasungen unter Blocklast 100 x 100 mm

Die Berechnung von begehbaren und von für Wartungs- und Reinigungszwecke bedingt betretbaren Verglasungen erfordert die Berücksichtigung der Einwirkung einer Personenersatzlast.

DIN EN 1991-1-1/NA, 6.3, DIN 4426, 5.1.2, DIN 18008-5, 6.1.3

Die Personenersatzlast ist in ungünstigster Laststellung und mit einer Aufstandsfläche von 100 mm x 100 mm anzusetzen. Für die Einwirkung Personenersatzlast Q in Feldmitte können die Biegemomente und die Verformung anhand der Tafeln in den Bildern 6.9 bis 6.11 ermittelt werden.

In Abhängigkeit der Seitenlängen a und b können die Beiwerte η_x und η_y für die Berechnung der zugehörigen Biegemomente m_x und m_y abgelesen werden. Die Berechnung erfolgt mit den Formeln:

$$m_x = \eta_x \cdot Q$$

$$m_y = \eta_y \cdot Q$$

Zur Berechnung der Verformung wird anhand der Seitenlängen a und b der Beiwert η_f ermittelt. Die Berechnung der Verformung erfolgt mit der Formel

$$f = \eta_f \cdot \frac{a^2 \cdot b^2}{25\,000 \cdot K} \cdot q$$

unter Berücksichtigung der auf eine Fläche von 0,01 m^2 verteilten Punktlast

$$q = \frac{Q}{10\,000 \text{ mm}^2}$$

und der Plattensteifigkeit

$$K = \frac{E \cdot d^3}{12 \cdot (1 - \mu^2)} = 6159 \text{ N/mm}^2 \cdot d^3.$$

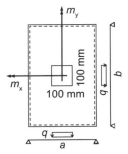

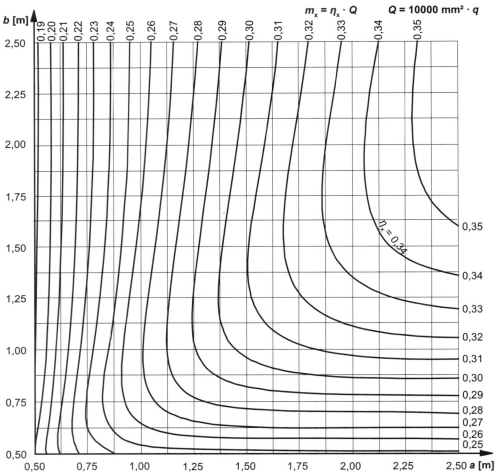

Bild 6.9
Beiwert η_x für allseitig linienförmig gelagerte Verglasung unter Personenersatzlast

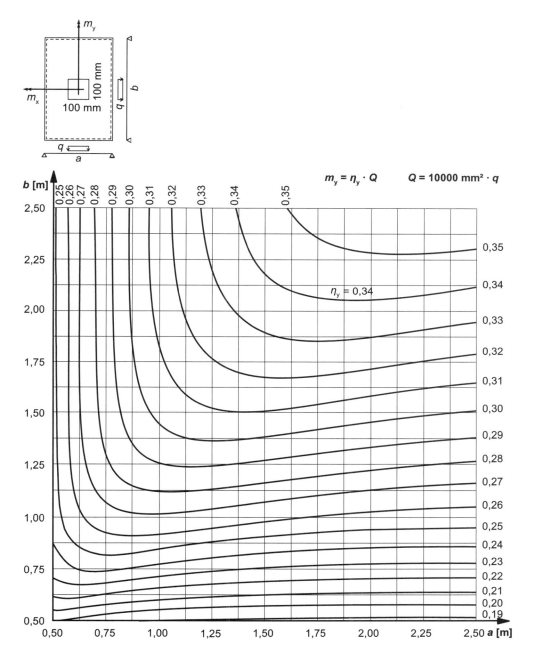

Bild 6.10
Beiwert η_y für allseitig linienförmig gelagerte Verglasung unter Personenersatzlast

215

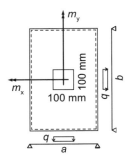

$$f_{max} = \frac{1}{25000} \cdot \eta_f \cdot \frac{a^2 \cdot b^2}{K} \cdot q \qquad q = \frac{Q}{10000 \ mm^2} \qquad K = \frac{E \cdot d^3}{12 \, (1 - \mu^2)} = 6159 \ N/mm^2 \cdot d^3$$

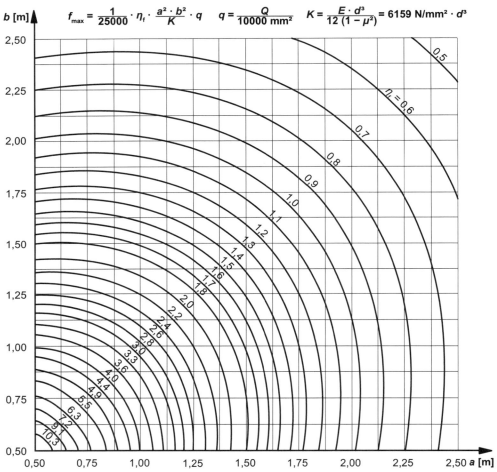

Bild 6.11

Beiwerte η_f und K für allseitig linienförmig gelagerte Verglasung unter Personenersatzlast

216

6.6 Nichtlineare Berechnung allseitig linienförmig gelagerter Verglasungen unter Flächenlast

Bei Verformungen der Glasscheiben um mehr als die Glasdicke können geometrisch nichtlineare Berechnungsverfahren zur Optimierung des Eigengewichts und daraus der gesamten Konstruktion zweckmäßig werden. Geometrisch nichtlineares Verhalten der plattenförmigen, allseitig gestützten Bauteile liegt physikalisch immer vor, ob es in Ansatz gebracht wird oder nicht.

In Abhängigkeit des Seitenlängenverhältnisses $\lambda = a \,/\, b$ mit a als kürzerer Seite der normierten Belastung p^* können die Beiwerte k_i für die Berechnung der zugehörigen Spannungen σ_{max}, σ_{ef} und w_{max} abgelesen werden. Die Berechnung erfolgt mit den Formeln:

Das Verfahren ist im Entwurf zur europäischen Norm prEN 13474-2 enthalten. Es gilt für Poissonzahlen $\nu = 0{,}20 - 0{,}24$.

$$\sigma_{max} = k_1 \cdot \frac{a^2}{h^2} \cdot q_d$$

$$\sigma_{ef} = k_2 \cdot \frac{a^2}{h^2} \cdot q_d$$

$$w_{max} = k_4 \cdot \frac{a^4}{h^4} \cdot \frac{q_d}{E}$$

Die normierte Belastung p^* ergibt sich zu:

$$p^* = \frac{a^4}{h^4} \cdot \frac{q_d}{E} \,.$$

Es sei angemerkt, dass geometrisch nichtlineare Berechnung nach diesem Verfahren in manchen Fällen mit der FEM nicht nachgerechnet werden können. Meistens findet die Software dann keine Konvergenz.

Für andere Scheibengeometrien und Lagerungsverhältnisse sind die Angaben dann direkt der prEN zu entnehmen. Die Anmerkungen sind zu beachten.

a/b	p*									
	0	5	10	20	30	50	100	200	300	500
1,0	0,272	0,271	0,268	0,258	0,245	0,227	0,207	0,188	0,178	0,165
0,9	0,323	0,320	0,314	0,293	0,269	0,243	0,222	0,203	0,193	0,180
0,8	0,383	0,378	0,365	0,329	0,294	0,262	0,240	0,221	0,210	0,198
0,7	0,451	0,442	0,421	0,368	0,322	0,282	0,261	0,241	0,230	0,217
0,6	0,526	0,514	0,485	0,417	0,362	0,305	0,284	0,263	0,252	0,239
0,5	0,603	0,590	0,560	0,485	0,424	0,342	0,309	0,289	0,277	0,264
0,4	0,673	0,665	0,643	0,580	0,519	0,429	0,337	0,317	0,306	0,292
0,3	0,725	0,722	0,714	0,687	0,650	0,575	0,444	0,349	0,337	0,323
0,2	0,748	0,747	0,746	0,744	0,739	0,724	0,671	0,561	0,481	0,384
0,1	0,750	0,750	0,750	0,750	0,750	0,750	0,750	0,748	0,746	0,739
0,0	0,750	0,750	0,750	0,750	0,750	0,750	0,750	0,750	0,750	0,750

Tabelle 6.1
Beiwert k_1 für allseitig linienförmig gelagerte Verglasungen unter Flächenlast

a/b	p*									
	0	5	10	20	30	50	100	200	300	500
1,0	0,251	0,250	0,246	0,235	0,221	0,193	0,164	0,146	0,137	0,126
0,9	0,288	0,285	0,279	0,259	0,237	0,201	0,174	0,156	0,147	0,135
0,8	0,338	0,334	0,323	0,292	0,261	0,216	0,186	0,168	0,159	0,147
0,7	0,398	0,392	0,375	0,330	0,291	0,237	0,202	0,183	0,173	0,161
0,6	0,463	0,454	0,432	0,377	0,330	0,267	0,220	0,201	0,191	0,179
0,5	0,527	0,518	0,495	0,436	0,383	0,312	0,241	0,222	0,212	0,199
0,4	0,588	0,581	0,564	0,512	0,461	0,383	0,281	0,247	0,236	0,223
0,3	0,639	0,637	0,629	0,602	0,568	0,500	0,384	0,278	0,265	0,251
0,2	0,678	0,677	0,676	0,672	0,665	0,644	0,577	0,463	0,390	0,308
0,1	0,699	0,699	0,699	0,699	0,699	0,698	0,697	0,692	0,683	0,660
0,0	0,699	0,699	0,699	0,699	0,699	0,698	0,698	0,698	0,698	0,698

Tabelle 6.2
Beiwert k_2 für allseitig linienförmig gelagerte Verglasungen unter Flächenlast

a/b	p*									
	0	5	10	20	30	50	100	200	300	500
1,0	0,046	0,046	0,045	0,041	0,038	0,032	0,024	0,017	0,014	0,011
0,9	0,056	0,056	0,054	0,049	0,044	0,036	0,027	0,019	0,015	0,012
0,8	0,068	0,067	0,065	0,057	0,051	0,041	0,030	0,021	0,018	0,014
0,7	0,083	0,081	0,077	0,068	0,059	0,048	0,035	0,025	0,020	0,016
0,6	0,099	0,097	0,092	0,081	0,071	0,057	0,041	0,029	0,024	0,019
0,5	0,115	0,113	0,109	0,097	0,086	0,070	0,051	0,036	0,030	0,023
0,4	0,131	0,129	0,126	0,116	0,105	0,088	0,065	0,046	0,038	0,030
0,3	0,147	0,142	0,140	0,135	0,128	0,114	0,088	0,064	0,053	0,041
0,2	0,147	0,147	0,147	0,146	0,145	0,140	0,126	0,101	0,085	0,067
0,1	0,148	0,148	0,148	0,148	0,148	0,148	0,147	0,146	0,143	0,136
0,0	0,148	0,148	0,148	0,148	0,148	0,148	0,148	0,148	0,148	0,148

Tabelle 6.3
Beiwert k_4 für allseitig linienförmig gelagerte Verglasungen unter Flächenlast

6.7　Berechnung punktgestützter Verglasungen

In der DIN 18008-3 sind zwei Berechnungsverfahren von punktgestützten Verglasungen angegeben. Zum einen kann die Spannungsermittlung mit Hilfe eines verifizierten numerischen Detailmodells oder durch eine vereinfachte Berechnung mit Modifikationsfaktoren zur Berücksichtigung des Bohrlochs erfolgen. Die Randbedingungen beziehungsweise erforderlichen Modifikationsfaktoren sind im Folgenden aufgeführt.

DIN 18008-3, Anhang B

Verifizierung im Bohrungsbereich von Finite-Elemente-Modellen

Für die Berechnung der Spannungskonzentration am Bohrloch einer Einfeldplatte unter Belastung durch Randmomente existiert eine analytische Lösung. Mit Gleichung B.1 der DIN 18008-3 wird je nach gewählter Belastung M und der zugehörigen Geometrie eine Spannung berechnet. Die Erhöhung des Wertes wird mit einem Faktor $k = f(d;D;t)$ ermöglicht. Dieser ist ausschließlich von der Plattenbreite, dem Durchmesser und der Dicke des Glases abhängig.

Die ermittelte Lösung im numerischen Modell darf um maximal 5 % von diesem theoretischen Wert abweichen. Wird eine größere Abweichung berechnet, so muss das Finite-Elemente-Modell angepasst werden. Üblicherweise gelingt dies durch eine Verfeinerung der Vernetzung entlang des Bohrlochrandes.

Tabelle 6.4
Referenzlösungen für die Fälle 1 und 2 für die Verifizierung im Bohrungsbereich von Finite-Elemente-Modellen

DIN 18008-3, Tab. B.1

In Tabelle 6.4 (DIN 18008-3, Tabelle B.1) ist die analytische Auswertung bereits für zwei Fälle erfolgt.

Referenz-fälle	B mm	D mm	d mm	t mm	M kNm	$\sigma_{A,th}$ N/mm^2	$\sigma_{A,mod,min}$ N/mm^2	$\sigma_{A,mod,max}$ N/mm^2
Fall 1	600	300	10	10	0,11	49	46	52
Fall 2	600	150	30	10	0,06	49	46	52

B, D, d, t, M	gemäß Bild 1, DIN 18008-3, Anhang B
$\sigma_{A,th}$	Spannung am Lochrand aus theoretischer Lösung
$\sigma_{A,mod,min}$	Untere Grenze des Toleranzbereiches für Spannungen am Bohrlochrand im Modell
$\sigma_{A,mod,max}$	Obere Grenze des Toleranzbereiches für Spannungen am Bohrlochrand im Modell

Vereinfachtes Verfahren für den Nachweis der Tragfähigkeit und der Gebrauchstauglichkeit von punktgestützten Verglasungen

DIN 18008-3, Anhang C

Im vereinfachten Nachweisverfahren punktgestützter Verglasungen wird kein Bohrloch, sondern ein diskret gehaltener Knoten modelliert. Aus dort lokal resultierenden Auflagerkräften werden komponentenweise Spannungswerte ermittelt. Die zu deren Auswertung nötigen Hilfswerte sind in Tabelle 6.5 (DIN 18008-3, Tabelle C.2) und Tabelle 6.6 (DIN 18008-3, Tabelle C.3) für eine Referenzscheibe von 10 mm Dicke hinterlegt. In Abhängigkeit vom Größenverhältnis von Bohrloch und Teller ändert sich die Größe der Spannungskonzentration am Bohrlochrand, welche mit den dimensionslosen Spannungsfaktoren berechnet werden kann.

DIN 18008-3, Gleichungen C.2 bis C.4

Zusätzlich wird ein globaler Spannungsanteil im Bereich des Bohrloches ermittelt. Ein Bohrloch ist nur eine lokale Störung, die keine Veränderungen der Schnittgrößen in größerer Entfernung hervorruft. Man geht davon aus, dass in einem Abstand vom dreifachen des Bohrlochdurchmessers der störende Einfluss der Bohrung abgeklungen ist. Der Spannungsanstieg wird dabei durch einen Spannungskonzentrationsfaktor k nach Tabelle 6.7 (DIN 18008-3, Tabelle C.4) berücksichtigt. Mit dem Faktor wird die Spannung im Abstand $R = 3 \cdot d$ zum gehaltenen Knoten vergrößert.

DIN 18008-3, Gleichung C.5

Die zum Nachweis nötige Einwirkung E_d wird aus den lokalen Anteilen (Gleichungen C.2 bis C.4) und dem globalen Anteil (Gleichung C.5) bestimmt.

DIN 18008-3, Gleichung C.1

Die Lastverteilungsfaktoren δ für die Berechnung von VG oder VSG ergeben sich nach den Gleichungen in Tabelle 6.8 (DIN 18008-3, Tabelle C.5).

Bohrungs-durchmesser d [mm]	20			25			30			35		
Teller-durchmesser T [mm]	Spannungsfaktoren											
	b_{Fz}	b_{Fres}	b_M	b_{Fz}	b_{Fres}	b_M	b_{Fz}	b_{Fres}	b_M	b_{Fz}	b_{Fres}	b_M
50	6,69	1,59	12,27	11,81	1,96	19,87	-	-	-	-	-	-
55	6,35	1,59	11,00	11,31	1,96	18,01	17,80	2,34	26,87	-	-	-
60	6,03	1,59	9,70	10,84	1,96	16,01	17,19	2,34	24,17	25,05	2,71	34,17
65	5,73	1,59	8,47	10,40	1,97	14,03	16,58	2,34	21,24	24,30	2,71	30,32
70	5,50	1,59	7,25	9,98	1,97	12,16	16,01	2,34	18,50	23,59	2,71	26,56
75	5,23	1,59	6,24	9,66	1,97	10,37	15,47	2,34	16,02	22,84	2,71	22,79
80	4,94	1,59	5,35	9,28	1,97	8,90	15,06	2,34	13,56	22,17	2,71	19,54

Tabelle 6.5
Dimensionslose Span-
nungsfaktoren für eine
Referenzscheibendicke
t_{ref} = 10 mm

DIN 18008-3, Tab. C.2

Bohrungs-durchmesser d [mm]	40			45			50			55		
Teller-durchmesser T [mm]	Spannungsfaktoren											
	b_{Fz}	b_{Fres}	b_M	b_{Fz}	b_{Fres}	b_M	b_{Fz}	b_{Fres}	b_M	b_{Fz}	b_{Fres}	b_M
50	-	-	-	-	-	-	-	-	-	-	-	-
55	-	-	-	-	-	-	-	-	-	-	-	-
60	-	-	-	-	-	-	-	-	-	-	-	-
65	33,58	3,08	41,44	-	-	-	-	-	-	-	-	-
70	32,68	3,08	36,34	43,37	3,44	48,41	-	-	-	-	-	-
75	31,79	3,08	31,33	42,34	3,44	42,12	54,46	3,81	55,15	-	-	-
80	30,95	3,08	26,89	41,29	3,45	35,88	53,20	3,81	47,06	66,72	4,18	60,85

Tabelle 6.6
Dimensionslose Span-
nungsfaktoren für eine
Referenzscheibendicke
t_{ref} = 10 mm

DIN 18008-3, Tab. C.3

Bohrungsdurchmesser d [mm]	15	20	25	30	35	40
Glasdicke t [mm]	Spannungskonzentrationsfaktor					
6	1,6	1,6	1,6	1,6	1,5	1,5
8	1,6	1,6	1,6	1,6	1,6	1,6
10	1,6	1,6	1,6	1,6	1,6	1,6
12	1,7	1,7	1,7	1,7	1,6	1,6
15	1,9	1,8	1,7	1,7	1,7	1,7

Tabelle 6.7
Spannungskonzentrationsfaktoren k für zylindrische Bohrungen

DIN 18008-3, Tab. C.4

δ_z	δ_{Fres}	δ_M	δ_g
$\dfrac{t_i^3}{\sum\limits_{i=1}^{n} t_i^3}$	$\dfrac{t_i^3}{\sum\limits_{i=1}^{n} t_i^3}$	$\dfrac{t_i^3}{\sum\limits_{i=1}^{n} t_i^3}$	$\dfrac{t_i^3}{\sqrt[3]{\sum t_i^3}}$

Tabelle 6.8
Lastverteilungsfaktoren

DIN 18008-3, Tab. C.5

6.8 Verifikation der Pendelschlagsimulation

DIN 18008-4,
Anlage C.3

Für die Durchführung einer volldynamischen-transienten Simulationsberechnung ist das Rechenmodell an fünf in der Norm festgelegten Kurven zu verifizieren. Das Rechenmodell muss die Masse und Steifigkeit des Doppelreifen-Pendelkörpers zutreffend abbilden. Es ist nachzuweisen, dass mit dem Rechenmodell alle dargestellten Zeitverläufe (Bild 6.12 bis Bild 6.16) der Pendelbeschleunigung und der maximalen Hauptzugspannung innerhalb des dargestellten Toleranzbereiches erfasst werden.

Nach erfolgreicher Abbildung der Pendelbeschleunigung und Hauptzugspannungen können mit Hilfe des generierten numerischen Modells die Nachweisführungen an beliebigen, innerhalb des Anwendungsbereiches der Norm liegenden Verglasungsformaten durchgeführt werden.

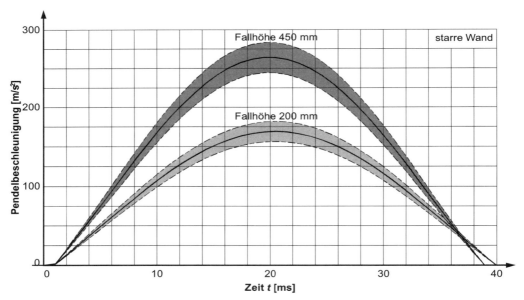

Bild 6.12
Beschleunigungs-
Zeitverlauf des Pendel-
körpers bei Stoß gegen
eine starre Wand nach
DIN 18008-4, Bild C.2

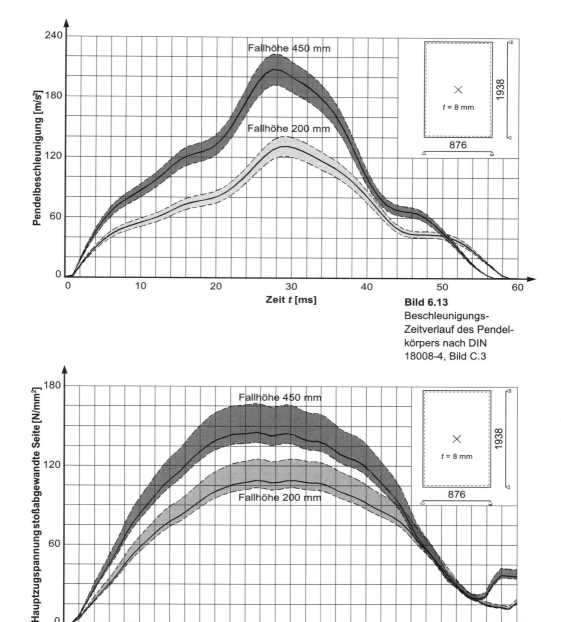

Bild 6.13
Beschleunigungs-Zeitverlauf des Pendel-körpers nach DIN 18008-4, Bild C.3

Bild 6.14
Hauptspannungs-Zeitverlauf in Platten-mitte nach DIN 18008-4, Bild C.4

225

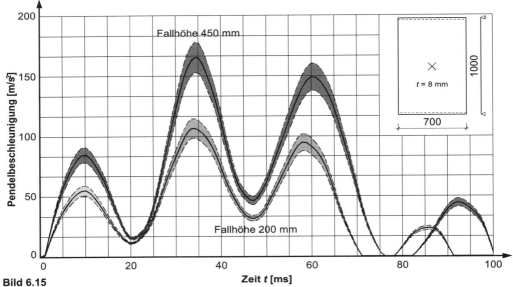

Bild 6.15
Beschleunigungs-Zeit-
verlauf des Pendelkör-
pers nach DIN 18008-4,
Bild C.5

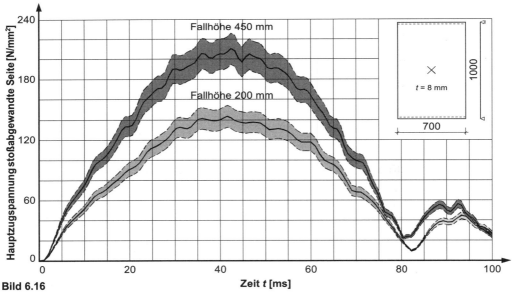

Bild 6.16
Hauptspannungs-
Zeitverlauf in Platten-
mitte nach DIN 18008-
4, Bild C.6

Verzeichnisse

Abkürzungen

ArbSchG	Gesetz über die Durchführung von Maßnahmen des Arbeitsschutzes zur Verbesserung der Sicherheit und des Gesundheitsschutzes der Beschäftigten bei der Arbeit – Arbeitsschutzgesetz
ArbStättV	Verordnung über Arbeitsstätten – Arbeitsstättenverordnung
abP	allgemeines bauaufsichtliches Prüfzeugnis
abZ	allgemeine bauaufsichtliche Zulassung
BRL	Bauregelliste
CR	Chloroprene – Neoprene
DIBt	Deutsches Institut für Bautechnik
EOTA	European Organisation for Technical Approvals
EPDM	Ethylen-Propylen-Dien-Kautschuk
ESG	Einscheiben-Sicherheitsglas
ESG-H	Heißgelagertes Einscheiben-Sicherheitsglas
ETA	European Technical Approval
ETAG	European Technical Approval Guideline
EVA	Ethylen-Vinylacetat
FEM	Finite-Elemente-Methode
FG	Floatglas
GZG	Grenzzustand der Gebrauchstauglichkeit
GZT	Grenzzustand der Tragfähigkeit
hEN	harmonisierte europäische Normen
KG	Geschnittene Kante
KGN	Geschliffene Kante
KGS	Gesäumte Kante
KMG	Maßgeschliffene Kante
KPO	Polierte Kante
LBO	Landesbauordnung
LF	Lastfall
LK	Lastfallkombination
LTB	Liste der Technischen Baubestimmungen
MBO	Musterbauordnung
MIG	Mehrscheiben-Isolierglas
MLTB	Musterliste der technischen Baubestimmungen
PA	Polyamid
PE	Polyethylen
PEEK	Polyetheretherketon
POM	Polyoxymethylen
PP	Polypropylen
PSU	Polysulfon
PÜZ	Prüf-, Überwachungs- und Zertifizierungsstelle
PVB	Polyvinyl-Butyral
SG	SentryGlas
SPG	Spiegelglas
SSG	Structural-Sealant-Glazing
SZR	Scheibenzwischenraum
TPU	Thermoplastisches Polyurethan
TRAV	Technische Regeln für die Verwendung von absturzsichernden Verglasungen

TRLV	Technische Regeln für die Verwendung von linienförmig gelagerten Verglasungen
TRPV	Technische Regeln für die Bemessung und Ausführung von punktförmig gelagerten Verglasungen
TVG	Teilvorgespanntes Glas
TWB	Temperaturwechselbeständigkeit
Ü-Zeichen	Übereinstimmungszeichen
VG	Verbundglas
VSG	Verbund-Sicherheitsglas
ZiE	Zustimmung im Einzelfall

Literatur

[Aben 1993] Aben, H.; Guillemet, C.: Photoelasticity of glass. Berlin, Heidelberg: Springer-Verlag, 1993.

[Bartenew 1966] Bartenew, G. M.; Sidorow, A. B.: Statistische Theorie der Festigkeit von Glasfasern: In: Silikattechnik 17 (1966), Heft 1, Seite 2-5.

[Beyer 2007] Beyer, J.: Ein Beitrag zum Bemessungskonzept für punktgestützte Glastafeln. Bericht Nr. 35 – Technische Universität Darmstadt, Statik und Dynamik, 2007.

[Blank 1979-1] Blank, K.: Thermisch vorgespanntes Glas 1. In: Glastechnische Berichte 52 (1979), Heft 1, Seite 1-13.

[Blank 1979-2] Blank, K.: Thermisch vorgespanntes Glas 2. In: Glastechnische Berichte 52 (1979), Heft 2, Seite 51-54.

[BRL 2012] Bauregelliste A, Bauregelliste B und Liste C. Ausgabe 2012/1. DIBt Mitteilungen. Berlin: Ernst & Sohn, 2012.

[Bucak 2009] Bucak, Ö.: AiF Abschlussbericht Tragverhalten von gebogenen Glasscheiben im Bauwesen. FH München, 2009.

[Demischew 1966] Demischew, G. K.; Bartenew, G. M.: Berechnung der theoretischen Festigkeit von Silikatglas: In: Silikattechnik 17 (1966), Heft 11, Seite 344-348.

[DIBt 3/2004] Schneider, H.; Schneider, J.; Reidt, A.: Erläuterungen zu den „Technischen Regeln für die Verwendung von absturzsichernden Verglasungen (TRAV), Fassung Januar 2003". In: DIBt Mitteilungen 3/2004. Berlin: Ernst & Sohn, 2004.

[DIBt 6/2004] Brendler, S.; Schneider, S.: Bemessung von punktgelagerten Verglasungen mit verifizierten Finite-Elemente-Modellen. In: DIBt Mitteilungen 6/2004. Berlin: Ernst & Sohn, 2004.

[DIBt 1/2010] Anforderungen an begehbare Verglasungen, Empfehlungen für das Zustimmungsverfahren. In: DIBt Mitteilungen 1/2010. Berlin: Ernst & Sohn, 2010.

[DIBT 8/2010] Verzeichnis der Prüf-, Überwachungs- und Zertifizierungsstellen nach den Landesbauordnungen. In: DIBt Mitteilungen Sonderheft Nr. 40, 8/2010. Berlin: Ernst & Sohn, 2010.

[Domininghaus 2005] Domininghaus, H.: Die Kunststoffe und ihre Eigenschaften. Heidelberg: Springer, 2005.

[Dow Corning 2011] Structural Glazing Handbuch. Dow Corning Cooperation 2011.

[Ehrenstein 2011] Ehrenstein, G. W.: Polymer Werkstoffe – Struktur, Eigenschaften, Anwendung. 3. Auflage. München: Carl Hanser, 2011.

[Feldmann 2012] Feldmann, M.; Kasper, R.; Langosch, K.: Glas für tragende Bauteile. Köln: Werner Verlag, 2012.

[Feldmeier 2006] Feldmeier, F.: Klimabelastung und Lastverteilung bei Mehrscheiben-Isolierglas. In: Stahlbau 75 (2006), Heft 6. Berlin: Ernst & Sohn, Seite 467-478.

[Feldmeier 2010] Feldmeier, F.: Bemessung von Dreifach-Isolierglas. In: Weller, B.; Tasche, S. (Hrsg.): glasbau2010; Facade Engineering. Tagungsband. Dresden: Institut für Baukonstruktion der Technischen Universität Dresden, 2010, Seite 93-109.

[Föppl 1972] Föppl, L.; Mönch, E.: Praktische Spannungsoptik. 3. Auflage. Berlin, Heidelberg, New York: Springer, 1972.

[Goris 2012] Goris, A. (Hrsg.): Bautabellen für Ingenieure – mit Berechnungshinweisen und Beispielen. Köln: Werner, 20. Auflage 2012.

[Govindjee 1991] Govindjee, S.; Simo, J.: A micro-mechanical based continuum damage model for carbon black filled rubbers incorporating Mullins' effect. In: Journal of the Mechanics and Physics of Solids, Volume 39 (1991), Seite 87-112.

[Gross 2011] Gross, D.; Hauger, W.; Schnell, W.; Wriggers, P.: Technische Mechanik 4: Hydromechanik, Elemente der Höheren Mechanik, Numerische Methoden. 8. Auflage. Berlin: Springer Verlag, 2011.

[Habenicht 2012] Habenicht, G.: Kleben – erfolgreich und fehlerfrei: Handwerk, Praktiker, Ausbildung, Industrie. 6. überarbeitete und erweiterte Auflage. Wiesbaden: Vieweg + Teubner, 2012.

[Haldimann 2008] Haldimann, M.; Luible, A.; Overend, M.: Structural Use of Glass. Structural Engineering Documents 10. International Association for Bridge and Structural Engineering. Zürich, 2008.

[Hess 2000] Hess, R.: Glasträger. HBT Bericht Nr. 20. Institut für Hochbautechnik ETH. Zürich, 2000.

[Hoegner 2010] DIN 18008 – Glas im Bauwesen. Bemessungs- und Konstruktionsregeln. In: Weller, B.; Tasche, S. (Hrsg.): glasbau2010; Facade Engineering. Tagungsband. Dresden: Institut für Baukonstruktion der Technischen Universität Dresden, 2010, Seite 71-92.

[Holberndt 2006] Holberndt, T.: Entwicklung eines Bemessungskonzeptes für den Nachweis von stabilitätsgefährdeten Glasträgern unter Biegebeanspruchung. Berlin: Dissertation, 2006.

[Interpane 2011] Gestalten mit Glas. 8. Auflage. Lauenförde: 2011.

[IStructE 1999] Structural use of glass in buildings. The Institution of Structural Engineers. London, 1999.

[Kerkhof 1970] Kerkhof, F.: Bruchvorgänge in Gläsern. Frankfurt: Verlag der deutschen glastechnischen Gesellschaft, 1970.

[Kerkhof 1981] Kerkhof, F.; Richter, H.; Stahn, D.: Festigkeit von Glas – zur Abhängigkeit von Belastungsdauer und -verlauf. In: Glastechnische Berichte 54 (1981), Heft 8, Seite 265-277.

[Kothe 2012] Kothe, M.: Alterungsverhalten von polymeren Zwischenschichtmaterialien im Bauwesen. Dissertation (Manuskript). Technische Universität Dresden, 2012.

[Laufs 2000] Laufs, W.: Ein Bemessungskonzept zur Festigkeit thermisch vorgespannter Gläser. Aachen: Shaker, 2000.

[Louter 2011] Louter, C.: Fragile yet Ductile – Structural Aspects of Reinforced Glass Beams. Dissertation, TU Delft 2011.

[Petzold 1990] Petzold, A.; Marusch, H.; Schramm, B.: Der Baustoff Glas. Berlin: Verlag für Bauwesen, 1990.

[Reidt 2004] Reidt, A.: Allgemeine bauaufsichtliche Zulassungen im Glasbau. In: Weller, B. (Hrsg.): glasbau2004; Lastabtragendes Kleben im Konstruktiven Glasbau. Tagungsband. Dresden: Institut für Baukonstruktion der Technischen Universität Dresden, 2004, Seite 7-18.

[Reidt 2005] Reidt, A.: Europäische Technische Zulassungen – Baurechtliche Grundlagen, Beispielbetrachtung „geklebte Glaskonstruktionen“. In: Weller, B. (Hrsg.): glasbau2005; Architektur und Tragwerk. Tagungsband. Dresden: Institut für Baukonstruktion der Technischen Universität Dresden, 2005, Seite 5-22.

[Reidt 2006] Reidt, A.: CE-Kennzeichnung – Neue harmonisierte europäische Produktnormen für Bauprodukte aus Glas und ihre Anwendung in Deutschland. In: Weller, B.; Prautzsch, V. (Hrsg.): glasbau2006; Glas und Energie. Tagungsband. Dresden: Institut für Baukonstruktion der Technischen Universität Dresden, 2006, Seite 25-39.

[Saint Gobain 2006] Saint Gobain: Memento Glashandbuch, 2006.

[SCALP] Scattered Light Polariscope, Instruction Manual Version 4.1.0.0, Herausgeber GlasStress, Tallin, Estland.

[Schneider 2001] Schneider, J.: Festigkeit und Bemessung punktgelagerter Gläser und stoßbeanspruchter Gläser. Darmstadt: Dissertation, 2001.

[Schneider 2011] Schneider, J.; Burmeister, A.; Schula, S.: Zwei Verfahren zum rechnerischen Nachweis der dynamischen Beanspruchung von Verglasungen durch weichen Stoß. Teil 1: Numerische, transiente Simulationsberechnung und vereinfachtes Verfahren mit statischen Ersatzlasten. In: Stahlbau Spezial (2011) – Konstruktiver Glasbau. Berlin: Ernst & Sohn, Seite 81-87.

[Scholze 1988] Scholze, H.: Glas, Natur, Struktur und Eigenschaften. 3. Auflage. Berlin, Heidelberg: Springer, 1988.

[Sedlacek 1999] Sedlacek, G.; Blank, K.; Laufs, W.; Güsgen, J.: Glas im konstruktiven Ingenieurbau. Berlin: Ernst & Sohn, 1999.

[Shen 1997] Shen, X.: Entwicklung eines Bemessungs- und Sicherheitskonzepts für den Glasbau. Düsseldorf: VDI Verlag, 1997.

[Siebert 2001] Siebert, G.: Entwurf und Bemessung von tragenden Bauteilen aus Glas. Berlin: Ernst & Sohn, 2001.

[Sika 2011] Allgemeine Richtlinie – Structural Glazing mit Sikasil® Siliconklebstoffen. Version 2 (07/2011). Sika Deutschland GmbH.

[Trosifol 2012] Manual Trosifol – Produkthandbuch. Kuraray (Hrsg.). Troisdorf: 2012.

[Wagner 2008] Wagner, E.: Glasschäden. 3. überarbeitete und erweiterte Auflage. Schorndorf: Verlag Karl Hofmann, 2002.

[Weller 2006] Weller, B.; Reich, S.; Wünsch, J.: Berechnungstafeln für den Konstruktiven Glasbau. In: Stahlbau 75 (2006). Heft 6. Berlin: Ernst & Sohn, Seite 479-487.

[Weller 2007] Weller, B.; Reich, S.: ESG-H auf den Punkt gebracht. Einbauüberwachung punktförmig gestützter, hinterlüfteter Fassaden aus ESG-H. In: GFF (2007), Heft 12. Bad Wörishofen: Holzmann, Seite 28-29.

[Weller 2008] Weller, B.; Härth, K.; Tasche, S.; Unnewehr, S.: DETAIL Praxis Konstruktiver Glasbau. Grundlagen, Anwendung, Beispiele. München: Institut für internationale Architekturdokumentation, 2008.

[Weller 2009a] Weller, B.; Härth, K.; Werner, F.; Hildebrand, J.: Hybridbauteile im Konstruktiven Glasbau. In: Stahlbau Spezial (2009) – Konstruktiver Glasbau. Berlin: Ernst & Sohn, Seite 29-35.

[Weller 2009b] Weller, B.; Reich, S.: Materialien zur Lasteinleitung in die Glaskante. In: GFF (2009), Heft 10. Bad Wörishofen: Holzmann, Seite 28-29.

[Weller 2010] Weller, B.; Wünsch, J.; Kothe, M.: Werkstoffeigenschaften neuer Zwischenschichtmaterialien. Forschungsbericht Fachverband Konstruktiver Glasbau (FKG). Dresden, 2010.

[Weller 2011a] Weller, B.; Kothe, M.; Nicklisch, N.; Schadow, T.; Tasche, S.; Vogt, I.; Wünsch, J.: Kleben im konstruktiven Glasbau. In: Stahlbau Kalender 2011. Berlin: Ernst & Sohn, Seite 585-646.

[Weller 2011b] Weller, B.; Reich, S.; Krampe, P.: Zwei Verfahren zum rechnerischen Nachweis der dynamischen Beanspruchung von Verglasungen durch weichen Stoß. Teil 2: Numerische Vergleichsberechnungen und experimentelle Verifikation. In: Stahlbau Spezial (2011) – Konstruktiver Glasbau. Berlin: Ernst & Sohn, Seite 88-92.

[Wiederhorn 1967] Wiederhorn, S. M.: Influence of Water Vapour on Crack Propagation in Soda-Lime Glass. In: J Amer. Ceram. Soc. 50 (1967), Heft 8, Seite 407-414.

[Wiederhorn 1974] Wiederhorn, S. M.: Subcritical Crack Growth in Ceramics. In: Bradt, R. C. (Ed): Fracture Mechanics of Ceramics. New York, London: Plenum Press, 1974-1986, Seite 613-646.

[Wörner 2001] Wörner, J.-D.; Schneider, J.; Fink, A.: Glasbau, Grundlagen: Berechnung, Konstruktion. Berlin, Heidelberg: Springer, 2001.

[Wolf 1976] Wolf, H.: Spannungsoptik. 2. Auflage. Berlin, Göttingen, Heidelberg: Springer, 1976.

[Zachariasen 1932] Zachariasen, W. H.: The Atomic Arrangement in Glass. In: J Amer. Chem. Soc. 54 (1932), Heft 10, Seite 3841-3851.

[Zachariasen 1933] Zachariasen, W. H.: Die Struktur der Gläser. In: Glastechnische Berichte 11 (1933), Heft 4, Seite 120-123.

Normen und Regelwerke

Nationale Normen

Die mittlerweile zurückgezogene Norm DIN 1055 ist wegen des Bezugs in den Technischen Regeln TRxV aufgeführt.

Norm	Teil	Ausgabe	Titel
DIN 1055			Einwirkungen auf Tragwerke
zurückgezogen	-1	2002-06	Wichten und Flächenlasten von Baustoffen, Bauteilen und Lagerstoffen
	-3	2006-03	Eigen- und Nutzlasten für Hochbauten
	-4	2005-03	Windlasten
	-5	2005-07	Schnee- und Eislasten
	-100	2001-03	Grundlagen der Tragwerksplanung – Sicherheitskonzept und Bemessungsregeln
DIN 1259			Glas
	-1	2001-09	Begriffe für Glasarten und Glasgruppen
	-2	2001-09	Begriffe für Glaserzeugnisse
DIN 4426		2001-09	Einrichtungen zur Instandsetzung baulicher Anlagen; Sicherheitstechnische Anforderungen an Arbeitsplätze und Verkehrswege; Planung und Ausführung
E DIN 4426		2012-06	Einrichtungen zur Instandsetzung baulicher Anlagen; Sicherheitstechnische Anforderungen an Arbeitsplätze und Verkehrswege; Planung und Ausführung
DIN 7863			Elastomer-Dichtprofile für Fenster und Fassade – Technische Lieferbedingungen
	-1	2011-10	Nichtzellige Elastomer-Dichtprofile im Fenster- und Fassadenbau
DIN 18008			Glas im Bauwesen – Bemessungs- und Konstruktionsregeln
	-1	2010-12	Begriffe und allgemeine Grundlagen
	-2	2010-12	Linienförmig gelagerte Verglasungen
	-2/B1	2010-12	Linienförmig gelagerte Verglasungen, Berichtigung zu DIN 18008-2:2010-12
E DIN 18008			Glas im Bauwesen – Bemessungs- und Konstruktionsregeln
	-3	2011-10	Punktförmig gelagerte Verglasungen
	-4	2011-10	Zusatzanforderungen an absturzsichernde Verglasungen
	-5	2011-10	Zusatzanforderungen an begehbare Verglasungen

Norm	Teil	Ausgabe	Titel
DIN 18065		2011-06	Gebäudetreppen – Definitionen, Messregeln, Hauptmaße
DIN 18545			Abdichten von Verglasungen mit Dichtstoffen
	-2	2008-12	Dichtstoffe, Bezeichnung, Anforderungen, Prüfung
DIN 18516			Außenwandbekleidungen, hinterlüftet
	-1	2010-06	Anforderungen, Prüfgrundsätze
	-4	1990-02	Einscheiben-Sicherheitsglas; Anforderungen, Bemessung, Prüfung
DIN 51097		1992-11	Prüfung von Bodenbelägen – Bestimmung der rutschhemmenden Eigenschaft – Nassbelastete Barfußbereiche, Begehungsverfahren – Schiefe Ebene
DIN 51130		2010-10	Prüfung von Bodenbelägen – Bestimmung der rutschhemmenden Eigenschaft – Arbeitsräume und Arbeitsbereiche mit Rutschgefahr, Begehungsverfahren – Schiefe Ebene
DIN 52460		2000-02	Fugen- und Glasabdichtungen – Begriffe
DIN V 11535			Gewächshäuser
	-1	1998-02	Ausführung und Berechnung

Nationale Umsetzung europäischer Normen

Norm	Teil	Ausgabe	Titel
DIN EN 356		2000-02	Glas im Bauwesen – Sicherheitssonderverglasungen – Prüfverfahren und Klasseneinteilungen des Widerstandes gegen manuellen Angriff
DIN EN 572			Glas im Bauwesen – Basiserzeug-nisse aus Kalk-Natronsilicatglas
	-1	2012-11	Definitionen und allgemeine physikalische und mechanische Eigenschaften
	-2	2012-11	Floatglas
	-3	2012-11	Poliertes Drahtglas
	-4	2012-11	Gezogenes Flachglas
	-5	2012-11	Ornamentglas
	-6	2012-11	Drahtornamentglas
	-7	2012-11	Profilbauglas mit und ohne Drahteinlage
	-8	2012-11	Liefermaße und Festmaße
	-9	2005-01	Konformitätsbewertung/Produktnorm

Norm	Teil	Ausgabe	Titel
DIN EN 1096			Beschichtetes Glas
	-1	2012-04	Definitionen und Klasseneinteilungen
	-2	2012-04	Anforderungen an und Prüfverfahren für Beschichtungen der Klassen A, B und S
	-3	2012-04	Anforderungen an und Prüfverfahren für Beschichtungen der Klassen C und D

Norm	Teil	Ausgabe	Titel
DIN EN 1279			Glas im Bauwesen – Mehrscheiben-Isolierglas
	-1	2004-08	Allgemeines, Maßtoleranzen und Vorschriften für die Systembeschreibung
	-2	2003-06	Langzeitprüfverfahren und Anforderungen bezüglich Feuchtigkeitsaufnahme
	-3	2003-05	Langzeitprüfverfahren und Anforderungen bezüglich Gasverlustrate und Grenzabweichungen für die Gaskonzentration
	-4	2002-10	Verfahren zur Prüfung der physikalischen Eigenschaften des Randverbundes
	-5	2010-11	Konformitätsbewertung
	-6	2002-10	Werkseigene Produktionskontrolle und Auditprüfungen

Norm	Teil	Ausgabe	Titel
DIN EN 1288			Glas im Bauwesen – Bestimmung der Biegefestigkeit von Glas
	-1	2000-09	Grundlagen
	-2	2000-09	Doppelring-Biegeversuch an plattenförmigen Proben mit großen Prüfflächen
	-3	2000-09	Prüfung von Proben bei zweiseitiger Auflagerung (Vierschneiden-Verfahren)
	-4	2000-09	Prüfung von Profilbauglas
	-5	2000-09	Doppelring-Biegeversuch an plattenförmigen Proben mit kleinen Prüfflächen

Norm	Teil	Ausgabe	Titel
DIN EN 1748			Glas im Bauwesen – Spezielle Basiserzeugnisse
	-1-1	2004-12	Borosilicatgläser – Definitionen und allgemeine physikalische und mechanische Eigenschaften
	-1-2	2005-01	Borosilicatgläser – Konformitätsbewertung/Produktnorm
	-2-1	2004-12	Glaskeramik – Definitionen und allgemeine physikalische und mechanische Eigenschaften
	-2-2	2005-01	Glaskeramik – Konformitätsbewertung/Produktnorm

Norm	Teil	Ausgabe	Titel
DIN EN 1863			Glas im Bauwesen – Teilvorgespanntes Kalknatronglas
	-1	2012-02	Definition und Beschreibung
	-2	2005-01	Konformitätsbewertung/Produktnorm

Norm	Teil	Ausgabe	Titel
DIN EN 1990		2010-12	Eurocode: Grundlagen der Tragwerksplanung
	NA	2010-12	Nationaler Anhang – National festgelegte Parameter – Eurocode: Grundlagen der Tragwerksplanung
	NA/A1	2012-08	Nationaler Anhang; Änderung A1

Norm	Teil	Ausgabe	Titel
DIN EN 1991-1			Eurocode 1: Einwirkungen auf Tragwerke
	-1	2010-12	Allgemeine Einwirkungen auf Tragwerke – Wichten, Eigengewicht und Nutzlasten im Hochbau
	-1/NA	2010-12	Nationaler Anhang
	-3	2010-12	Allgemeine Einwirkungen – Schneelasten
	-3/NA	2010-12	Nationaler Anhang
	-4	2010-12	Allgemeine Einwirkungen – Windlasten
	-4/NA	2010-12	Nationaler Anhang

Norm	Teil	Ausgabe	Titel
DIN EN 10088			Nicht rostende Stähle
	-1	2005-09	Verzeichnis der nicht rostenden Stähle

Norm	Teil	Ausgabe	Titel
DIN EN 12150			Glas im Bauwesen – Thermisch vorgespanntes Kalknatron-Einscheibensicherheitsglas
	-1	2000-11	Definition und Beschreibung
	-2	2005-01	Konformitätsbewertung/Produktnorm

Norm	Teil	Ausgabe	Titel
DIN EN 12337			Chemisch vorgespanntes Kalknatronglas
	-1	2000-11	Definition und Beschreibung
	-2	2005-01	Konformitätsbewertung/Produktnorm

Norm	Teil	Ausgabe	Titel
DIN EN 12600		2003-04	Glas im Bauwesen – Pendelschlagversuch; Verfahren zur Stoßprüfung und Klassifizierung von Flachglas

Norm	Teil	Ausgabe	Titel
DIN EN 13022			Glas im Bauwesen; Geklebte Verglasung
	-1	2010-07	Glasprodukte für SSG-Systeme; Einfach- und Mehrfachverglasung mit und ohne Abtragung des Eigengewichtes
	-2	2010-07	Verglasungsvorschriften

Norm	Teil	Ausgabe	Titel
DIN EN 13541		2012-06	Glas im Bauwesen – Sicherheitssonderverglasungen – Prüfverfahren und Klasseneinteilungen des Widerstandes gegen Sprengwirkung

Norm	Teil	Ausgabe	Titel
DIN EN 14449		2005-07	Glas im Bauwesen – Verbundglas und Verbund-Sicherheitsglas – Konformitätsbewertung/Produktnorm

Nationale Umsetzung internationaler Normen

Norm	Teil	Ausgabe	Titel
DIN ISO 7619			Elastomere oder thermoplastische Elastomere – Bestimmung der Eindringhärte
	-1	2012-02	Durometer-Verfahren (Shore-Härte)
	-2	2012-02	Teil 2: IRHD-Taschengeräteverfahren

Norm	Teil	Ausgabe	Titel
DIN EN ISO 1043			Kunststoffe – Kennbuchstaben und Kurzzeichen
	-1	2012-03	Basis-Polymere und ihre besonderen Eigenschaften

Norm	Teil	Ausgabe	Titel
DIN EN ISO 12543			Verbund- und Verbund-Sicherheitsglas
	-1	2011-12	Definition und Beschreibung von Bestandteilen
	-2	2011-12	Verbund-Sicherheitsglas
	-3	2011-12	Verbundglas
	-4	2011-12	Verfahren zur Prüfung der Beständigkeit
	-5	2011-12	Maße und Kantenbearbeitung
	-6	2012-09	Aussehen

Ausländische Regelwerke – in Deutschland nicht gültig

Norm	Teil	Ausgabe	Titel
AS 1288		01.2006	Glass in buildings – Selection and installation

Norm	Teil	Ausgabe	Titel
ÖNORM 3716			Glas im Bauwesen – Konstruktiver Glasbau
	-1	11.2009	Grundlagen

Internationale Normenentwürfe

Norm	Teil	Stand	Titel
ISO/CD 11485	-3	2011	Glass in building – Curved glass – Part 3: Requirements for curved tempered and curved laminated safety glass

Technische Regeln

[TRAV 2003] Technische Regeln für die Verwendung von absturzsichernden Verglasungen (TRAV). Fassung Januar 2003. In: DIBt Mitteilungen
2/2003. Berlin: Ernst & Sohn 2003.

[TRLV 2006] Technische Regeln für die Verwendung von linienförmig
gelagerten Verglasungen (TRLV). Fassung August 2006. In: DIBt Mitteilungen 3/2007. Berlin: Ernst & Sohn 2007.

[TRPV 2006] Technische Regeln für die Bemessung und Ausführung
punktförmig gelagerter Verglasungen (TRPV). Fassung August 2006. In:
DIBt Mitteilungen 3/2007. Berlin: Ernst & Sohn 2007.

Technische Richtlinien

[BVG TR3] Technische Richtlinien des Glaserhandwerks Nr. 3, Klotzung
von Verglasungseinheiten, Düsseldorf: Verlagsanstalt Handwerk, 2006.

[BVG TR8] Technische Richtlinien des Glaserhandwerks, Nr. 8. Verkehrs-
sicherheit mit Glas in öffentlichen Verkehrsbereichen. Bundesinnungsverband des Glaserhandwerks. Düsseldorf: Verlagsanstalt Handwerk 2006.

[BVG TR17] Technische Richtlinien des Glaserhandwerks; Nr. 17. Vergla-
sen mit Isolierglas. Bundesinnungsverband des Glaserhandwerks. Düsseldorf: Verlagsanstalt Handwerk 2003.

[ETAG 002-1 1999] ETAG 002, Teil 1, Leitlinie für die Europäische Technische Zulassung für geklebte Glaskonstruktionen (Structural Sealant Glazing
Systems – SSGS), Teil 1: Gestützte und ungestützte Systeme. In: Bundesanzeiger, Nummer 92a. Berlin: Bundesanzeiger Verlag 1999.

[ETAG 002-2 2002] ETAG 002, Teil 2, Leitlinie für die Europäische Technische Zulassung für geklebte Glaskonstruktionen (Structural Sealant Glazing
Systems – SSGS), Teil 2: Beschichtete Aluminium-Systeme. In: Bundesanzeiger, Nummer 132a. Berlin: Bundesanzeiger Verlag 2002.

[ETAG 002-3 2003] ETAG 002, Teil 3, Leitlinie für die Europäische Techni-
sche Zulassung für geklebte Glaskonstruktionen (Structural Sealant Glazing
Systems – SSGS), Teil 3: Systeme mit thermisch getrennten Profilen. In:
Bundesanzeiger, Nummer 105a. Berlin: Bundesanzeiger Verlag 2003.

ETB-Richtlinie Bauteile, die gegen Absturz sichern, Ausgabe 06/1985.
Berlin: Mitteilungen IfBt 2/1987.

Verordnungen

[GruSiBau] Grundlagen zur Festlegung von Sicherheitsanforderungen für bauliche Anlagen. Ausgabe 1981. Berlin, Köln: Beuth Verlag GmbH 1981.

[GS-BAU-18] Grundsätze für die Prüfung und Zertifizierung der bedingten Betretbarkeit oder Durchsturzsicherheit von Bauteilen bei Bau- oder Instandsetzungsarbeiten. Ausgabe Februar 2001. Frankfurt am Main: Hauptverband der gewerblichen Berufsgenossenschaften 2001.

[MBO 2002] Musterbauordnung (MBO). Fassung November 2002. Berlin: Informationssystem Bauministerkonferenz 2002.

[MLTB 2011-09] Muster-Liste der Technischen Baubestimmungen (MLTB). Fassung September 2011. Berlin: Informationssystem Bauministerkonferenz 2011.

[MÜZVO 1997] Muster einer Verordnung über das Übereinstimmungszeichen (Muster-Übereinstimmungszeichen-Verordnung – MÜZVO). Fassung Oktober 1997. Berlin: Informationssystem Bauministerkonferenz 1997.

Merkblätter

BF-Merkblatt 009/2011: Leitfaden für thermisch gebogenes Glas im Bauwesen. Bundesverband Flachglas e. V. Troisdorf 2011.

Sachwortverzeichnis

Das Sachwortverzeichnis gilt für beide Bände der >Glasbau-Praxis<. Die Verweise für den vorliegenden Band stehen vorne ohne Klammern. In den Klammern sind die Verweise zum jeweils anderen Band.

Originaltexte

DIN 18008-1:2010-12

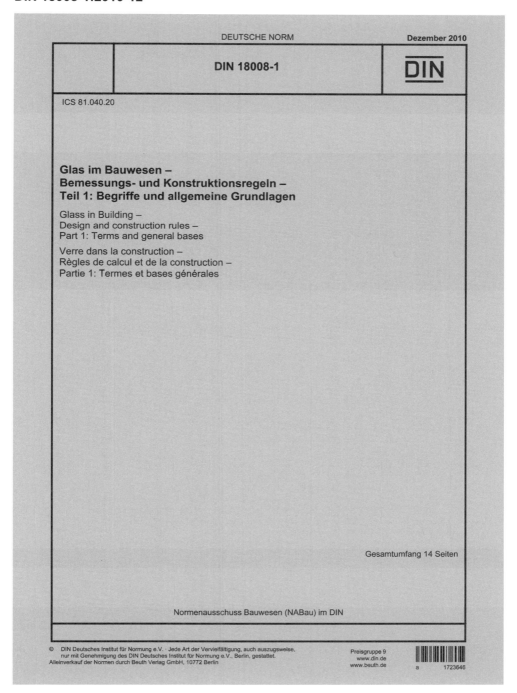

DEUTSCHE NORM

Dezember 2010

DIN 18008-1

DIN

ICS 81.040.20

**Glas im Bauwesen –
Bemessungs- und Konstruktionsregeln –
Teil 1: Begriffe und allgemeine Grundlagen**

Glass in Building –
Design and construction rules –
Part 1: Terms and general bases

Verre dans la construction –
Règles de calcul et de la construction –
Partie 1: Termes et bases générales

Gesamtumfang 14 Seiten

Normenausschuss Bauwesen (NABau) im DIN

Preisgruppe 9
www.din.de
www.beuth.de

8   1723646

DIN 18008-1:2010-12

Inhalt

2

DIN 18008-1:2010-12

Seite

Tabellen

3

DIN 18008-1:2010-12

Vorwort

Diese Norm wurde im Normenausschuss Bauwesen (NABau) vom Arbeitsausschuss NA 005-09-25 AA „Bemessungs- und Konstruktionsregeln für Bauprodukte aus Glas" erarbeitet.

DIN 18008, *Glas im Bauwesen, Bemessungs- und Konstruktionsregeln*, besteht aus folgenden Teilen:

— *Teil 1: Begriffe und allgemeine Grundlagen*

— *Teil 2: Linienförmig gelagerte Verglasungen*

— *Teil 3: Punktförmig gelagerte Verglasungen*[1)]

— *Teil 4: Zusatzanforderungen an absturzsichernde Verglasungen*[1)]

— *Teil 5: Zusatzanforderungen an begehbare Verglasungen*[1)]

— *Teil 6: Zusatzanforderungen an zu Instandhaltungsmaßnahmen betretbare Verglasungen*[1)]

— *Teil 7: Sonderkonstruktionen*[1)]

[1)] in Vorbereitung

4

1 Anwendungsbereich

Alle Teile der Normenreihe DIN 18008 gelten für die Bemessung und Konstruktion von Bauprodukten aus Glas. Der vorliegende Teil 1 legt die für alle Teile der Norm geltenden Grundlagen fest.

Diese Norm gilt nicht für Nennglasdicken der Einzelglasscheiben unter 3 mm und über 19 mm.

Falls in den nachfolgenden Teilen der Norm nichts anderes bestimmt wird, sind Anforderungen an die Haltekonstruktion (Glashalteleiste, Unterkonstruktion, Befestigung am Gebäude) nicht Bestandteil dieser Norm.

2 Normative Verweisungen

Die nachfolgend zitierten Dokumente sind für die Anwendung dieses Dokuments erforderlich. Bei datierten Verweisungen gilt nur die in Bezug genommene Ausgabe. Bei undatierten Verweisungen gilt die letzte Ausgabe des in Bezug genommenen Dokuments (einschließlich aller Änderungen).

DIN 1055-100:2001-03, *Einwirkungen auf Tragwerke — Teil 100: Grundlagen der Tragwerksplanung — Sicherheitskonzept und Bemessungsregeln*

DIN 1259-1, *Glas — Teil 1: Begriffe für Glasarten und Glasgruppen*

DIN 1259-2, *Glas — Teil 2: Begriffe für Glaserzeugnisse*

DIN EN 572-2, *Glas im Bauwesen — Basiserzeugnisse aus Kalk-Natronsilicatglas — Teil 2: Floatglas*

DIN EN 572-3, *Glas im Bauwesen — Basiserzeugnisse aus Kalk-Natronsilicatglas — Teil 3: Poliertes Drahtglas*

DIN EN 572-4, *Glas im Bauwesen — Basiserzeugnisse aus Kalk-Natronsilicatglas — Teil 4: Gezogenes Flachglas*

DIN EN 572-5, *Glas im Bauwesen — Basiserzeugnisse aus Kalk-Natronsilicatglas — Teil 5: Ornamentglas*

DIN EN 572-6, *Glas im Bauwesen — Basiserzeugnisse aus Kalk-Natronsilicatglas — Teil 6: Drahtornamentglas*

DIN EN 1096-1, *Glas im Bauwesen — Beschichtetes Glas — Teil 1: Definitionen und Klasseneinteilung*

DIN EN 1279-1, *Glas im Bauwesen — Mehrscheiben-Isolierglas — Teil 1: Allgemeines, Maßtoleranzen und Vorschriften für die Systembeschreibung*

DIN EN 1748-1-1, *Glas im Bauwesen — Spezielle Basiserzeugnisse — Borosilicatgläser — Teil 1-1: Definitionen und allgemeine physikalische und mechanische Eigenschaften*

DIN EN 1863-1, *Glas im Bauwesen — Teilvorgespanntes Kalknatronglas — Teil 1: Definition und Beschreibung*

DIN EN 12150-1, *Glas im Bauwesen — Thermisch vorgespanntes Kalknatron-Einscheibensicherheitsglas — Teil 1: Definition und Beschreibung*

DIN EN 13024-1, *Glas im Bauwesen — Thermisch vorgespanntes Borosilicat-Einscheibensicherheitsglas — Teil 1: Definition und Beschreibung*

DIN EN 14179-1, *Glas im Bauwesen — Heißgelagertes thermisch vorgespanntes Kalknatron-Einscheibensicherheitsglas — Teil 1: Definition und Beschreibung*

DIN EN ISO 12543-2, *Glas im Bauwesen — Verbundglas und Verbund-Sicherheitsglas — Teil 2: Verbund-Sicherheitsglas*

5

DIN 18008-1:2010-12

DIN EN ISO 12543-3, *Glas im Bauwesen — Verbundglas und Verbund-Sicherheitsglas — Teil 3: Verbundglas*

DIN ISO 8930, *Allgemeine Grundsätze für die Zuverlässigkeit von Tragwerken — Verzeichnis der gleichbedeutenden Begriffe*

ISO 6707-1, *Building and civil engineering — Vocabulary — Part 1: General terms*

3 Begriffe, Symbole, Einheiten

3.1 Begriffe

Für die Anwendung dieses Dokuments gelten die Begriffe nach ISO 6707-1, DIN ISO 8930, DIN 1259-1, DIN 1259-2 und DIN 1055-100 und die folgenden Begriffe.

3.1.1
Ausfachende Glasscheibe
Glasscheibe, die planmäßig nur Beanspruchungen aus ihrem Eigengewicht und den auf sie entfallenden Querlasten (Wind, Schnee, usw.) ggf. Eislasten und ggf. Klimalasten erfährt

3.1.2
Resttragfähigkeit
Fähigkeit einer Verglasungskonstruktion im Falle eines festgelegten Zerstörungszustands unter definierten äußeren Einflüssen (Last, Temperatur, usw.) über einen ausreichenden Zeitraum standsicher zu bleiben

3.2 Symbole

Tabelle 1 gibt einen Überblick über Symbole, Bezeichnungen und Einheiten, die in der Normenreihe verwendet werden.

Tabelle 1 — Symbole, Bezeichnungen und Einheiten

Symbol	Bezeichnung	Einheit
C_d	Bemessungswert des Gebrauchtauglichkeitskriteriums (Durchbiegung)	mm
E_d	Bemessungswert einer Auswirkung (Beanspruchung, Durchbiegung)	N/mm^2, mm
E_G	E-Modul Glas	N/mm^2
R_d	Bemessungswert eines Tragwiderstands	N/mm^2
f_k	charakteristischer Wert der Biegezugfestigkeit	N/mm^2
k_{mod}	Beiwert zur Berücksichtigung der Lasteinwirkungsdauer	-
k_c	Beiwert zur Berücksichtigung der Konstruktionsart	-
α_T	Temperaturausdehnungskoeffizient	$10^{-6}/K$
ΔH	Ortshöhendifferenz	m
ΔT	Temperaturdifferenz	K
ΔT_{add}	erhöhte Temperaturdifferenz aufgrund besonderer Bedingungen am Einbauort	K
Δp_{met}	Änderung des atmosphärischen Druckes	kN/m^2
γ_M	Teilsicherheitsbeiwert für Materialeigenschaften	-
ν_G	Querdehnzahl Glas	-
Ψ	Kombinationsbeiwert	-

6

4 Sicherheitskonzept

4.1 Allgemeines

4.1.1 Verglasungskonstruktionen müssen so bemessen und ausgebildet sein, dass sie mit angemessener Zuverlässigkeit allen Einwirkungen, die planmäßig während ihrer vorgesehenen Nutzung auftreten, standhalten und gebrauchstauglich bleiben.

4.1.2 Aufgrund des spröden Bruchverhaltens von Glas kann es für bestimmte Konstruktionen bzw. Einbausituationen erforderlich sein, eine ausreichende Resttragfähigkeit zu fordern.

4.1.3 Die Resttragfähigkeit einer Verglasungskonstruktion hängt von der Art der Konstruktion, dem Schädigungsgrad und den zu berücksichtigenden äußeren Einwirkungen ab.

4.2 Versuchstechnische Nachweise

Anstelle von rechnerischen Nachweisen gemäß den Vorgaben dieser Normenreihe dürfen auch versuchstechnische Nachweise geführt werden, sofern die Durchführung und die Auswertung der Versuche in dieser Norm geregelt sind.

5 Konstruktionswerkstoffe

5.1 Glas

5.1.1 Produkte

Zur Begriffserklärung der im Rahmen dieser Normenreihe verwendbaren Produkte wird auf die Normen

— DIN EN 572-2 zu Floatglas;

— DIN EN 572-3 zu poliertem Drahtglas;

— DIN EN 572-4 zu gezogenem Flachglas;

— DIN EN 572-5 zu Ornamentglas;

— DIN EN 572-6 zu Drahtornamentglas;

— DIN EN 1096-1 zu beschichtetem Glas;

— DIN EN 1748-1-1 zu Borosilicatgläsern;

— DIN EN 1863-1 zu teilvorgespanntem Kalknatronglas;

— DIN EN 12150-1 zu thermisch vorgespanntem Kalknatron-Einscheibensicherheitsglas;

— DIN EN 13024-1 zu thermisch vorgespanntem Borosilicat-Einscheibensicherheitsglas;

— DIN EN 14179-1 zu heißgelagertem thermisch vorgespanntem Kalknatron-Einscheibensicherheitsglas;

— DIN EN ISO 12543-2 zu Verbund-Sicherheitsglas;

— DIN EN ISO 12543-3 zu Verbundglas;

— DIN EN 1279-1 zu Mehrscheiben-Isolierglas

verwiesen.

Der genaue Anwendungsbereich der Produkte wird in den nachfolgenden Normteilen festgelegt.

7

DIN 18008-1:2010-12

5.1.2 Materialkenngrößen

Für Berechnungen im Rahmen dieser Normreihe sind für Glas die in Tabelle 2 angegebenen Materialkenngrößen zu verwenden.

Tabelle 2 — Materialkenngrößen für verschiedene Glasarten

Glasart	E-Modul E_G N/mm^2	Querdehnzahl ν_G –	Temperaturausdehnungskoeffizient α_T 10^{-6}/K
Kalk-Natronsilicatglas	70 000	0,23	9,0
Borosilicatglas	60 000	0,20	6,0

5.1.3 Festigkeitseigenschaften und Bruchbild

In dieser Normenreihe wird davon ausgegangen, dass durch die einschlägigen Regelungen zu Produkteigenschaften der Mindestwert der charakteristischen Biegezugfestigkeit (5 % Fraktilwert bei 95 % Aussagewahrscheinlichkeit) und das typische Bruchbild für Scheiben in Bauteilgröße gewährleistet werden.

5.1.4 Kantenverletzungen

Thermisch vorgespannte Scheiben sind auf Kantenverletzung zu prüfen. Scheiben mit Kantenverletzungen, die tiefer als 15 % der Scheibendicke in das Glasvolumen eingreifen, dürfen nicht eingebaut werden.

5.2 Zwischenlagen in Kontakt zu Glas

Es ist darauf zu achten, dass alle zur Anwendung kommenden Materialien, fachgerechte Wartung und Pflege vorausgesetzt, dauerhaft beständig gegen die zu berücksichtigenden Einflüsse (z. B. Frost, Temperaturschwankungen, UV-Bestrahlung, geeignete Reinigungsmittel und Reinigungsverfahren, Kontaktmaterialien) sind.

6 Einwirkungen

6.1 Äußere Lasten

Die anzusetzenden charakteristischen Werte der Einwirkungen (Eigengewicht, Wind, Schnee, Erdbebenlasten, usw.) ggf. Eislasten und ggf. Klimalasten sind den entsprechenden Normen zu entnehmen.

6.2 Mehrscheiben-Isolierglas

6.2.1 Druckdifferenzen

Bei Mehrscheiben-Isolierglas nach DIN EN 1279-1 ist bei den Nachweisen die Wirkung von Druckdifferenzen zwischen dem Scheibenzwischenraum und der umgebenden Atmosphäre zu berücksichtigen. Bezogen auf die Bedingungen bei der Abdichtung der Scheibenzwischenräume resultieren die Druckdifferenzen aus Temperaturänderungen des Füllgases und Änderungen des Drucks der umgebenden Atmosphäre. Die atmosphärischen Druckänderungen sind zum einen meteorologisch bedingt, zum anderen ergeben sie sich auch aus unterschiedlichen Höhenlagen des Ortes der Herstellung und des Einbaus des Mehrscheiben-Isolierglases.

8

6.2.2 Einwirkungskombinationen

Extreme Druckunterschiede zwischen der umgebenden Atmosphäre und dem Scheibenzwischenraum ergeben sich für die Situation „Winter" (tiefe Temperaturen und Hochdruckverhältnisse) und „Sommer" (hohe Temperaturen und Tiefdruckverhältnisse). Neben den Regelwerten für Temperaturdifferenzen ΔT und Änderungen des atmosphärischen Drucks Δp_{met} sind in Tabelle 3 auch Angaben zu den anzusetzenden Ortshöhendifferenzen ΔH für den Regelfall abdeckende Verhältnisse enthalten. Ist die Differenz der Ortshöhen größer als in Tabelle 3 angenommen, so ist der tatsächliche Wert der Ortshöhendifferenz zu berücksichtigen. Liegen nachweislich kleinere Ortshöhendifferenzen vor als in Tabelle 3 genannt, so dürfen diese verwendet werden.

Tabelle 3 — Einwirkungskombinationen

Einwirkungs-kombination	Temperaturdifferenz ΔT	Änderung des atmosphärischen Drucks Δp_{met}	Ortshöhen-differenz ΔH
	K	kN/m^2	m
„Sommer"	+ 20	− 2,0	+ 600
„Winter"	− 25	+ 4,0	- 300

Die Angaben der Tabelle 3 zu Temperaturdifferenzen gelten für Isolierverglasungen mit einem Gesamtabsorptionsgrad von weniger als 30 % bei normalen Bedingungen. Besondere Bedingungen (z. B. innenliegender Sonnenschutz, unbeheiztes Gebäude.) sind durch Zu- oder Abschläge nach Tabelle 4 zu berücksichtigen.

Tabelle 4 — Berücksichtigung besonderer Temperaturbedingungen am Einbauort

Einwirkungskombination	Ursache für erhöhte Temperaturdifferenz	ΔT_{add}
		K
„Sommer"	Absorption zwischen 30 % und 50 %	+ 9
	innenliegender Sonnenschutz (ventiliert)	+ 9
	Absorption größer 50 %	+ 18
	innenliegender Sonnenschutz (nicht ventiliert)	+ 18
	dahinterliegende Wärmedämmung (Paneel)	+ 35
„Winter"	unbeheiztes Gebäude	− 12

7 Ermittlung von Spannungen und Verformungen

7.1 Allgemeines

7.1.1 Bei der Bemessung der Konstruktion müssen Rechenmodelle angewendet werden, welche die statisch-konstruktiven Verhältnisse auf der sicheren Seite liegend erfassen.

7.1.2 Bei der Ermittlung von Spannungen und Verformungen ist für Glas linear-elastisches Material-verhalten anzunehmen.

9

DIN 18008-1:2010-12

7.1.3 Günstig wirkendes, geometrisch nichtlineares Verhalten (z. B. Membraneffekt bei Plattenberechnungen) darf, ungünstig wirkende, geometrisch nichtlineare Effekte müssen berücksichtigt werden.

7.1.4 Die Spannungsberechnung ist so durchzuführen, dass lokale Spannungskonzentrationen (z. B. im Bereich von Bohrungen und einspringenden Ecken) hinreichend genau erfasst werden.

7.1.5 Einflüsse aus der Stützkonstruktion (z. B. Imperfektion oder Verformung), die zu nicht vernachlässigbaren Beanspruchungserhöhungen führen, sind bei den Nachweisen zu berücksichtigen.

7.1.6 Für die Glasdicken sind die Nennwerte nach den entsprechenden Produktnormen einzusetzen.

7.2 Schubverbund

7.2.1 Bei der Spannungs- und Verformungsermittlung von Verbundgläsern und Verbund-Sicherheitsgläsern darf ein günstig wirkender Schubverbund zwischen den Einzelscheiben nicht angesetzt werden. Gleiches gilt auch für den Randverbund von Mehrscheiben-Isolierglas.

7.2.2 Bei ungünstig wirkendem Schubverbund (z. B. bei Zwangsbeanspruchungen) muss voller Schubverbund angesetzt werden.

7.3 Mehrscheiben-Isolierglas

Beim Nachweis von bestimmungsgemäß intaktem Mehrscheiben-Isolierglas darf die günstige Wirkung der Kopplung der Scheiben über das im Scheibenzwischenraum, ggf. in mehreren Scheibenzwischenräumen eingeschlossene Gasvolumen berücksichtigt werden. Ungünstige Wirkungen der Kopplung der Scheiben müssen berücksichtigt werden.

8 Nachweise zur Tragfähigkeit und Gebrauchstauglichkeit

8.1 Allgemeines

8.1.1 Für die Verglasungen sind die Nachweise nach der nachfolgend beschriebenen Methode der Teilsicherheitsbeiwerte zu führen. Für die Nachweise der Glasbefestigung, Unterkonstruktion, Befestigung am Gebäude, usw. gelten die einschlägigen technischen Regeln.

8.1.2 Die grundsätzliche Vorgehensweise nach dem Konzept der Teilsicherheitsbeiwerte ist in DIN 1055-100:2001-03 beschrieben.

8.1.3 Bei der Nachweisführung werden Grenzzustände der Tragfähigkeit und Grenzzustände der Gebrauchstauglichkeit unterschieden.

8.2 Bemessungswerte

8.2.1 Bemessungswerte geometrischer Größen (z. B. Spannweite, Abmessungen) sind mit ihrem Nennwert anzusetzen.

8.2.2 Werden die Bemessungswerte der Auswirkungen durch nichtlineare Verfahren ermittelt, so ist entsprechend DIN 1055-100:2001-03, 8.5 (5) vorzugehen.

8.3 Grenzzustände der Tragfähigkeit

8.3.1 Grundsätzlich muss nach DIN 1055-100:2001-03, 9.2 sowohl die Lagesicherheit, als auch die Verhinderung des Versagens der Konstruktion durch Bruch nachgewiesen werden.

10

8.3.2 Der Nachweis der ausreichenden Tragfähigkeit von Verglasungen erfolgt auf der Grundlage des Nachweises der maximalen Hauptzugspannungen an der Glasoberfläche. Eigenspannungszustände aus thermischer Vorspannung der Gläser werden auf der Widerstandsseite berücksichtigt.

8.3.3 Es ist nachzuweisen, dass die Bedingung

$$E_d \leq R_d \tag{1}$$

erfüllt ist.

Dabei ist

E_d der Bemessungswert der Auswirkung (hier Spannungen);

R_d der Bemessungswert des Tragwiderstands (hier Spannungen).

8.3.4 Der Bemessungswert der Auswirkung E_d ergibt sich aus den Gleichungen (14) bis (16) der DIN 1055-100:2001-03.

8.3.5 Vereinfachend darf davon ausgegangen werden, dass die Einwirkungen voneinander unabhängig sind, so dass die zur Ermittlung von E_d erforderlichen Kombinations- und Teilsicherheitsbeiwerte der Einwirkungen der Tabelle 5 dieser Norm bzw. der DIN 1055-100:2001-03, Tabelle A.3 entnommen werden können.

Die Einwirkungen aus Temperaturänderung und meteorologischem Druck dürfen als eine Einwirkung zusammengefasst werden. ΔH stellt eine ständige Einwirkung dar.

Tabelle 5 — Beiwerte Ψ

	Ψ_0	Ψ_1	Ψ_2
Einwirkungen aus Klima (Änderung der Temperatur und Änderung des meteorologischen Luftdrucks) sowie temperaturinduzierte Zwängungen	0,6	0,5	0
Montagezwängungen	1,0	1,0	1,0
Holm- und Personenlasten	0,7	0,5	0,3

8.3.6 Der Bemessungswert des Tragwiderstandes gegen Spannungsversagen ist für thermisch vorgespannte Gläser vereinfachend wie folgt zu ermitteln:

$$R_d = \frac{k_c \cdot f_k}{\gamma_M} \tag{2}$$

Dabei ist

R_d der Bemessungswert des Tragwiderstands;

k_c der Beiwert zur Berücksichtigung der Art der Konstruktion. Sofern in den nachfolgenden Normteilen nichts anderes angegeben wird, gilt $k_c = 1,0$;

f_k der charakteristische Wert der Biegezugfestigkeit (siehe Abschnitt 5);

γ_M der Materialteilsicherheitsbeiwert. Für thermisch vorgespannte Gläser ist $\gamma_M = 1,5$ zu verwenden.

11

DIN 18008-1:2010-12

8.3.7 Für Gläser ohne planmäßige thermische Vorspannung (z. B. Floatglas) gilt:

$$R_d = \frac{k_{\text{mod}} \cdot k_c \cdot f_k}{\gamma_M} \tag{3}$$

In Gleichung (3) ist γ_M = 1,8 zu verwenden.

Die Abhängigkeit der Festigkeit thermisch nicht vorgespannter Gläser von der Lasteinwirkungsdauer wird durch den Modifikationsbeiwert k_{mod} (siehe Tabelle 6) berücksichtigt.

Tabelle 6 — Rechenwerte für den Modifikationsbeiwert k_{mod}

Einwirkungsdauer	Beispiele	k_{mod}
ständig	Eigengewicht, Ortshöhendifferenz	0,25
mittel	Schnee, Temperaturänderung und Änderung des meteorologischen Luftdruckes	0,40
kurz	Wind, Holmlast	0,70

Bei der Kombination von Einwirkungen unterschiedlicher Einwirkungsdauer ist die Einwirkung mit der kürzesten Dauer für die Bestimmung des Modifikationsbeiwertes k_{mod} maßgebend. Dabei sind sämtliche Lastfallkombinationen zu überprüfen.

Alle Lastfallkombinationen müssen untersucht werden, weil aufgrund des Einflusses der Einwirkungsdauer auf die Festigkeit auch Einwirkungskombinationen maßgebend sein können, welche nicht den maximalen Wert der Beanspruchung liefern.

8.3.8 Bei planmäßig unter Zugbeanspruchung stehenden Kanten (z. B. bei zweiseitig linienförmiger Lagerung) von Scheiben ohne thermische Vorspannung dürfen unabhängig von deren Kantenbearbeitung nur 80 % der charakteristischen Biegezugfestigkeit angesetzt werden.

8.3.9 Bei der Verwendung von Verbund-Sicherheitsglas (VSG) und Verbundglas (VG) dürfen die Bemessungswerte des Tragwiderstandes pauschal um 10 % erhöht werden.

8.4 Grenzzustände der Gebrauchstauglichkeit

8.4.1 Für den Nachweis der Grenzzustände der Gebrauchstauglichkeit muss

$$E_d \leq C_d \tag{5}$$

erfüllt sein.

Dabei ist

E_d Bemessungswert der Auswirkung (hier Durchbiegung);

C_d Bemessungswert des Gebrauchtauglichkeitskriteriums (hier Durchbiegung).

8.4.2 Der Bemessungswert der Auswirkung, hier Durchbiegung, E_d ergibt sich aus der Gleichung (22) bis (24) der DIN 1055-100:2001-03.

8.4.3 In den Folgeteilen dieser Norm sind abhängig von der jeweiligen Konstruktion Angaben zu den Gebrauchstauglichkeitskriterien gemacht.

12

9 Nachweis der Resttragfähigkeit

9.1 Allgemeines

Die Resttragfähigkeit ist als Teil des gesamten Sicherheitskonzeptes zu verstehen. Anforderungen an die Resttragfähigkeit von Verglasungskonstruktionen werden entweder durch die Einhaltung konstruktiver Vorgaben, durch rechnerische Nachweise oder durch versuchstechnische Nachweise erfüllt.

9.2 Konstruktive Vorgaben und Nachweise

9.2.1 Die ausreichende Resttragfähigkeit kann experimentell oder für Teilzerstörungszustände mit hinreichend vielen intakten Glasschichten und/oder Scheiben auch rechnerisch nachgewiesen werden. Gebrochene Glasschichten dürfen beim rechnerischen Nachweis nicht angesetzt werden.

9.2.2 Konstruktive Vorgaben, bei deren Einhaltung die Anforderungen an die Resttragfähigkeit von Verglasungen als erfüllt gelten, sind in den Folgeteilen dieser Norm angegeben. Dort sind, falls erforderlich, auch Angaben zu anzunehmenden Zerstörungszuständen und Vorgaben zur Versuchsdurchführung sowie zur Bewertung/Auswertung der Versuchsergebnisse zu finden.

10 Generelle Konstruktionsvorgaben

10.1 Glaslagerung

10.1.1 Glas muss unter Vermeidung unplanmäßiger lokaler Spannungsspitzen gelagert werden.

10.1.2 Die Anschlüsse an die Unterkonstruktion sind so auszubilden, dass die Toleranzen aus der Glas-Herstellung und aus der Unterkonstruktion ausgeglichen werden können.

10.1.3 Bemessungsrelevante Zwangsbeanspruchungen, z. B. aus Temperatureinwirkungen oder Einbau, sind durch geeignete konstruktive Maßnahmen dauerhaft auszuschließen. Falls dies nicht sicher möglich ist, müssen die hieraus entstehenden Zwangsbeanspruchungen bei der Bemessung berücksichtigt werden.

10.2 Glasbohrungen und Ausschnitte

10.2.1 Ecken von Ausschnitten sind ausgerundet herzustellen.

10.2.2 Glasbohrungen und Ausschnitte müssen durchgehend sein und dürfen nur bei Gläsern ausgeführt werden, die anschließend thermisch vorgespannt werden.

ANMERKUNG Der Begriff „durchgehend" bezieht sich bei Verbund- und Verbund-Sicherheitsgläsern auf die monolitische Einzelscheibe.

10.2.3 Die zwischen Bohrungen bzw. Ausschnitten und benachbarten Bohrungen oder Ausschnitten verbleibende Glasbreite muss mindestens 80 mm betragen.

Beträgt die verbleibende Glasbreite zwischen Bohrungsrändern bzw. zwischen Bohrungsrand und Glaskante weniger als 80 mm, so ist bei der Bemessung am Bohrungsrand der Bemessungswert des Tragwiderstandes des jeweiligen Basisglases zugrunde zu legen.

13

DIN 18008-1:2010-12

Anhang A
(informativ)

Erläuterungen zu den Mindestwerten für klimatische Einwirkungen

Bei den Festlegungen der Klimawerte in Tabelle 3 wurde von folgenden Randbedingungen ausgegangen.

A.1 Einwirkungskombination Sommer

A.1.1 Einbaubedingungen:

— Einstrahlung 800 W/m^2 unter Einstrahlwinkel 45 °;

— Absorption der Scheibe 30 %;

— Lufttemperatur innen und außen 28 °C;

— mittlerer Luftdruck 1 010 hPa;

— Wärmeübergangswiderstand innen und außen 0,12 m^{2}K/W;

— resultierende Temperatur im Scheibenzwischenraum ca. +39 °C;

A.1.2 Produktionsbedingungen:

— Herstellung im Winter bei + 19 °C und einem hohen Luftdruck von 1030 hPa.

A.2 Einwirkungskombination Winter

A.2.1 Einbaubedingungen:

— keine Einstrahlung;

— U_g-Wert des Glases 1,8 W/m^{2}K;

— Lufttemperatur innen 19 °C und außen -10 °C;

— hoher Luftdruck 1 030 hPa;

— Wärmeübergangswiderstand innen 0,13 m^{2}K/W und außen 0,04 m^{2}K/W;

— resultierende Temperatur im Scheibenzwischenraum ca. +2 °C;

A.2.2 Produktionsbedingungen:

— Herstellung im Sommer bei +27 °C und einem niedrigen Luftdruck von 990 hPa.

Zur Berücksichtigung abweichender Temperaturbedingungen am Einbauort kann Tabelle 4 herangezogen werden.

14

DEUTSCHE NORM

Dezember 2010

DIN 18008-2

DIN

ICS 81.040.20

Glas im Bauwesen –
Bemessungs- und Konstruktionsregeln –
Teil 2: Linienförmig gelagerte Verglasungen

Glass in Building –
Design and construction rules –
Part 2: Linearly supported glazings

Verre dans la construction –
Règles de calcul et de la construction –
Partie 2: Vitrages à fixation linéare

Gesamtumfang 13 Seiten

Normenausschuss Bauwesen (NABau) im DIN

Preisgruppe 9
www.din.de
www.beuth.de

a   1723647

DIN 18008-2:2010-12

Inhalt

Seite

Vorwort

Diese Norm wurde im Normenausschuss Bauwesen (NABau) vom Arbeitsausschuss NA 005-09-25 AA „Bemessungs- und Konstruktionsregeln für Bauprodukte aus Glas" erarbeitet.

DIN 18008, *Glas im Bauwesen, Bemessungs- und Konstruktionsregeln*, besteht aus folgenden Teilen:

— Teil 1: *Begriffe und allgemeine Grundlagen*

— Teil 2: *Linienförmig gelagerte Verglasungen*

— Teil 3: *Punktförmig gelagerte Verglasungen*[1)]

— Teil 4: *Zusatzanforderungen an absturzsichernde Verglasungen*[1)]

— Teil 5: *Zusatzanforderungen an begehbare Verglasungen*[1)]

— Teil 6: *Zusatzanforderungen an zu Instandhaltungsmaßnahmen betretbare Verglasungen*[1)]

— Teil 7: *Sonderkonstruktionen*[1)]

[1)] in Vorbereitung

3

DIN 18008-2:2010-12

1 Anwendungsbereich

Dieser Teil der DIN 18008 gilt in Verbindung mit DIN 18008-1 für ebene ausfachende Verglasungen, die an mindestens zwei gegenüberliegenden Seiten mit mechanischen Verbindungsmitteln (z. B. verschraubten Pressleisten) eben und durchgehend linienförmig gelagert sind. Verglasungen mit zusätzlichen punktförmigen Halterungen (z. B. durch Randklemmhalter und/oder durch Glasbohrungen geführte Halterungen) werden in DIN 18008-3[1)] geregelt.

Für Verglasungen, die betreten, begangen oder befahren werden, die als Absturzsicherung oder Abschrankung dienen oder unter planmäßiger Flüssigkeitslast stehen (z. B. als Aquarienverglasung), sind weitere Anforderungen zu berücksichtigen.

Je nach ihrer Neigung zur Vertikalen werden die linienförmig gelagerten Verglasungen im Sinne dieser Norm unterschieden in

— Horizontalverglasungen: Neigung >10 ° und

— Vertikalverglasungen: Neigung ≤10 °.

Die nachfolgenden Bestimmungen für Horizontalverglasungen gelten auch für Vertikalverglasungen, wenn diese — wie z. B. bei Shed-Dächern mit der Möglichkeit seitlicher Schneelasten — nicht nur kurzzeitigen veränderlichen Einwirkungen unterliegen.

2 Normative Verweisungen

Die folgenden zitierten Dokumente sind für die Anwendung dieses Dokuments erforderlich. Bei datierten Verweisungen gilt nur die in Bezug genommene Ausgabe. Bei undatierten Verweisungen gilt die letzte Ausgabe des in Bezug genommenen Dokuments (einschließlich aller Änderungen).

DIN 1259-1, *Glas — Teil 1: Begriffe für Glasarten und Glasgruppen*

DIN 1259-2, *Glas — Teil 2: Begriffe für Glaserzeugnisse*

DIN 18008-1:2010-12, *Glas im Bauwesen — Bemessungs- und Konstruktionsregeln — Teil 1: Begriffe und allgemeine Grundlagen*

DIN 1055-100:2001-03, *Einwirkungen auf Tragwerke — Teil 100: Grundlagen der Tragwerksplanung, Sicherheitskonzept und Bemessungsregeln*

DIN ISO 8930, *Allgemeine Grundsätze für die Zuverlässigkeit von Tragwerken — Verzeichnis der gleichbedeutenden Begriffe*

ISO 6707-1, *Building and civil engineering — Vocabulary — Part 1: General terms*

3 Begriffe

Für die Anwendung dieses Dokuments gelten die Begriffe nach ISO 6707-1, DIN ISO 8930, DIN 1259-1, DIN 1259-2, DIN 1055-100 und DIN 18008-1.

4

4 Anwendungsbedingungen

4.1 Der Glaseinstand ist so zu wählen, dass die Standsicherheit der Verglasung langfristig sichergestellt ist. Falls nachfolgend keine anderen Festlegungen getroffen werden, ist ein Mindestglaseinstand von 10 mm einzuhalten.

4.2 Die linienförmige Lagerung muss an mindestens zwei gegenüberliegenden Seiten beidseitig (Druck und Sog) normal zur Scheibenebene wirksam sein. Dabei muss bei mehrscheibigem Aufbau die linienförmige Lagerung für alle Scheiben wirksam sein.

4.3 Eine Seite gilt als eben linienförmig gelagert, wenn bezogen auf die aufgelagerte Scheibenlänge der Bemessungswert der Durchbiegung der Unterkonstruktion nicht größer als 1/200 ist. Vereinfachend darf der Bemessungswert der Beanspruchung nach DIN 1055-100:2001-03, Gleichung (22) ermittelt werden.

4.4 Die Verglasungen sind fachgerecht zu verklotzen.

5 Zusätzliche Regelungen für Horizontalverglasungen

5.1 Für Einfachverglasungen bzw. die untere Scheibe von Isolierverglasungen darf zum Schutz von Verkehrsflächen nur Verbundsicherheitsglas (VSG) aus Floatglas oder VSG aus teilvorgespanntem Glas (TVG) oder Drahtglas verwendet werden.

5.2 Die ausreichende Resttragfähigkeit darf durch Bohrungen und Ausschnitte nicht beeinträchtigt werden.

5.3 VSG-Scheiben aus TVG dürfen Bohrungen zur Befestigung von Klemmleisten haben.

5.4 VSG Scheiben mit einer Stützweite von mehr als 1,2 m sind allseitig zu lagern.

5.5 Die Nenndicke der Zwischenfolie von VSG muss mindestens 0,76 mm betragen. Bei allseitiger Lagerung von Scheiben mit einer maximalen Stützweite in Haupttragrichtung von 0,8 m darf auch eine Zwischenfolie mit einer Nenndicke von 0,38 mm verwendet werden.

5.6 Die Verwendung von Drahtglas ist nur bis zu einer maximalen Stützweite in Haupttragrichtung von 0,7 m zulässig. Dabei muss der Glaseinstand mindestens 15 mm betragen. Kanten von Drahtglas dürfen nicht ständig der Feuchtigkeit ausgesetzt sein. Freie Kanten dürfen der Bewitterung ausgesetzt sein, wenn deren Abtrocknung nicht behindert wird.

5.7 Der freie Rand von VSG darf – parallel und senkrecht zur Lagerung – maximal 30 % der Auflagerlänge, höchstens jedoch 300 mm über den von den linienförmigen Lagern aufgespannten Bereich auskragen. Die Auskragung einer Scheibe eines VSG über den Verbundbereich hinaus (z. B. Tropfkanten bei Überkopfverglasungen) darf maximal 30 mm betragen.

5.8 Die untere Scheibe einer Horizontalverglasung aus Isolierglas ist stets auch für den Fall des Versagens der oberen Scheiben mit deren Belastung nachzuweisen. Das Versagen der oberen Scheiben stellt eine „außergewöhnliche" Bemessungssituation dar. Hierfür gilt DIN 1055-100:2001-03, 9.4 (Gleichung 15).

5.9 Von den in diesem Abschnitt aufgeführten zusätzlichen Regelungen für Horizontalverglasungen darf abgewichen werden, wenn durch geeignete konstruktive Maßnahmen (z. B. ausreichend dauerhaft tragfähige kleinmaschige Netze mit höchstens 40 mm Maschenweite) sichergestellt ist, dass Verkehrsflächen nicht durch herabfallende Glasteile gefährdet werden.

6 Zusätzliche Regelungen für Vertikalverglasungen

6.1 Monolithische Einfachverglasungen aus grob brechenden Glasarten (z. B. Floatglas, TVG, gezogenem Flachglas, Ornamentglas) und Verbundglas (VG), deren Oberkante mehr als 4 m über Verkehrsflächen liegt, müssen allseitig gelagert sein.

5

DIN 18008-2:2010-12

6.2 Monolithische Einscheiben-Sicherheitsglas (ESG)-Verglasungen, deren Oberkante mehr als 4 m über Verkehrsflächen liegt, sind in heißgelagertem Einscheiben-Sicherheitsglas (ESG-H) auszuführen. Dies gilt auch für monolitisches ESG in Mehrscheiben-Isolierglas.

7 Einwirkungen und Nachweise

7.1 Der Nachweis des Grenzzustands der Tragfähigkeit ist nach DIN 18008-1:2010-12, 8.3 zu führen.

ANMERKUNG   Im informativen Anhang A dieses Teils der Norm DIN 18008 ist ein Näherungsverfahren zur Behandlung von ebenen allseitig linienförmig gelagerten rechteckigen Zweischeiben-Isolierverglasungen angegeben. Zur Behandlung von Mehrfach-Isoliergläsern ist am Ende dieses Teils der Norm ein Literaturhinweis angegeben, [1].

7.2 Bei der Ermittlung des Widerstandes gegen Spannungsversagen ist für allseitig gelagerte Vertikalverglasungen bei Gläsern ohne thermische Vorspannung $k_c = 1,8$ und bei thermisch vorgespannten Gläsern $k_c = 1,0$ anzusetzen.

7.3 Die Durchbiegungen der Glasscheiben sind zu begrenzen. Vereinfachend darf der Bemessungswert der Beanspruchung nach DIN 1055-100:2001-03, Gleichung (22) ermittelt werden. Als Bemessungswert des Gebrauchstauglichkeitskriteriums ist 1/100 der Stützweite anzusetzen.

7.4 Auf Nachweise nach 7.3 darf bei Vertikalverglasungen verzichtet werden, wenn nachgewiesen ist, dass infolge Sehnenverkürzung eine Mindestauflagerbreite von 5 mm auch dann nicht unterschritten wird, wenn die gesamte Sehnenverkürzung auf nur ein Auflager angesetzt wird. Der Bemessungswert der Verformung darf vereinfachend nach DIN 1055-100:2001-03, Gleichung (22) ermittelt werden. Auf gegebenenfalls höhere Anforderungen der Isolierglashersteller an die Durchbiegungsbegrenzung wird hingewiesen.

7.5 Nur durch Wind, Eigengewicht und klimatische Einwirkungen belastete, allseitig linienförmig gelagete Vertikalverglasungen aus Zwei- oder Dreischeiben-Isolierglas dürfen für Einbauhöhen bis 20 m über Gelände bei normalen Produktions- und Einbaubedingungen der Isolierverglasungen, d. h. DIN 18008-1:2010-12, Tabelle 3 ist anwendbar, ohne weiteren Nachweis bei Einhaltung der nachfolgenden Bedingungen verwendet werden:

— Glaserzeugnis: Floatglas, TVG, ESG/ESG-H oder VSG aus den vorgenannten Glasarten

— Fläche: $\leq 1,6\ m^2$

— Scheibendicke: $\geq 4\ mm$

— Differenz der Scheibendicken: $\leq 4\ mm$

— Scheibenzwischenraum: $\leq 16\ mm$

— Charakteristischer Wert der Windlast: $\leq 0,8\ kN/m^2$

ANMERKUNG   Unterschreitet die Länge der kürzeren Kante den Wert von 500 mm (Zweischeiben-Isolierglas) und 700 mm (Dreischeiben-Isolierglas), so erhöht sich jedoch bei Scheiben aus Floatglas das Bruchrisiko infolge von Klimaeinwirkungen.

6

Anhang A
(informativ)

Näherungsverfahren zur Ermittlung von Klimalasten und zur Verteilung von Einwirkungen

Für allseitig linienförmig gelagerte ebene rechteckige Zweischeiben-Isoliergläser können der Lastabtragungsanteil der äußeren und inneren Scheibe und die Einwirkungen infolge klimatischer Veränderungen bei kleinen Deformationen wie folgt berücksichtigt werden.

ANMERKUNG   Ein allgemeines Verfahren zur Ermittlung der Klimalasten und der Verteilung von äußeren Lasten bei Zwei- und Dreischeiben-Isolierglas wird z. B. in [1] vorgestellt.

A.1   Berechnung der Anteile δ_a und δ_i der Einzelscheiben an der Gesamtbiegesteifigkeit

$$\delta_a = \frac{d_a^3}{d_a^3 + d_i^3} \tag{A.1}$$

Dabei ist

δ_a Steifigkeitsfaktor Außenscheibe (%);

d_a Dicke der äußeren Glasscheibe (mm);

d_i Dicke der inneren Glasscheibe (mm).

$$\delta_i = \frac{d_i^3}{d_a^3 + d_i^3} = 1 - \delta_a \tag{A.2}$$

Dabei ist

δ_i Steifigkeitsfaktor Innenscheibe (%);

δ_a Steifigkeitsfaktor Außenscheibe (%);

d_a Dicke der äußeren Glasscheibe (mm);

d_i Dicke der inneren Glasscheibe (mm).

7

DIN 18008-2:2010-12

A.2 Berechnung der charakteristischen Kantenlänge a^*

$$a^* = 28.9 \cdot \sqrt[4]{\frac{d_{SZR} \cdot d_a^3 \cdot d_i^3}{\left(d_a^3 + d_i^3\right) \cdot B_V}} \tag{A.3}$$

Dabei ist

a^* charakteristische Kantenlänge (mm);

δ_a Steifigkeitsfaktor Außenscheibe (%);

δ_i Steifigkeitsfaktor Innenscheibe (%);

d_a Dicke der äußeren Glasscheibe (mm);

d_i Dicke der inneren Glasscheibe (mm);

d_{SZR} Abstand zwischen den Scheiben (Scheibenzwischenraum) (mm);

B_V Beiwert.

Der Beiwert B_V ist in Abhängigkeit vom Seitenverhältnis a/b in Tabelle A.1 angegeben.

Tabelle A.1 — Beiwert B_V

a/b	1,0	0,9	0,8	0,7	0,6	0,5	0,4	0,3	0,2	0,1
B_V	0,0194	0,0237	0,0288	0,0350	0,0421	0,0501	0,0587	0,0676	0,0767	0,0857

ANMERKUNG   Die Werte wurden auf der Basis der Kirchhoff'schen Plattentheorie für $\nu_G = 0{,}23$ berechnet. Näherungsweise dürfen die Werte auch für $\nu_G = 0{,}20$ verwendet werden. Zwischenwerte können linear interpoliert werden.

Dabei ist

B_V Beiwert;

a kleinere Kantenlänge des Isolierglases (mm);

b größere Kantenlänge des Isolierglases (mm);

νG Querdehnzahl Glas.

Werte für a^* sind für gebräuchliche Isolierglasaufbauten in Abhängigkeit vom Seitenverhältnis a/b in Tabelle A.3 zusammengestellt.

8

A.3 Berechnung des Faktors φ

$$\varphi = \frac{1}{1+(a/a^*)^4} \tag{A.4}$$

Dabei ist

φ Faktor bei der Ermittlung von Klimalasten bei Isoliergläsern;

a^* charakteristische Kantenlänge (mm);

a kleinere Kantenlänge des Isolierglases (mm).

A.4 Ermittlung des isochoren Druckes p_0

Der isochore Druck p_0 im Scheibenzwischenraum (Druck bei konstant gehaltenem Volumen) ergibt sich wie folgt aus den klimatischen Veränderungen:

$$p_0 = \Delta p_{geo} - \Delta p_{met} + 0{,}34 \text{ kN/(K} \cdot \text{m}^2) \cdot \Delta T \tag{A.5}$$

ANMERKUNG   Änderung des atmosphärischen Drucks Δp_{geo} infolge der Ortshöhenänderung ΔH darf näherungsweise mittels der Beziehung $\Delta p_{geo} = 0{,}012 \text{ kN/m}^3 \cdot \Delta H$ ermittelt werden.

Dabei ist

p_0 isochore Druck (kN/m^2);

Δp_{geo} Änderung des atmosphärischen Drucks infolge Ortshöhenänderung (kN/m^2);

Δp_{met} Änderung des atmosphärischen Drucks (kN/m^2);

ΔT Temperaturdifferenz (K);

ΔH Ortshöhendifferenz (m).

A.5 Verteilung der Einwirkungen

Die Verteilung der Einwirkungen und der Wirkung des isochoren Druckes auf die äußere und innere Scheibe kann entsprechend den Angaben von Tabelle A.2 erfolgen.

Tabelle A.2 — Verteilung der Einwirkungen

Lastangriff auf	Einwirkung	Lastanteil auf äußere Scheibe	Lastanteil auf innere Scheibe
äußere Scheibe	Wind w_a	$(\delta_a + \varphi\delta_i) \cdot w_a$	$(1-\varphi)\delta_i \cdot w_a$
	Schnee s	$(\delta_a + \varphi\delta_i) \cdot s$	$(1-\varphi)\delta_i \cdot s$
innere Scheibe	Wind w_i	$(1-\varphi)\delta_a \cdot w_i$	$(\varphi\delta_a + \delta_i) \cdot w_i$
beide Scheiben	Isochorer Druck p_0	$-\varphi \cdot p_0$	$+\varphi \cdot p_0$

Als positive Richtung für die Anwendung von Tabelle A.2 wird der Richtungspfeil von „außen" nach „innen" definiert.

9

DIN 18008-2:2010-12

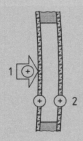 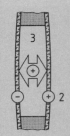 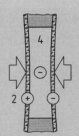

Legende

1   Winddruck
2   Verformung
3   Überdruck
4   Unterdruck

Bild A.1 — Beispiele: Winddruck (a), Über- bzw. Unterdruck (b)

ANMERKUNG   Bei VSG und VG mit den Einzelscheiben (1, 2, ...) ist als Glasdicke die Ersatzdicke d^* wie folgt zu berücksichtigen:

— voller Verbund: $d^* = d_1 + d_2 + ...$

— ohne Verbund: $d^* = \sqrt[3]{d_1^3 + d_2^3 + ...}$

Dabei ist

d^* Ersatzdicke (mm);

d_1, d_2 Dicke der Einzelscheiben (mm).

10

Tabelle A.3 — Anteil der Einzelscheibensteifigkeit an der Gesamtsteifigkeit und charakteristische Kantenlänge

Scheiben- zwischen- raum d_{SZR} mm	Glasdicke mm		Steifigkeitsanteil %		charakteristische Kantenlänge a^* mm			
	d_i	d_a	δ_i	δ_a	a/b = 0,33	a/b = 0,50	a/b = 0,67	a/b = 1,00
10	4	4	50	50	243	259	279	328
	4	6	23	77	270	288	311	365
	4	8	11	89	280	299	322	379
	4	10	6	94	284	303	326	384
	6	6	50	50	329	351	378	444
	6	8	30	70	358	382	411	484
	6	10	18	82	373	397	428	503
	8	8	50	50	408	435	469	551
	8	10	34	66	438	466	503	591
	10	10	50	50	483	514	554	652
12	4	4	50	50	254	271	292	343
	4	6	23	77	283	302	325	382
	4	8	11	89	293	313	337	396
	4	10	6	94	297	317	341	402
	6	6	50	50	344	367	395	465
	6	8	30	70	375	400	430	507
	6	10	18	82	390	415	448	527
	8	8	50	50	427	455	490	577
	8	10	34	66	458	488	526	619
	10	10	50	50	505	538	580	682
14	4	4	50	50	264	281	303	357
	4	6	23	77	294	314	338	397
	4	8	11	89	305	325	350	412
	4	10	6	94	309	329	355	418
	6	6	50	50	358	381	411	483
	6	8	30	70	390	415	447	526
	6	10	18	82	405	432	465	547
	8	8	50	50	444	473	510	600
	8	10	34	66	476	507	547	643
	10	10	50	50	525	559	603	709
16	4	4	50	50	273	291	313	369
	4	6	23	77	304	324	349	411
	4	8	11	89	315	336	362	426
	4	10	6	94	320	341	367	432
	6	6	50	50	370	394	425	500
	6	8	30	70	403	429	463	544
	6	10	18	82	419	446	481	566
	8	8	50	50	459	489	527	620
	8	10	34	66	492	525	565	665
	10	10	50	50	543	578	623	733

11

DIN 18008-2:2010-12

Dabei ist

d_{SZR} Abstand zwischen den Scheiben (Scheibenzwischenraum) (mm);

d_i Dicke der inneren Glasscheibe (mm);

d_a Dicke der äußeren Glasscheibe (mm);

δ_i Steifigkeitsfaktor Innenscheibe (%);

δ_a Steifigkeitsfaktor Außenscheibe (%);

a kleinere Kantenlänge des Isolierglases (mm);

b größere Kantenlänge des Isolierglases (mm).

12

Literaturhinweise

[1]   Feldmeier, F.: Klimabelastung und Lastverteilung bei Mehrscheibenisolierglas. Stahlbau 75 (2006) Heft 6, Seite 467–478

Berichtigung zu DIN 18008-2:2010-12

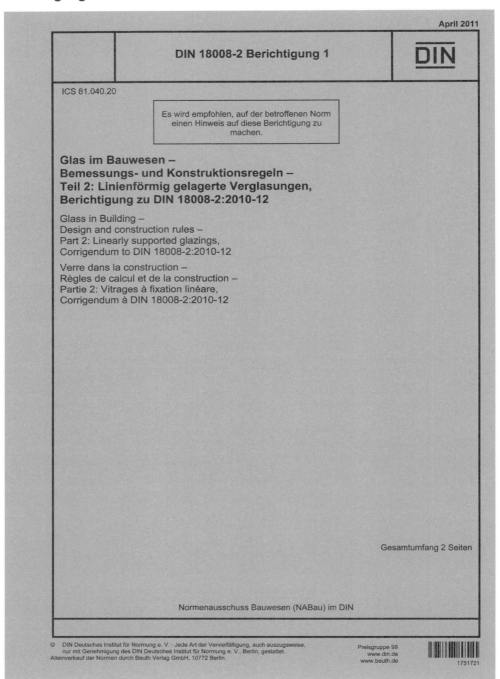

April 2011

DIN 18008-2 Berichtigung 1

DIN

ICS 81.040.20

Es wird empfohlen, auf der betroffenen Norm einen Hinweis auf diese Berichtigung zu machen.

**Glas im Bauwesen –
Bemessungs- und Konstruktionsregeln –
Teil 2: Linienförmig gelagerte Verglasungen,
Berichtigung zu DIN 18008-2:2010-12**

Glass in Building –
Design and construction rules –
Part 2: Linearly supported glazings,
Corrigendum to DIN 18008-2:2010-12

Verre dans la construction –
Règles de calcul et de la construction –
Partie 2: Vitrages à fixation linéare,
Corrigendum à DIN 18008-2:2010-12

Gesamtumfang 2 Seiten

Normenausschuss Bauwesen (NABau) im DIN

Preisgruppe 99
www.din.de
www.beuth.de

1751721

DIN 18008-2 Ber 1:2011-04

In

DIN 18008-2:2010-12

ist folgende Berichtigung vorzunehmen:

In Abschnitt 7.2 ist der Textteil „für allseitig gelagerte Vertikalverglasungen" zu streichen.

Der Abschnitt 7.2 muss richtig lauten:

„7.2 Bei der Ermittlung des Widerstandes gegen Spannungsversagen ist bei Gläsern ohne thermische Vorspannung $k_c = 1,8$ und bei thermisch vorgespannten Gläsern $k_c = 1,0$ anzusetzen."

2

Technische Regeln für die Verwendung von linienförmig gelagerten Verglasungen (TRLV)

Fassung August 2006

1 Geltungsbereich

1.1

Die Technischen Regeln gelten für Verglasungen, die an mindestens zwei gegenüberliegenden Seiten durchgehend linienförmig gelagert sind[1]. Je nach ihrer Neigung zur Vertikalen werden sie eingeteilt in

- Überkopfverglasungen: Neigung > 10°
- Vertikalverglasungen: Neigung ≤ 10°

1.2

Baurechtliche Anforderungen an den Brand-, Schall- und Wärmeschutz sowie Anforderungen anderer Stellen bleiben von diesen Technischen Regeln unberührt.

1.3

Die technischen Regeln gelten nicht für

- geklebte Fassadenelemente,
- Verglasungen, die planmäßig zur Aussteifung herangezogen werden,
- gekrümmte Überkopfverglasungen.

1.4

Für begehbare und für bedingt (z. B. zu Reinigungszwecken) betretbare Verglasungen, die nicht dem Abschnitt 3.4 dieser Regeln entsprechen, und für Verglasungen, die gegen Absturz sichern, sind zusätzliche Anforderungen zu berücksichtigen.

---

[1] Für hinterlüftete Außenwandbekleidungen aus Einscheiben-Sicherheitsglas gilt DIN 18516-4:1990-02.

1.5

Die Bestimmungen für Überkopfverglasungen gelten auch für Vertikalverglasungen, sofern diese nicht nur kurzzeitigen veränderlichen Einwirkungen wie z. B. Windeinwirkungen unterliegen. Dazu zählen z. B. Shed-Verglasungen, bei denen eine Belastung durch Schneeanhäufung möglich ist.

2   Bauprodukte

2.1

Als Glaserzeugnisse dürfen verwendet werden:

a) Spiegelglas (SPG) nach Bauregelliste A (BRL A) Teil 1, lfd. Nr. 11.1,

b) Gussglas (Drahtglas, Ornamentglas, Drahtornamentglas) nach BRL A Teil 1, lfd. Nr. 11.2,

c) Einscheiben-Sicherheitsglas (ESG) nach BRL A Teil 1, lfd. Nr. 11.4.1 aus Glas nach a) oder b),

d) Heißgelagertes Einscheiben-Sicherheitsglas (ESG-H) nach BRL A Teil 1, lfd. Nr. 11.4.2 aus ESG nach c), welches aus SPG nach a) hergestellt wurde,

e) Teilvorgespanntes Glas (TVG) nach allgemeiner bauaufsichtlicher Zulassung,

f) Verbund-Sicherheitsglas (VSG) aus Gläsern nach a) bis d) mit Zwischenfolien aus Polyvinyl-Butyral (PVB) nach Bauregelliste A Teil 1, lfd. Nr. 11.8 oder aus anderen Gläsern und/oder mit anderen Zwischenschichten, deren Verwendbarkeit nachgewiesen ist[2],

g) Verbundglas (VG) aus Gläsern nach a) bis e) mit sonstigen Zwischenschichten.

Bei Verwendung von Bauprodukten aus Glas mit CE-Kennzeichnung nach harmonisierten Normen sind die hierfür gegebenenfalls festgelegten bauaufsichtlichen Bestimmungen in der Liste der Technischen Baubestimmungen und der Bauregelliste A Teil 1 zu beachten.

---

[2] Z. B. durch eine allgemeine bauaufsichtliche Zulassung.

2.2

Für Glas nach den Abschnitten 2.1 a) bis 2.1 d) ist ein Elastizitätsmodul von E = 70000 N/mm^2 und eine Querdehnungszahl von μ = 0,23 und ein thermischer Längenausdehnungskoeffizient von α = 9 · 10^{-6} K^{-1} anzunehmen.

2.3

ESG-Scheiben und ESG-H-Scheiben sind auf Kantenverletzungen zu prüfen. ESG-Scheiben mit Kantenverletzungen, die tiefer als 15 % der Scheibendicke ins Glasvolumen eingreifen, dürfen nicht eingebaut werden. ESG-H-Scheiben mit Kantenverletzungen, die tiefer als 5 % der Scheibendicke ins Glasvolumen eingreifen, dürfen nicht eingebaut werden.

3 Anwendungsbedingungen

3.1 Allgemeines

3.1.1

Der Glaseinstand ist so zu wählen, dass die Standsicherheit der Verglasung langfristig sichergestellt ist. Als Grundlage hierfür ist DIN 18545-1:1992-02 oder DIN 18516-4:1990-02, Abschnitte 3.3.2 und 3.3.3 heranzuziehen.

3.1.2

Die Durchbiegung der Auflagerprofile darf nicht mehr als 1/200 der aufzulagernden Scheibenlänge, höchstens jedoch 15 mm betragen. Bei der Ermittlung der Schnittgrößen der Glasscheiben kann näherungsweise eine kontinuierliche starre Auflagerung vorausgesetzt werden.

3.1.3

Die linienförmige Lagerung muss beidseitig normal zur Scheibenebene wirksam sein. Dies ist durch hinreichend steife Abdeckprofile oder entsprechende mechanische Befestigungen sicherzustellen.

3.1.4

Unter Last- und Temperatureinwirkung darf kein Kontakt zwischen Glas und harten Werkstoffen (z. B. Metall, Glas) auftreten.

3.1.5

Ein Verrutschen der Scheiben ist durch Distanzklötze zu verhindern. Der Abstand zwischen Falzgrund und Scheibenrand muss unter Beachtung der Grenzabmaße von Unterkonstruktion und Verglasung so groß sein, dass ein Dampfdruckausgleich möglich ist.

3.1.6

Kanten von Drahtglas dürfen nicht ständig der Feuchtigkeit ausgesetzt sein. Freie Kanten dürfen der Bewitterung ausgesetzt sein, wenn die Abtrocknung nicht behindert wird.

3.2 Zusätzliche Regelungen für Überkopfverglasungen

3.2.1

Für Einfachverglasungen und für die untere Scheibe von Isolierverglasungen darf nur Drahtglas oder VSG aus SPG oder VSG aus teilvorgespanntem Glas (TVG) nach allgemeiner bauaufsichtlicher Zulassung verwendet werden.

3.2.2

VSG-Scheiben aus SPG und/oder aus TVG mit einer Stützweite größer 1,20 m sind allseitig linienförmig zu lagern. Dabei darf das Seitenverhältnis nicht größer als 3:1 sein.

3.2.3

Bei VSG als Einfachverglasung oder als untere Scheibe von Isolierverglasungen muss die Nenndicke der PVB-Folien mindestens 0,76 mm betragen. Abweichend davon ist eine Dicke der PVB-Folie von 0,38 mm bei allseitiger linienförmiger Lagerung und einer Stützweite in Haupttragrichtung von nicht mehr als 0,80 m zulässig.

3.2.4

Bei zweiseitig linienförmig gelagerten Verglasungen sind ausschließlich Dichtstoffe nach DIN 18545-2 Gruppe E, außerdem für geschraubte Andruckprofile (Pressleisten) auch vorgefertigte Dichtprofile nach DIN 7863 Gruppen A bis D zulässig.

3.2.5

Drahtglas ist nur bei einer Stützweite in Haupttragrichtung bis zu 0,7 m zulässig. Der Glaseinstand von Drahtglas muss mindestens 15 mm betragen.

3.2.6

Von den Anwendungsbedingungen der Abschnitte 3.1 und 3.2.1 bis 3.2.5 abweichende Überkopfverglasungen dürfen verwendet werden, wenn durch geeignete Maßnahmen das Herabfallen größerer Glasteile auf Verkehrsflächen verhindert wird. Dies kann z. B. durch ausreichend tragfähige und dauerhafte Netze mit einer Maschenweite ≤ 40 mm erreicht werden.

3.2.7

Bohrungen und Ausschnitte in den Scheiben sind nicht zulässig. Abweichend hiervon darf die Verglasung bei der Verwendung von VSG aus TVG zur Befestigung von durchgehenden Klemmleisten durchbohrt sein. Der Randabstand und der Abstand der Bohrungen untereinander muss mindestens 80 mm betragen.

3.2.8

Der freie Rand von VSG darf – parallel und senkrecht zur Lagerung – maximal 30 % der Auflagerlänge, höchstens jedoch 300 mm über den von den linienförmigen Lagerungen aufgespannten Bereich auskragen. Die Auskragung einer Scheibe eines VSG über den Verbundbereich hinaus (z. B. Tropfkanten bei Überkopfverglasungen) darf maximal 30 mm betragen.

3.2.9

Die in Abschnitt 3.1.3 geforderte linienförmige Lagerung der Verglasung darf in abhebender Richtung (Sogbelastung) auch durch eine punktförmige Randklemmung ersetzt werden. Die Abstände der Randklemmhalter dürfen nicht größer als 300 mm, die Klemmfläche jeweils nicht kleiner als 1000 mm^2 und die Glaseinstandstiefe nicht kleiner als 25 mm sein.

3.3 Zusätzliche Regelungen für Vertikalverglasungen

3.3.1

Einfachverglasungen aus SPG, Ornamentglas oder VG müssen allseitig linienförmig gelagert sein.

3.3.2

Die Verwendung von (nicht heißgelagertem) monolithischem ESG nach Abschnitt 2.1 c) ist nur in Einbausituationen unterhalb vier Metern Einbauhöhe, in denen Personen nicht direkt unter die Verglasung treten können, zulässig. In allen anderen Einbausituationen, auch für Außenscheiben von Mehrscheiben-Isolierverglasungen, muss an Stelle von monolithischem ESG nach Abschnitt 2.1 c) (heißgelagertes) monolithisches ESG-H nach Abschnitt 2.1 d) verwendet werden.

3.3.3

Bohrungen und Ausschnitte sind nur in vorgespannten Scheiben (d. h. ESG, ESG-H, TVG) oder VSG zulässig.

3.4 Zusätzliche Regelungen für begehbare Verglasungen

3.4.1

Die Regelungen gelten für die nachfolgend beschriebenen begehbaren Verglasungen mit einer allseitigen, durchgehend linienförmigen Auflagerung zur Verwendung als Treppenstufe oder als Podest-Elemente. Sie dürfen weder befahren noch hohen Dauerlasten ausgesetzt werden oder aufgrund der Nutzungsbedingungen einer erhöhten Stoßgefahr unterworfen sein.

3.4.2

Die Standsicherheit und die Gebrauchstauglichkeit der begehbaren Verglasungen und deren Stützkonstruktionen sind für die Einwirkungen, die sich aus den bauaufsichtlich bekannt gemachten Technischen Baubestimmungen ergeben, rechnerisch nachzuweisen. Zusätzlich ist der Lastfall "Eigengewicht + Einzellast" (Aufstandsfläche 100 mm x 100 mm) in ungünstigster Laststellung zu untersuchen. Die Größe der Einzellast beträgt 1,5 kN in Bereichen, die mit einer gleichmäßig verteilten lotrechten Verkehrslast von maximal 3,5 kN/m^2 zu beaufschlagen sind. In Bereichen mit höherer lotrechter Verkehrslast beträgt die anzusetzende Einzellast 2,0 kN. Verkehrslasten über 5,0 kN/m^2 sind nicht zulässig.

3.4.3

Es darf nur VSG aus mindestens drei Scheiben verwendet werden. Die oberste Scheibe muss mindestens 10 mm dick sein und aus ESG oder TVG bestehen. Die beiden untersten Scheiben müssen mindestens 12 mm dick sein und aus SPG oder TVG bestehen. Die maximale Länge beträgt 1500 mm, die maximale Breite 400 mm. Der Glaseinstand muss mindestens 30 mm betragen. Die Mindestnenndicke der PVB-Folie je Zwischenschicht beträgt 1,52 mm. Die Verglasungen sind in Scheibenebene durch geeignete mechanische Halterungen in ihrer Lage zu sichern. Die Kanten der Verglasungen müssen durch die Stützkonstruktion oder angrenzende Scheiben geschützt sein. Für Verglasungen, die von der Rechteckform abweichen, gelten die Abmessungen des umschriebenen Rechtecks. Bohrungen oder Ausnehmungen sind nicht zulässig. Die Oberflächen der Verglasungen müssen ausreichend rutschsicher sein.

3.4.4

Die Spannungsnachweise für die Verglasungen sind unter der Annahme zu führen, dass die oberste Scheibe des VSG nicht mitträgt.

3.4.5

Die in den Verglasungen auftretenden Spannungen – auch solche, die sich aus den Einwirkungen nach Abschnitt 3.4.2

ergeben – dürfen die in Tabelle 2 genannten zulässigen Spannungen nicht überschreiten. Für TVG gelten die Werte der entsprechenden allgemeinen bauaufsichtlichen Zulassung.

3.4.6

Die Durchbiegung einer vollständig intakten Verglasung darf unter den nach Abschnitt 3.4.2 anzusetzenden Einwirkungen 1/200 der Stützweite nicht überschreiten.

3.4.7

Bei den Spannungs- und Durchbiegungsnachweisen von VSG darf ein günstig wirkender Schubverbund zwischen den Einzelscheiben nicht berücksichtigt werden.

4 Einwirkungen

4.1

Es sind die Einwirkungen, die sich aus den bauaufsichtlich bekannt gemachten Technischen Baubestimmungen ergeben, zu berücksichtigen.

4.2

Bei Isolierverglasungen ist zusätzlich die Wirkung von Druckdifferenzen p_0 zu berücksichtigen, die sich aus der Veränderung der Temperatur ΔT und des meteorologischen Luftdruckes Δp_{met} sowie aus der Differenz ΔH der Ortshöhe zwischen Herstellungs- und Einbauort ergeben. Als Herstellungsort gilt der Ort der endgültigen Scheibenabdichtung.

Es sind die beiden Einwirkungskombinationen nach Tabelle 1 zu berücksichtigen.

Tabelle 1
Rechenwerte für klimatische Einwirkungen* und den resultierenden isochoren Druck p_0

* Erläuterungen hierzu siehe Anhang B1.

Einwirkungs-kombination	ΔT in K	Δp_{met} in kN/m²	ΔH in m	p_0 in kN/m²
Sommer	+20	−2	+600	+16
Winter	−25	+4	−300	−16

In Tabelle 1 ist

ΔT Temperaturdifferenz zwischen Herstellung und Gebrauch

Δp_{met} Differenz des meteorologischen Luftdrucks am Einbauort und bei der Herstellung

ΔH Differenz der Ortshöhe zwischen Einbauort und Herstellungsort

p_0 aus ΔT, Δp_{met} und ΔH resultierender isochorer Druck (siehe Gleichung A5 in Anhang A)

Falls die Differenz der Ortshöhen ΔH bekannt ist, so ist statt der Rechenwerte nach Tabelle 1 der tatsächliche Wert zu berücksichtigen. Voraussetzung für den Ansatz der Rechenwerte für die Temperaturdifferenz ΔT nach Tabelle 1 ist die Verwendung von Isolierglas, das einen Gesamtabsorptionsgrad von weniger als 30 % aufweist und nicht durch andere Bauteile oder Sonnenschutzeinrichtungen aufgeheizt wird.

Ist – aufgrund außergewöhnlicher Einbaubedingungen – mit ungünstigeren Temperaturbedingungen zu rechnen, so sind zusätzlich die Werte ΔT oder Δp_0 nach Tabelle B1 aus Anhang B zu verwenden.

4.3

Für ebene Isolierverglasungen mit allseitig gelagerten, rechteckigen Scheiben ist in Anhang A ein Berechnungsverfahren für den Nachweis der Einwirkungen nach den Abschnitten 4.1 und 4.2 angegeben. Die Anwendung vergleichbarer Verfahren ist zulässig.

5   Standsicherheits- und Durchbiegungsnachweise

5.1   Allgemeines

5.1.1

Die Glasscheiben sind für die Einwirkungen nach den Abschnitten 4.1 und 4.2 unter Beachtung aller beanspruchungserhöhenden Einflüsse (Bohrungen, Ausschnitte) zu bemessen. Bei Isolierverglasungen ist die Kopplung der

Einzelscheiben über das eingeschlossene Gasvolumen zu berücksichtigen. Das besondere Tragverhalten gekrümmter Scheiben (Schalenwirkung) ist gegebenenfalls zu berücksichtigen.

5.1.2

Bei Standsicherheits- und Durchbiegungsnachweisen von VSG- oder VG-Einfachverglasungen darf ein günstig wirkender Schubverbund der Scheiben nicht berücksichtigt werden. Gleiches gilt für die Schubkopplung von Isolierverglasungen über den Randverbund.

Bei Vertikalverglasungen aus Isolierglas mit VSG oder VG ist bei diesen Nachweisen für veränderliche Einwirkungen zusätzlich der Grenzzustand des vollen Schubverbunds zu berücksichtigen.

5.2 Spannungsnachweis

5.2.1

Bei der Bemessung für die Einwirkungen nach Abschnitt 4.1 gelten die zulässigen Biegezugspannungen nach Tabelle 2. Bei der Bemessung für die Überlagerung der Einwirkungen nach den Abschnitten 4.1 und 4.2 dürfen die zulässigen Biegezugspannungen nach Tabelle 2 im Allgemeinen um 15 % und bei Vertikalverglasungen mit Scheiben aus Spiegelglas und Glasflächen bis zu 1,6 m^2 im Besonderen um 25 % erhöht werden.

5.2.2

Die untere Scheibe einer Überkopfverglasung aus Isolierglas ist außer für den Fall der planmäßigen Einwirkungen nach den Abschnitten 4.1 und 4.2 auch für den Fall des Versagens der oberen Scheibe mit deren Belastung zu bemessen.

Glassorte	Überkopf-verglasung	Vertikal-verglasung
ESG aus SPG	50	50
ESG aus Gussglas	37	37
Emailliertes ESG aus SPG*	30	30
SPG	12	18
Gussglas	8	10
VSG aus SPG	15 (25**)	22,5

Tabelle 2
Zulässige Biegezug-spannungen in N/mm^2

* Emaille auf der Zug-seite.
** Nur für die untere Scheibe einer Über-kopfverglasung aus Isolierglas beim Lastfall "Versagen der oberen Scheibe" zulässig.

5.3 Durchbiegungsnachweis

5.3.1

Die Durchbiegungen der Glasscheiben dürfen an un-günstigster Stelle nicht größer als die Werte nach Tabelle 3 sein.

Lagerung	Überkopfverglasung	Vertikalverglasung
vierseitig	1/100 der Scheibenstütz-weite in Haupttragrichtig	keine Anforderung **
zwei- und dreiseitig	Einfachverglasung: 1/100 der Scheibenstütz-weite in Haupttragrichtung	1/100 der freien Kante*
	Scheiben der Isolierver-glasung: 1/200 der freien Kante	1/100 der freien Kante**

Tabelle 3
Durchbiegungsbegren-zungen

* Auf die Einhaltung dieser Begrenzung kann verzichtet werden, sofern nachgewiesen wird, dass unter Last ein Glaseinstand von 5 mm nicht unterschrit-ten wird.

** Durchbiegungsbe-grenzungen des Iso-lierglasherstellers sind zu beachten.

5.3.2

Bei der Bemessung der unteren Scheibe einer Überkopfver-glasung aus Isolierglas nach Abschnitt 5.2.2 ist ein Durch-biegungsnachweis nicht erforderlich.

5.4 Nachweiserleichterungen für Vertikalverglasungen

Allseitig gelagerte Isolierverglasungen, bei denen folgende Bedingungen eingehalten sind

Glaserzeugnis:	SPG, TVG oder ESG
Fläche:	$\leq 1{,}6\ \mathrm{m}^2$
Scheibendicke:	$\geq 4\ \mathrm{mm}$
Differenz der Scheibendicken:	$\leq 4\ \mathrm{mm}$
Scheibenzwischenraum:	$\leq 16\ \mathrm{mm}$
Windlast w:	$\leq 0{,}8\ \mathrm{kN/m}^2$

können für Einbauhöhen bis 20 m über Gelände bei normalen Produktions- und Einbaubedingungen (Ansatz der Rechenwerte nach Tabelle 1) ohne weiteren Nachweis verwendet werden. Unterschreitet die Länge der kürzeren Kante den Wert von 500 mm, so erhöht sich jedoch bei Scheiben aus SPG das Bruchrisiko infolge von Klimaeinwirkungen.

Anhang A:
Berechnungsverfahren für Isolierglas

Für Isolierverglasungen mit allseitig gelagerten recht-eckigen Glasscheiben können der Lastabtragungsanteil der äußeren und inneren Scheibe und die Einwirkungen infolge klimatischer Veränderungen bei kleinen Deformationen wie folgt berücksichtigt werden:

- Berechnung der Anteile δ_a und δ_i der Einzelscheiben an der Gesamtbiegesteifigkeit

$$\delta_a = \frac{d_a^3}{d_a^3 + d_i^3} \tag{A1}$$

$$\delta_i = \frac{d_i^3}{d_a^3 + d_i^3} = 1 - \delta_a \tag{A2}$$

- Berechnung der charakteristischen Kantenlänge a^*

$$a^* = 28{,}9 \cdot \sqrt[4]{\frac{d_{SZR} \cdot d_a^3 \cdot d_i^3}{(d_a^3 + d_i^3) \cdot B_V}} \tag{A3}$$

Der Beiwert B_V ist in Abhängigkeit vom Seitenverhältnis a/b in Tabelle A1 angegeben.

a/b	1	0,9	0,8	0,7	0,6
B_V	0,0194	0,0237	0,0288	0,035	0,0421

a/b	0,5	0,4	0,3	0,2	0,1
B_V	0,0501	0,0587	0,0676	0,0767	0,0857

Tabelle A1
Beiwert B_V
Die Werte wurden auf der Basis der Kirch-hoff'schen Plattentheo-rie für $\mu = 0{,}23$ berech-net. Zwischenwerte können linear interpo-liert werden.

Werte für a^* sind für gebräuchliche Isolierglasaufbauten in Abhängigkeit vom Seitenverhältnis a/b in Tabelle A3 zu-sammengestellt.

- Berechnung des Faktors φ

$$\varphi = \frac{1}{1 + (a/a^*)^4} \tag{A4}$$

- Ermittlung des isochoren Druckes p_0

Der isochore Druck p_0 im Scheibenzwischenraum (Druck bei gleichbleibendem Volumen) ergibt sich wie folgt aus den klimatischen Veränderungen:

$$p_0 = c_1 \cdot \Delta T - \Delta p_{met} + c_2 \cdot \Delta H \qquad (A5)$$

mit $c_1 = 0{,}34$ kPa/K
und $c_2 = 0{,}012$ kPa/m

- Verteilung der Einwirkungen

Die Verteilung der Einwirkungen und die Wirkung des isochoren Druckes auf die äußere und innere Scheibe kann entsprechend den Angaben von Tabelle A2 erfolgen.

Tabelle A2
Verteilung der Einwirkungen
* Vorzeichenregelung siehe Anhang B2.

Lastangriff auf	Einwirkung	Lastanteil auf äußere Scheibe	Lastanteil auf innere Scheibe
äußere Scheibe	Wind w_a	$\left(\delta_a + \varphi \cdot \delta_i\right) \cdot w_a$	$\left(1 - \varphi\right) \cdot \delta_i \cdot w_a$
	Schnee s	$\left(\delta_a + \varphi \cdot \delta_i\right) \cdot s$	$\left(1 - \varphi\right) \cdot \delta_i \cdot s$
innere Scheibe	Wind w_i	$\left(1 - \varphi\right) \cdot \delta_a \cdot w_i$	$\left(\varphi \cdot \delta_a + \delta_i\right) \cdot w_i$
beide Scheiben	Isochorer Druck p_0	$-\varphi \cdot p_0$	$+\varphi \cdot p_0$

In den Gleichungen A1 bis A5 ist

a kleinere Kantenlänge der Isolierverglasung in mm
b größere Kantenlänge der Isolierverglasung in mm
d_{SZR} Abstand zwischen den Scheiben (Scheibenzwischenraum) in mm
d_a Dicke der äußeren Scheibe in mm
d_i Dicke der inneren Scheibe in mm

Anmerkung: Bei VSG und VG mit den Einzelscheiben (1,2,...) ist als Glasdicke die Ersatzdicke d^* wie folgt zu berücksichtigen:

- voller Verbund: $d^* = d_1 + d_2 + \ldots$

- ohne Verbund: $d^* = \sqrt[3]{d_1^3 + d_2^3 + \ldots}$

d_{SZR} in mm	Glasdicke in mm		Steifigkeits-anteil		a^* in mm			
in mm	d_i	d_a	δ_i	δ_a	$a/b =$ 0,33	$a/b =$ 0,50	$a/b =$ 0,67	$a/b =$ 1,00
10	4	4	50 %	50 %	243	259	279	328
	4	6	23 %	77 %	270	288	311	365
	4	8	11 %	89 %	280	299	322	379
	4	10	6 %	94 %	284	303	326	384
	6	6	50 %	50 %	329	351	378	444
	6	8	30 %	70 %	358	382	411	484
	6	10	18 %	82 %	373	397	428	503
	8	8	50 %	50 %	408	435	469	551
	8	10	34 %	66 %	438	466	503	591
	10	10	50 %	50 %	483	514	554	652
12	4	4	50 %	50 %	254	271	292	343
	4	6	23 %	77 %	283	302	325	382
	4	8	11 %	89 %	293	313	337	396
	4	10	6 %	94 %	297	317	341	402
	6	6	50 %	50 %	344	367	395	465
	6	8	30 %	70 %	375	400	430	507
	6	10	18 %	82 %	390	415	448	527
	8	8	50 %	50 %	427	455	490	577
	8	10	34 %	66 %	458	488	526	619
	10	10	50 %	50 %	505	538	580	682
14	4	4	50 %	50 %	264	281	303	357
	4	6	23 %	77 %	294	314	338	397
	4	8	11 %	89 %	305	325	350	412
	4	10	6 %	94 %	309	329	355	418
	6	6	50 %	50 %	358	381	411	483
	6	8	30 %	70 %	390	415	447	526
	6	10	18 %	82 %	405	432	465	547
	8	8	50 %	50 %	444	473	510	600
	8	10	34 %	66 %	476	507	547	643
	10	10	50 %	50 %	525	559	603	709

Tabelle A3
Anteil der Einzelscheiben an der Gesamtsteifigkeit eines Zweischeiben-Isolierglases und charakteristische Kantenlänge a^* in mm für den Scheibenabstand d_{SZR} = 10; 12; 14; und 16 mm und für ein Seitenverhältnis von a/b = 0,33; 0,50; 0,67 und 1,00.

Tabelle A3
Fortsetzung

d_{SZR}	Glasdicke in mm		Steifigkeits-anteil		a^* in mm			
in mm	d_i	d_a	δ_i	δ_a	$a/b =$ 0,33	$a/b =$ 0,5	$a/b =$ 0,67	$a/b =$ 1,00
16	4	4	50 %	50 %	273	291	313	369
	4	6	23 %	77 %	304	324	349	411
	4	8	11 %	89 %	315	336	362	426
	4	10	6 %	94 %	320	341	367	432
	6	6	50 %	50 %	370	394	425	500
	6	8	30 %	70 %	403	429	463	544
	6	10	18 %	82 %	419	446	481	566
	8	8	50 %	50 %	459	489	527	620
	8	10	34 %	66 %	492	525	565	665
	10	10	50 %	50 %	543	578	623	733

Anhang B:
Erläuterungen

B1: Erläuterungen zu den Mindestwerten für klimatische Einwirkungen

Bei der Festlegung der Klimawerte in Tabelle 1 wurde von folgenden Randbedingungen ausgegangen:

Einwirkungskombination Sommer

- Einbaubedingungen:
  Einstrahlung 800 W/m^2 unter Einstrahlwinkel 45°;
  Absorption der Scheibe 30 %;
  Lufttemperatur innen und außen 28 °C;
  mittlerer Luftdruck 1010 hPa;
  Wärmeübergangswiderstand innen und außen
  0,12 m^{2}K/W;
  Resultierende Temperatur im Scheibenzwischenraum
  ca. +39 °C.
- Produktionsbedingungen:
  Herstellung im Winter bei +19 °C und einem hohen Luftdruck von 1030 hPa.

Einwirkungskombination Winter

- Einbaubedingungen:
  keine Einstrahlung;
  U_g-Wert des Glases 1,8 W/m^{2}K;
  Lufttemperatur innen 19 °C und außen −10 °C;
  hoher Luftdruck 1030 hPa;
  Wärmeübergangswiderstand innen 0,13 m^{2}K/W und außen 0,04 m^{2}K/W;
  Resultierende Temperatur im Scheibenzwischenraum
  ca. +2 °C.
- Produktionsbedingungen:
  Herstellung im Sommer bei +27 °C und einem niedrigen Luftdruck von 990 hPa.

Eventuell vorhandenen besonderen Temperaturbedingungen am Einbauort kann mit den in Tabelle B1 angegebenen zusätzlichen Werten für ΔT und Δp_0 Rechnung getragen werden.

Tabelle B1
Zusätzliche Werte für
ΔT und Δp_0 zur Berücksichtigung besonderer
Temperaturbedingun-
gen am Einbauort

Einwirkungs-kombination	Ursache für erhöhte Tempera-turdifferenz	ΔT in K	Δp_0 in kN/m²
Sommer	Absorption zwischen 30 % und 50 %	+9	+3
	innen liegender Sonnenschutz (ventiliert)	+9	+3
	Absorption größer 50 %	+18	+6
	innen liegender Sonnenschutz (nicht ventiliert)	+18	+6
	dahinterliegende Wärmedäm-mung (Paneel)	+35	+12
Winter	unbeheiztes Gebäude	-12	-4

B2: Erläuterungen zur Vorzeichenregelung

Das positive Vorzeichen wird in Richtung der "Hauptlast"
gewählt, z. B. bei einer Vertikalverglasung in Richtung des
Winddrucks auf die äußere Scheibe (siehe Bild B2). Der
Richtungspfeil zeigt damit von "außen" nach "innen". Diese
Regelung bleibt auch erhalten, wenn andere Lasten domi-
nieren, z. B. Windsog oder bei Isolierglas der Innendruck.

Bild B2
Vorzeichen der Einwir-
kungen und Vorzeichen
der Verformung bei
einer Vertikalvergla-
sung (dargestellt ist der
verformte Zustand)

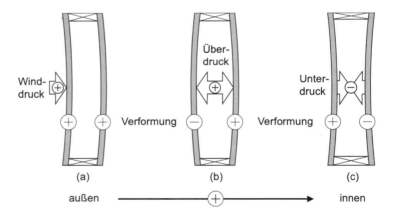

(a) Winddruck auf die äußere Scheibe positiv, damit auch
die Durchbiegung nach "innen" positiv,
(b) Überdruck im Scheibenzwischenraum (positiv) bewirkt
Ausbauchung der Innenscheibe nach innen (positiv) und
Ausbauchung der Außenscheibe nach außen (negativ),
(c) Bei Unterdruck im Scheibenzwischenraum ergeben sich
die Vorzeichen entsprechend.

Technische Regeln für die Bemessung und Ausführung punktförmig gelagerter Verglasungen (TRPV)

Fassung August 2006

1 Geltungsbereich

1.1

Die Technischen Regeln für die Bemessung und Ausführung der nachfolgend beschriebenen punktförmig gelagerten Vertikal- und Überkopfverglasungen beziehen sich ausschließlich auf Aspekte der Standsicherheit und Gebrauchstauglichkeit. Als Vertikalverglasungen im Sinne dieser Technischen Regeln gelten alle Verglasungen mit einer Neigung von maximal 10° gegen die Lotrechte (siehe auch Abschnitt 5). Als Überkopfverglasungen im Sinne dieser Technischen Regeln gelten alle Verglasungen mit einer Neigung von mehr als 10° gegen die Lotrechte (siehe auch Abschnitt 6).

1.2

Baurechtliche Anforderungen an den Brand-, Schall- und Wärmeschutz sowie Anforderungen anderer Stellen bleiben von diesen Technischen Regeln unberührt. Des Weiteren bleiben die Regelungen nach DIN 18516-4:1990-02[1] davon unberührt.

1.3

Diese Technischen Regeln gelten nur für Verglasungskonstruktionen, bei denen alle Glasscheiben ausschließlich durch mechanische Halterungen formschlüssig gelagert sind.

---

[1] DIN 18516-4:1990-02 Außenwandbekleidungen, hinterlüftet; Einscheiben-Sicherheitsglas; Anforderungen, Bemessung, Prüfung.

1.4

Für Verglasungen, die gegen Absturz sichern, für begehbare Verglasungen und für bedingt betretbare Verglasungen (z. B. zu Reinigungszwecken) sind zusätzliche Anforderungen zu berücksichtigen.

1.5

Die Glasscheiben dürfen nur ausfachend angeordnet werden. Ausfachend heißt hier, dass jede Einzelscheibe planmäßig nur Beanspruchungen aus ihrem Eigengewicht, Temperatur und aus auf sie einwirkenden Querlasten (z. B. Wind, Schnee) erfährt. Die Unterkonstruktion selbst muss in sich hinreichend ausgesteift sein.

1.6

Halter, die den Randbereich einer Verglasung U-förmig umschließen, werden im Folgenden als Randklemmhalter bezeichnet (Bild 4). Halter mit zwei Tellern, die über einen Bolzen, der durch eine durchgehend zylindrische Glasbohrung geführt wird, miteinander verbunden sind, werden als Tellerhalter bezeichnet (Bild 3). Tellerhalter, die nicht nach bauaufsichtlich bekannt gemachten Technischen Baubestimmungen nachgewiesen werden können (z. B. Tellerhalter mit Kugel- oder Elastomergelenken), bedürfen einer allgemeinen bauaufsichtlichen oder europäischen technischen Zulassung.

1.7

Die Oberkante der Verglasungen darf maximal 20 m über Gelände liegen. Die maximalen Abmessungen der Glasscheiben betragen 2500 mm x 3000 mm.

2   Bauprodukte

2.1

Als Glaserzeugnisse dürfen verwendet werden:

a) Verbund-Sicherheitsglas (VSG) nach Bauregelliste A (BRL A) Teil 1, lfd. Nr. 11.8 aus ESG nach BRL A Teil 1, lfd. Nr. 11.4.1 oder aus ESG-H nach BRL A Teil 1, lfd. Nr. 11.4.2,

b) VSG aus Teilvorgespanntem Glas (TVG) nach allgemeiner bauaufsichtlicher Zulassung,

c) durch Randklemmhalter gehaltene zweischeibige Isolierverglasung nach BRL A Teil 1, lfd. Nr. 11.5.2, 11.6 und 11.7 mit mindestens einer Scheibe aus VSG nach a) oder b). Die zweite Scheibe muss aus VSG nach a) oder b) oder aus ESG-H nach BRL A Teil 1, lfd. Nr. 11.4.2 bestehen.

Bei Verwendung von Bauprodukten aus Glas mit CE-Kennzeichnung nach harmonisierten Normen sind die hierfür gegebenenfalls festgelegten aktuellen bauaufsichtlichen Bestimmungen der Liste der Technischen Baubestimmungen und der Bauregelliste zu beachten.

Die Bohrungsoberflächen müssen glatt und riefenfrei sein. Ein Kantenversatz infolge zweiseitiger Bohrung darf nicht größer als 0,5 mm sein. Die Ränder von Bohrungen sind unter einem Winkel von 45° mit einer Fase von 0,5 bis 1,0 mm (kurze Schenkellänge) auf beiden Seiten der Scheibe zu säumen.

2.2

Die Glasdicken der zu VSG verbundenen Glasscheiben dürfen höchstens um den Faktor 1,5 voneinander abweichen. Zudem muss die Nenndicke der zur Herstellung des VSG verwendeten Folie aus Polyvinyl-Butyral (PVB) mindestens 0,76 mm betragen.

2.3

Alle zur Verwendung kommenden Materialien müssen, fachgerechte Wartung und Pflege vorausgesetzt, dauerhaft beständig sein gegen UV-Strahlung, Wasser, Reinigungsmittel und Temperaturwechsel zwischen -25 °C und +100 °C. Die elastischen Zwischenschichten (schwarzes EPDM = Ethylen-Propylen-Dien-Copolymer, Silikon) sowie die Hülse (POM = Polyoxymethylen, PA 6 = Polyamid) müssen mit allen berührenden Materialien verträglich sein. Ihr Wasseraufnahmevermögen muss unter 1 % liegen. Die

Shore-A Härte der elastischen Zwischenschichten nach DIN 53505 muss zwischen 60 und 80 liegen.

2.4

Die Punkthalter müssen aus nichtrostendem Stahl entsprechend allgemeiner bauaufsichtlicher Zulassung (siehe Z-30.3-6) mit geeigneter Korrosionswiderstandsklasse, mindestens jedoch Korrosionswiderstandsklasse II, bestehen.

3 Allgemeine Anforderungen

3.1

Die Verglasungskonstruktionen sind so zu gestalten, dass die Glasscheiben unter Berücksichtigung baupraktischer Toleranzen zwängungsfrei montiert werden können und es unter Betriebsbedingungen (Lasteinwirkung, Temperatur, Nachgiebigkeit der tragenden Konstruktion) nicht zum Kontakt der Glasscheiben mit anderen Glasscheiben oder sonstigen harten Bauteilen kommen kann.

3.2

Jede Einzelscheibe ist unter Verwendung elastischer Zwischenschichten nach Abschnitt 2.3 an einer hinreichend steifen, ausreichend tragfähigen und den einschlägigen Technischen Baubestimmungen entsprechenden Stützkonstruktion so zu befestigen, dass sie in alle Richtungen formschlüssig gehalten ist.

3.3

Alle zur Verwendung kommenden Glasscheiben müssen sowohl vor als auch nach dem Einbau eben sein.

3.4

Der freie Glasrand darf maximal 300 mm über die von den Glashalterungen aufgespannte Innenfläche auskragen (Prinzipskizze Bild 1).

Beispiel 1:

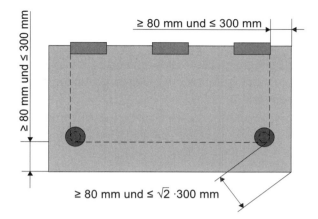

≥ 80 mm und ≤ 300 mm

≥ 80 mm und ≤ 300 mm

≥ 80 mm und ≤ √2 ·300 mm

Bild 1
Prinzipskizze
Glasauskragung

Siehe auch
Abschnitt 3.6

Beispiel 2:

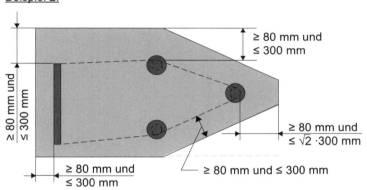

≥ 80 mm und ≤ 300 mm

≥ 80 mm und ≤ 300 mm

≥ 80 mm und ≤ √2 ·300 mm

≥ 80 mm und ≤ 300 mm

≥ 80 mm und ≤ 300 mm

Legende

Begrenzung der Innenfläche	– – –
Glasrand	———
Glastafel	
Randklemmhalter	
Linienlager	
Punkthalter mit Bohrloch	

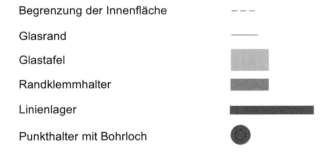

3.5

Die Durchbiegungen der Verglasungen sind unter Beachtung der Anforderungen in Abschnitt 4 auf 1/100 der maßgebenden Stützweite zu beschränken.

3.6

Bohrlöcher sind so anzuordnen, dass sowohl zum freien Rand als auch zu benachbarten Bohrungen eine Glasbreite von mindestens 80 mm erhalten bleibt. Weiterhin muss dieser Abstand im Eckbereich einer Glasscheibe zum Glasrand mindestens 80 mm und zum anderen Glasrand mindestens 100 mm betragen (Bild 2).

Bild 2
Randabstände Bohrloch

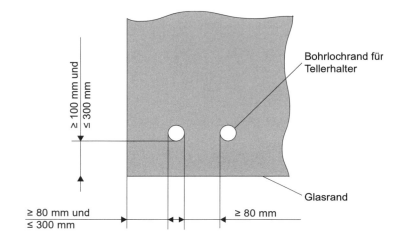

3.7

Tellerhalter müssen beidseitig kreisförmige Teller mit einem Mindestdurchmesser von 50 mm aufweisen. Durch geeignete konstruktive Maßnahmen (z. B. Wahl entsprechender Hülsendurchmesser) muss auf Dauer ein Glaseinstand von mindestens 12 mm (Bild 3) gewährleistet sein. Die Dicke der Hülsenwand muss mindestens 3 mm betragen.

Bild 3
Prinzipskizze
Querschnitt Tellerhalter

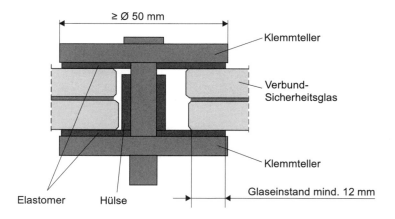

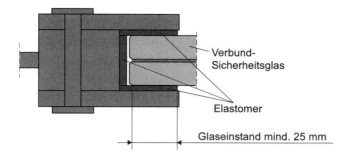

Bild 4
Prinzipskizze
Querschnitt Rand-
klemmhalter

Verbund-
Sicherheitsglas

Elastomer

Glaseinstand mind. 25 mm

3.8

Jede ausschließlich punktgelagerte VSG-Scheibe ist durch mindestens drei Punkthalter zu lagern. Der größte eingeschlossene Winkel des von drei Punkthaltern aufgespannten Dreieckes darf 120° nicht übersteigen (Bild 5).

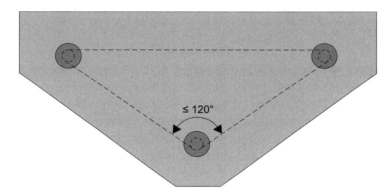

≤ 120°

Bild 5
Prinzipskizze
Winkeldefinition punkt-
gelagerte VSG-Scheibe

3.9

Zur Befestigung der Verglasungen dienende Schraubverbindungen sind durch geeignete Maßnahmen gegen selbstständiges Lösen zu sichern.

4 Einwirkungen, Standsicherheits- und Gebrauchstauglichkeitsnachweise

4.1

Die Standsicherheit und die Gebrauchstauglichkeit der hier geregelten Verglasungskonstruktionen sind rechnerisch nachzuweisen. Die anzusetzenden Einwirkungen ergeben sich aus den Technischen Baubestimmungen.

4.2

Bei der rechnerischen Ermittlung der für die Bemessung
maßgebenden Beanspruchungen der Verglasungen und der
Glashalterungen sind alle relevanten Einflüsse (z. B. Spannungskonzentration am Bohrlochrand, Exzentrizitäten, Verformung der Unterkonstruktion, Steifigkeiten der jeweiligen
Zwischenschichten von Teller und Hülse, Grenztemperatu-
ren von -20 °C bis +80 °C usw.) zu berücksichtigen. Das
gewählte statische Modell und das Berechnungsverfahren
(z. B. Finite-Elemente-Methode) müssen die auftretenden
Beanspruchungen auf der sicheren Seite liegend erfassen.
Alle nicht ausreichend gesicherten Berechnungsannahmen
sind durch ingenieurmäßige Grenzfallbetrachtungen
(z. B. Ansatz unverschieblicher anstelle von verschieblicher
Lagerung) abzudecken.[2]

4.3

Bei den Nachweisen darf kein günstig wirkender Schubverbund zwischen den Einzelscheiben von VSG bzw. dem
Randverbund von Isolierverglasungen angesetzt werden. In
allen Fällen, in denen sich eine Verbundwirkung ungünstig
auf die Bemessungsergebnisse auswirken kann (z. B. bei
Isolierverglasungen unter Klimalasten), ist zusätzlich der
Grenzfall des vollen Schubverbundes zu untersuchen.

4.4

Bei Standsicherheits- und Gebrauchstauglichkeitsnachwei-
sen von Isolierverglasungen mit Randklemmhaltern sind
zusätzlich Druckdifferenzen (kurz: Klimalasten) zwischen
dem im Scheibenzwischenraum eingeschlossenen Gasvolumen und der umgebenden Atmosphäre zu berücksichtigen. Temperaturänderungen, die Änderung der geodäti-
schen Höhenlage zwischen Herstell- und Einbauort sowie
die atmosphärischen Druckschwankungen können den

---

[2] Siehe auch ergänzende Hinweise in den DIBt Mitteilungen 6/2004: „Bemessung von punktgelagerten Verglasungen mit verifizierten Finite-
Elemente-Modellen".

„Technischen Regeln für die Verwendung von linienförmig gelagerten Verglasungen" (TRLV) entnommen werden.

4.5

Die maximal zulässigen Biegezugspannungen für die verwendete Glasart sind den TRLV und im Falle von VSG aus TVG der entsprechenden allgemeinen bauaufsichtlichen Zulassung zu entnehmen.

4.6

Die ausreichende Tragfähigkeit der Glashalterungen muss auf Basis der Technischen Baubestimmungen, allgemeinen bauaufsichtlichen oder europäischen technischen Zulassungen rechnerisch nachgewiesen werden.

5   Zusätzliche Anforderungen an Vertikalverglasungen

5.1

Die Glaseinstandstiefe von Randklemmhaltern muss mindestens 25 mm betragen. Die glasüberdeckende Klemmfläche je Halterung muss je Seite mindestens 1000 mm^2 groß sein.

5.2

Die Anwendung von Kombinationen aus linienförmiger Lagerung nach den TRLV und punktförmiger Lagerung ist zulässig. Hierbei dürfen abweichend von der Bestimmung 3.8 zwei Punkthalter durch ein Linienlager ersetzt werden. Weiterhin ist, außer für Isolierverglasungen, zulässig, die Verglasungen zur Befestigung von Klemmleisten zu durchbohren.

6 Zusätzliche Anforderungen an Überkopfverglasungen

6.1

Für Einfachverglasungen ist VSG aus TVG aus gleich dicken Glasscheiben (mindestens 2 x 6 mm) und PVB-Folie mit einer Nenndicke von mindestens 1,52 mm zu verwenden.

6.2

Der von den äußeren Punkthaltern eingeschlossene Innenbereich (Bild 6) darf, außer durch Bohrungen für innen liegende Punkthalter, nicht durch sonstige Bohrungen, Öffnungen oder Ausschnitte geschwächt sein.

Bild 6
Innenbereich punktförmig gelagerter Überkopfverglasung

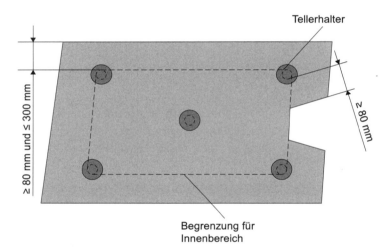

6.3

Es müssen Tellerhalter nach Abschnitt 3 (Bild 3) verwendet werden.

6.4

Maximal zulässiges Stützraster mit nachgewiesener Resttragfähigkeit bei einer gleichmäßig verteilten Schneelast von bis zu 1,0 kN/m^2: siehe Tabelle 1.

	1	2	3	4
	Teildurch-messer in mm	Minimale Glasdicke TVG in mm	Stützweite in mm in Richtung 1	Stützweite in mm in Richtung 2
1	70	2 x 6	900	750
2	60	2 x 8	950	750
3	70	2 x 8	1100	750
4	60	2 x 10	1000	900
5	70	2 x 10	1400	1000

Tabelle 1
Glasaufbauten mit nachgewiesener Resttragfähigkeit bei rechtwinkligem Stützraster

Bei von der Rechteckform abweichenden Glasscheiben ist das umschließende Rechteck bei der Bezugnahme auf die Tabelle 1 maßgebend.

Diese Tabelle ersetzt nicht die in jedem Fall zu führenden statischen Nachweise.

Technische Regeln für die Verwendung von absturzsichernden Verglasungen (TRAV)

Fassung Januar 2003

1   Geltungsbereich

1.1

Die technischen Regeln gelten für die nachfolgend beschriebenen mechanisch gelagerten Verglasungen, wenn diese auch dazu dienen, Personen auf Verkehrsflächen gegen seitlichen Absturz zu sichern, wobei der mindestens zu sichernde Höhenunterschied der entsprechenden Landesbauordnung zu entnehmen ist. Geregelt werden

- Vertikalverglasungen nach den „Technischen Regeln für die Verwendung von linienförmig gelagerten Verglasungen", veröffentlicht in den DIBt-Mitteilungen 6/1998 (TRLV), an die wegen ihrer absturzsichernden Funktion die zusätzlichen Anforderungen nach diesen Technischen Regeln gestellt werden; die Anwendungsfreistellungen in Absatz 1.5 der TRLV für Verglasungen, deren Oberkante maximal 4 m über einer Verkehrsfläche liegt, gelten nicht für absturzsichernde Verglasungen.
- tragende Glasbrüstungen mit durchgehendem Handlauf und
- Geländerausfachungen aus Glas, die entweder Anforderungen nach den TRLV und nach den TRAV erfüllen müssen, oder Geländerausfachungen aus Glas, die ausschließlich Anforderungen nach den TRAV erfüllen müssen, z. B. punktförmig gelagerte Geländerausfachungen in Innenräumen.

Bei außergewöhnlichen Nutzungsbedingungen (z. B. in Fußballstadien) oder besonderen Stoßrisiken (z. B. Transport schwerer Lasten, abschüssige Rampe vor der Verglasung, usw.) sind ggf. weitergehende Maßnahmen (z. B. Ansatz höherer Holmlasten, Stoßabweiser usw.) erforderlich.

MLTB 2008-02, Anlage 2.6/10
Bei Anwendung der Technischen Regeln ist Folgendes zu beachten:
Zu Abschnitt 1.1
Der 1. Spiegelstrich wird wie folgt ersetzt:
„Vertikalverglasungen nach den „Technischen Regeln für die Verwendung von linienförmig gelagerten Verglasungen", veröffentlicht in den DIBt Mitteilungen 3/2007 (TRLV), an die wegen ihrer absturzsichernden Funktion die zusätzlichen Anforderungen nach diesen technischen Regeln gestellt werden."

1.2

Absturzsichernde Verglasungen nach diesen Regeln werden in drei Kategorien unterteilt (siehe Beispiele im Anhang A):

Kategorie A

Linienförmig gelagerte Vertikalverglasungen im Sinne der TRLV, die keinen tragenden Brüstungsriegel oder vorgesetzten Holm in baurechtlich erforderlicher Höhe zur Aufnahme von Horizontallasten besitzen. Die Kanten der Verglasungen müssen entweder durch Lagerung (z. B. Pfosten, Riegel, benachbarte Scheiben) oder direkt angrenzende Bauwerksteile (z. B. Wände oder Decken) sicher vor Stößen geschützt sein.

Kategorie B

An ihrem unteren Rand in einer Klemmkonstruktion linienförmig gelagerte tragende Glasbrüstung, deren einzelne Scheiben durch einen aufgesteckten durchgehenden Handlauf verbunden sind. Neben dem Schutz der oberen Kante der Glasbrüstung muss der Handlauf die sichere Abtragung der planmäßigen Horizontallasten in Holmhöhe (Holmlast) auch beim Ausfall eines Brüstungselements gewährleisten.

Kategorie C

Absturzsichernde Verglasungen, die nicht zur Abtragung von Horizontallasten in Holmhöhe dienen und einer der folgenden Gruppen entsprechen:

C1: An mindestens zwei gegenüberliegenden Seiten linienförmig und/oder punktförmig gelagerte Geländerausfachungen.

C2: Unterhalb eines in Holmhöhe angeordneten, lastabtragenden Querriegels befindliche und an mindestens zwei gegenüberliegenden Seiten linienförmig gelagerte Vertikalverglasungen im Sinne der TRLV.

C3: Verglasungen der Kategorie A mit vorgesetztem lastabtragendem Holm in baurechtlich erforderlicher Höhe.

2 Bauprodukte

2.1

Hinsichtlich der verwendbaren Glaserzeugnisse gilt Abschnitt 2 der TRLV. Verbund-Sicherheitsglas (VSG) muss der Bauregelliste A Teil 1, lfd. Nr. 11.8 entsprechen. Außerdem dürfen solche Glaserzeugnisse verwendet werden, die über eine allgemeine bauaufsichtliche Zulassung ausdrücklich für die Verwendung im Rahmen der TRLV zugelassen sind (z. B. Teilvorgespanntes Glas, Borosilikatglas). Die Dicken der für die Herstellung von VSG verwendeten Glastafeln dürfen maximal um den Faktor 1,5 voneinander abweichen. Für die Herstellung von VSG dürfen auch Glasarten verwendet werden, die über eine allgemeine bauaufsichtliche Zulassung ausdrücklich für die Verwendung im Rahmen der TRLV zugelassen sind. Thermisch vorgespanntes Borosilikatglas mit allgemeiner bauaufsichtlicher Zulassung darf in diesen Technischen Regeln für die Anwendungsbereiche von ESG verwendet werden.

2.2

Für alle Anwendungsbereiche, in der die bauaufsichtlichen Bestimmungen zur Anwendung der TRLV heißlagerungsgeprüftes ESG (ESG-H) nach Bauregelliste A vorsieht, ist auch für absturzsichernde Verglasungen nach diesen Technischen Regeln ESG-H vorzusehen, obwohl nachfolgend einheitlich der Begriff ESG verwendet wird.

2.3

Die tragenden Teile der Glashaltekonstruktionen (Pfosten, Riegel, Verankerung am Gebäude usw.) müssen den einschlägigen Technischen Baubestimmungen entsprechen.

2.4

Alle zur Verwendung kommenden Materialien müssen, fachgerechte Wartung und Pflege vorausgesetzt, dauerhaft beständig gegen die zu berücksichtigenden Einflüsse (z. B. Frost, Temperaturschwankungen, UV-Bestrahlung, geeignete Reinigungsmittel und -verfahren, Kontaktmaterialien) sein.

3 Anwendungsbedingungen

3.1

Diese technischen Regeln beschränken sich auf grundsätzlich bewährte Anwendungsfälle. Geregelt werden die folgenden Ausführungsvarianten:

Kategorie A
- Einfachverglasungen aus VSG,
- Mehrscheiben-Isolierverglasungen: Für die stoßzugewandte Seite (Angriffsseite) von Isolierverglasungen darf aus Gründen der Verletzungsgefahr nur VSG, ESG oder Verbundglas aus ESG verwendet werden.
- Besteht die Angriffsseite von Mehrscheiben-Isolierverglasungen aus VSG, so dürfen für die äußere Scheibe alle Glaserzeugnisse nach 2.1 verwendet werden. Besteht die Angriffsseite nicht aus VSG, so muss die äußere Scheibe aus VSG bestehen.

Kategorie B
- Es darf nur VSG verwendet werden.

Kategorie C
- Alle Einfachverglasungen der Kategorie C sind in VSG auszuführen. Abweichend hiervon dürfen Einfachverglasungen der Kategorien C1 und C2 bei allseitig linienförmiger Lagerung in ESG ausgeführt werden. Für die angriffsseitige Scheibe von Isolierverglasungen darf nur ESG oder VSG verwendet werden. Für Isolierglastafeln der Kategorie C3 gelten hinsichtlich der verwendbaren Glaserzeugnisse die Anforderungen der Kategorie A.
- Für die äußere Scheibe von Isolierverglasungen der Kategorien C1 und C2 können alle Glaserzeugnisse nach Abschnitt 2.1 verwendet werden.

3.2

Freie Kanten von randgelagerten Geländerausfachungen müssen durch die Geländerkonstruktion oder angrenzende Scheiben vor unbeabsichtigten Stößen geschützt sein. Von einem hinreichenden Kantenschutz kann ausgegangen werden, wenn in Scheibenebene gemessen zwischen benachbarten Scheiben oder angrenzenden Bauteilen ein Abstand von 30 mm nicht überschritten wird. Bei in Bohrungen gelagerten Geländerausfachungen aus VSG kann auf einen Kantenschutz verzichtet werden.

3.3

Bohrungen sind nur in Scheiben aus VSG aus ESG bzw. VSG aus TVG zulässig.

3.4

Im Übrigen gelten auch für Glasbrüstungen und Geländerausfachungen die Anwendungsbedingungen nach den TRLV, Abschnitte 3.1.1 und 3.1.4 bis 3.1.6 sinngemäß.

4 Einwirkungen

4.1

Die charakteristischen Werte der Einwirkungen auf die absturzsichernden Verglasungen (z. B. Wind, Horizontallast in Holmhöhe oder kurz: Holmlast, usw.) sind den geltenden Technischen Baubestimmungen zu entnehmen. Bei Isolierverglasungen sind außerdem Druckdifferenzen zwischen dem eingeschlossenen Gasvolumen und der Umgebungsluft aus Temperatur- und atmosphärischen Druckschwankungen sowie Änderungen der Höhenlage zwischen Herstell- und Einbauort entsprechend den TRLV (Abschnitt 4.2) zu berücksichtigen.

4.2

Beim Nachweis der Isolierverglasung unter gleichzeitiger Einwirkung von Wind (w) und Holmlast (h) dürfen zusätzliche Beanspruchungen aus Druckdifferenzen (d) nach Abschnitt 4.1 vernachlässigt werden. Weiterhin darf in diesem Fall anstatt der vollen Überlagerung die jeweils ungünstigere der beiden Lastfallkombinationen

$$w + \frac{h}{2} \qquad h + \frac{w}{2}$$

der Bemessung der Verglasungskonstruktionen zugrunde gelegt werden.

Außerdem sind sowohl Holmlast als auch Windlast jeweils voll mit der Last aus Druckdifferenzen zu überlagern:

$$h + d \qquad\qquad w + d$$

4.3

Neben den planmäßigen statischen Einwirkungen nach Abschnitt 4.1 muss auch die hinreichende Tragfähigkeit der Verglasungskonstruktionen beim Anprall von Personen (siehe Abschnitt 6) nachgewiesen werden. Beim Nachweis der Stoßsicherheit müssen Lasten nach den Abschnitten 4.1 und 4.2 nicht überlagert werden.

5 Nachweis der Tragfähigkeit unter statischen Einwirkungen

5.1

Für Verglasung und Haltekonstruktion ist stets ein rechnerischer Nachweis der Tragfähigkeit unter Belastung mit den Einwirkungskombinationen nach den Abschnitten 4.1 und 4.2 zu führen. Die für die verwendbaren Glaserzeugnisse zulässigen Biegezugspannungen sind den TRLV (siehe dort Tabelle 2, Vertikalverglasungen) oder – bei Glaserzeugnissen mit allgemeiner bauaufsichtlicher Zulassung – dem Zulassungsbescheid zu entnehmen. Für den Nachweis der Haltekonstruktion der Verglasungen gelten die einschlägigen Technischen Baubestimmungen. Die unter statischer Last auftretenden Verformungen sind so zu begrenzen, dass die Gebrauchstauglichkeit der absturzsichernden Verglasung gewährleistet ist. Für Verglasungen im Geltungsbereich der TRLV sind die dort genannten Durchbiegungsbegrenzungen für Lasten nach Abschnitt 4 dieser Technischen Regeln zu beachten.

5.2

Bei den rechnerischen Nachweisen sind alle für die Verglasungen und für die Halterungen wesentlichen Einflüsse durch hinreichend genaue Rechenmodelle zu erfassen.

5.3

Bei der Bemessung von Isolierverglasungen unter den statischen Einwirkungen der Abschnitte 4.1 und 4.2 darf die Kopplung von Innen- und Außenscheibe über das im Scheibenzwischenraum eingeschlossene Gasvolumen angesetzt werden. Für allseitig linienförmig gelagerte Verglasungen unter gleichmäßig verteilter Last darf das Näherungsverfahren der TRLV verwendet werden. Die Kopplung der Innen- und Außenscheibe von Isolierverglasungen bei nicht gleichmäßig verteilten Belastungen (z. B. Holmlasten) oder nicht allseitiger Scheibenlagerung ist in jedem Einzelfall unter Berücksichtigung der Scheibensteifigkeiten und der allgemeinen Gasgleichung zu berechnen. Die Verformungen von Isolierverglasungen sind so zu begrenzen, dass sich Innen- und Außenscheibe unter planmäßiger statischer Belastung nicht berühren.

5.4

Bei den Standsicherheitsnachweisen von VSG-Verglasungen unter statischer Belastung nach 4.1 und 4.2 ist hinsichtlich des Schubverbunds entsprechend den TRLV zu verfahren.

5.5 Besondere Nachweise für Glasbrüstungen der Kategorie B

5.5.1

Außer dem Nachweis des planmäßigen Zustands sind für Glasbrüstungen der Kategorie B auch die Auswirkungen einer Beschädigung eines beliebigen Brüstungselements (auch der Ausfall von Endscheiben) zu untersuchen. Zudem ist nachzuweisen, dass der durchgehende Handlauf in der Lage ist, die Holmlasten bei vollständigem Ausfall eines Brüstungselementes auf Nachbarelemente, Endpfosten oder die Verankerung am Gebäude zu übertragen. Für Nachweise der beschädigten Brüstungskonstruktion darf für die Verglasungen der 1,5-fache Wert der nach Abschnitt 5.1 zulässigen Biegezugspannung angesetzt werden. Für die Nachweise des Handlaufs, der Endpfosten, der Klemmkonstruktion und der Verankerung der Konstruktion am Gebäude sind die einschlägigen Technischen Baubestimmungen zu beachten.

5.5.2

Haben die einzelnen Scheiben in Längsrichtung der Brüstung einen Abstand vom maximal 30 mm, so darf beim Nachweis nach 5.5.1 davon ausgegangen werden, dass nur die der zu sichernden Verkehrsfläche zugewandte VSG-Schicht stoßbedingt ausfällt. An ungeschützten Brüstungsecken oder Kanten von Endscheiben, die nicht durch Endpfosten, massive Bauteile oder durch ein dauerhaft befestigtes Kantenschutzprofil wirksam geschützt sind, muss bei den Nachweisen nach 5.5.1 von einem Totalausfall des betreffenden Brüstungselements ausgegangen werden.

6 Nachweis der Tragfähigkeit unter stoßartigen Einwirkungen

6.1

Der Nachweis der ausreichenden Tragfähigkeit der Verglasungen und ihrer unmittelbaren Befestigungen (z. B. Klemmleisten, Verschraubung, usw.) bei stoßartigen Einwirkungen kann alternativ nach den Abschnitten 6.2, 6.3 oder 6.4 geführt werden. Beim Nachweis der sicheren Verankerung der Verglasungskonstruktionen am Gebäude sind die einschlägigen Technischen Baubestimmungen zu beachten.

6.2 Experimenteller Nachweis

6.2.1

Die nachfolgend beschriebenen Versuche dürfen nur von einer dafür bauaufsichtlich anerkannten Prüfstelle durchgeführt werden. Die Prüfstelle kann, falls die Tragfähigkeit unter stoßartigen Einwirkungen verschiedener Ausführungsvarianten zu beurteilen ist, entscheiden, welche Varianten geprüft werden müssen. Die Prüfstelle muss auch die grundsätzliche Eignung der Glashalterung beurteilen. Im Prüfbericht sind Versuchsaufbau und durchgeführte Versuche detailliert zu beschreiben. Die Prüfstelle kann bei der Beurteilung von absturzsichernden Verglasungen auf Basis übertragbarer Prüfergebnisse auf explizite Bauteilversuche oder Teile von Versuchen verzichten.

6.2.2

Zum experimentellen Nachweis der Tragfähigkeit unter
stoßartigen Einwirkungen der Verglasungskonstruktion nach
Abschnitt 4.3 dienen ein Pendelschlagversuch mit einem
Zwillingsreifen (Masse: 50 kg, Reifendruck: 4,0 bar) in Anlehnung an DIN EN 12600:1996-12 (Norm-Entwurf). Abhängig von der Kategorie der Verglasung sind die in Tabelle 1
angegebenen Pendelfallhöhen anzusetzen.

Kategorie A	Kategorie B	Kategorie C
900 mm	700 mm	450 mm

Tabelle 1
Pendelfallhöhen

6.2.3

Durch den Versuchsaufbau muss das Tragverhalten der
Originalkonstruktion (einschließlich Unterkonstruktion) auf
der sicheren Seite liegend abgebildet werden. Für statische
Nachweise nicht ansetzbare günstig wirkende Versiegelun-
gen sind gegebenenfalls – und mit Ausnahme des Isolier-
glas-Randverbundes – vor dem Stoßversuch aufzutrennen.
Soll durch die Versuche auch die hinreichende Tragfähigkeit
des Rahmens und der Beschläge festgestellt werden, so ist
zwingend die Originalkonstruktion zu prüfen. Prüfungen vor
Ort am Originaleinbau sind zulässig. Die Prüfstelle entscheidet, welche Bauteile nach Durchführung der Stoßversuche
weiter verwendet werden dürfen.

6.2.4

Für die Pendelschlagversuche sind je nach Art und Lagerung der Verglasungen zwei bis vier Auftreffstellen unter
Berücksichtigung der Eingrenzungen nach Anhang A mit
dem Ziel maximaler Glas- und Halterbeanspruchung (z. B.
Auflagernähe, am freien Scheibenrand, Scheibenmitte,
Kragarmende) von der Prüfstelle festzulegen. Die Prüfungen
sind bei Raumklima durchzuführen. Bei Prüfungen vor Ort
entscheidet die Prüfstelle, ob die klimatischen Prüfbedin-
gungen als regulär gelten können.

6.2.5

Die Stoßsicherheit von Scheiben, deren kleinste lichte Öffnungsweite zwischen hinreichend tragfähigen Bauteilen

(z. B. massive Gebäudeteile, Pfosten, Riegel, vorgesetzte Kniestäbe, usw.) höchstens 300 mm für Kategorie A bzw. 500 mm für die Kategorien B und C beträgt, braucht nicht nachgewiesen zu werden.

6.2.6

Die Prüfstelle legt abhängig von der Art der Konstruktion die Anzahl der zu prüfenden Scheiben fest. Im Regelfall sind mindestens zwei Scheiben je Ausführungsvariante zu prüfen.

Auf jede Auftreffstelle ist jeweils mindestens ein Pendelschlag auszuführen. Nach jedem Pendelschlag ist die gesamte Konstruktion auf bleibende Verformungen und Beschädigungen der Verbindungen (z. B. Schrauben, Schweißnähte) zu untersuchen. Falls bleibende Beschädigungen oder eine größere Nachgiebigkeit der Konstruktion festgestellt werden, muss der planmäßige Zustand des Versuchsaufbaus wiederhergestellt werden. Die ausreichende verbleibende Tragfähigkeit bei durch Stoßversuche beschädigten Verglasungskonstruktionen ist durch einen weiteren Pendelschlag mit einer Fallhöhe von 100 mm zu überprüfen. Dieser Stoß muss auf dieselbe Auftreffstelle ausgeführt werden, bei welcher der Pendelschlag zur Schädigung der Konstruktion geführt hat.

6.2.7

Die Pendelschlagprüfung gilt als bestanden, wenn die Verglasung weder vom Stoßkörper durchschlagen oder aus den Verankerungen gerissen wird, noch Bruchstücke herabfallen, die Verkehrsflächen gefährden könnten. Nach den Pendelschlagversuchen dürfen VSG-Verglasungen in Anlehnung an DIN EN 12600:1996-12 (Norm-Entwurf) keine Risse mit einer Öffnungsweite von mehr als 76 mm aufweisen. Monolithische Außenscheiben von Isolierverglasungen dürfen bei den Stoßversuchen nicht brechen.

6.2.8

Bei Isolierverglasungen der Kategorie A, deren Innenscheibe aus ESG besteht, muss die Außenscheibe (Absturzseite) aus VSG allein der Pendelfallhöhe 450 mm standhalten, auch wenn die Innenscheibe aus ESG bei den Versuchen mit der Pendelfallhöhe 900 mm nicht zu Bruch ging.

6.3 Verglasung mit versuchstechnisch nachgewiesener Stoßsicherheit

6.3.1

Die in den Abschnitten 6.3.2 bis 6.3.4 beschriebenen absturzsichernden Verglasungskonstruktionen bedürfen aufgrund vorliegender Versuchserfahrungen keines Nachweises der Tragfähigkeit unter stoßartiger Belastung.[1]

6.3.2

Konstruktive Bedingungen für die Anwendung von Tabelle 2 auf linienförmig gelagerte Verglasungen

a) Der Glaseinstand darf bei allseitiger Lagerung der Verglasungen 12 mm nicht unterschreiten. Bei zweiseitig linienförmiger Lagerung beträgt der Mindestglaseinstand 18 mm.

b) Wird die Verglasung in Stoßrichtung durch Klemmleisten gelagert, müssen diese hinreichend steif sein und aus Metall bestehen. Die Klemmleisten sind in einem Abstand von höchstens 300 mm mit durchgehend metallischer Verschraubung an der Tragkonstruktion zu befestigen. Die charakteristische Auszugskraft (5 %-Fraktile, Aussagewahrscheinlichkeit 75 %, weggesteuerte Prüfung mit 5 mm/min) der Verschraubung muss mindestens 3 kN betragen. Bei kleineren Schraubabständen dürfen Verschraubungen geringerer Tragkraft verwendet werden, wenn nachgewiesen ist, dass die resultierende Tragkraft der unmittelbaren Glasbefestigung eine statische Ersatzlast von 10 kN/m nicht unterschreitet. Der Nachweis der

---

[1] Die beschriebenen Konstruktionen resultieren aus Versuchsergebnissen, die dem DIBt von verschiedensten Seiten zur Verfügung gestellt wurden. Es bleibt jedem Anwender unbenommen, abweichende – und ggf. wirtschaftlichere – Konstruktionen durch explizite Prüfung nachzuweisen.

ausreichenden Tragfähigkeit der Glasanlenkung ist durch ein allgemeines bauaufsichtliches Prüfzeugnis zu führen.

c) Die anderen Rahmensysteme dürfen als ausreichend tragfähig angesehen werden, wenn der stoßbeanspruchte Glasfalzanschlag einer statischen Ersatzlast von 10 kN/m standhält. Der Nachweis kann rechnerisch erfolgen, wenn dies auf Basis technischer Baubestimmungen (Rahmen besteht aus geregelten Bauprodukten und es gibt bauaufsichtlich bekannt gemachte Bemessungsnormen) möglich ist. Alternativ kann der Nachweis versuchstechnisch von einer hierfür bauaufsichtlich anerkannten Stelle im Rahmen eines allgemeinen bauaufsichtlichen Prüfzeugnisses geführt werden. Die charakteristische Tragkraft (5 %-Fraktile, Aussagewahrscheinlichkeit 75 %) muss mindestens 10 kN/m betragen (weggesteuerte Prüfung mit 5 mm/min).

d) Die Verglasungen müssen rechteckig und eben sein und dürfen nicht durch Bohrungen oder Ausnehmungen geschwächt sein. Zulässige Abweichungen von der Rechteckform sind in Anhang D angegeben.

e) Der Scheibenzwischenraum von Isolierverglasungen muss mindestens 12 mm und darf höchstens 20 mm betragen.

f) Die in Tabelle 2 genannten Glas- und Foliendicken dürfen überschritten werden. Anstelle von VSG aus Spiegelglas darf VSG aus TVG der gleichen Dicke verwendet werden. Die Einzelscheiben von VSG dürfen keine festigkeitsreduzierende Oberflächenbehandlung (z. B. Emaillierung) besitzen.

Kat.	Typ	Linienförmige Lagerung	Breite [mm] min.	max.	Höhe [mm] min.	max.	Glasaufbau [mm] (von innen* nach außen)	
1	2	3	4	5	6	7	8	
A	MIG	Allseitig	500	1300	1000	2000	8 ESG/ SZR/ 4 SPG/ 0,76 PVB/ 4 SPG	1
			1000	2000	500	1300	8 ESG/ SZR/ 4 SPG/ 0,76 PVB/ 4 SPG	2
			900	2000	1000	2100	8 ESG/ SZR/ 5 SPG/ 0,76 PVB/ 5 SPG	3
			1000	2100	900	2000	8 ESG/ SZR/ 5 SPG/ 0,76 PVB/ 5 SPG	4
			1100	1500	2100	2500	5 SPG/ 0,76 PVB/ 5 SPG/ SZR/ 8 ESG	5
			2100	2500	1100	1500	5 SPG/ 0,76 PVB/ 5 SPG/ SZR/ 8 ESG	6
			900	2500	1000	4000	8 ESG/ SZR/ 6 SPG/ 0,76 PVB/ 6 SPG	7
			1000	4000	900	2500	8 ESG/ SZR/ 6 SPG/ 0,76 PVB/ 6 SPG	8
			300	500	1000	4000	4 ESG/ SZR/ 4 SPG/ 0,76 PVB/ 4 SPG	9
			300	500	1000	4000	4 SPG/ 0,76 PVB/ 4 SPG/ SZR/ 4 ESG	10
	einfach	Allseitig	500	1200	1000	2000	6 SPG/ 0,76 PVB/ 6 SPG	11
			500	2000	1000	1200	6 SPG/ 0,76 PVB/ 6 SPG	12
			500	1500	1000	2500	8 SPG/ 0,76 PVB/ 8 SPG	13
			500	2500	1000	1500	8 SPG/ 0,76 PVB/ 8 SPG	14
			1200	2100	1000	3000	10 SPG/ 0,76 PVB/ 10 SPG	15
			1000	3000	1200	2100	10 SPG/ 0,76 PVB/ 10 SPG	16
			300	500	500	3000	6 SPG/ 0,76 PVB/ 6 SPG	17
C1	MIG	Allseitig	500	2000	500	1000	6 ESG/ SZR/ 4 SPG/ 0,76 PVB/ 4 SPG	18
			500	1300	500	1000	4 SPG/ 0,76 PVB/ 4 SPG/ SZR/ 6 ESG	19
und		Zweiseitig, oben u. unten	1000	bel.	500	1000	6 ESG/ SZR/ 5 SPG/ 0,76 PVB/ 5 SPG	20
	einfach	Allseitig	500	2000	500	1000	5 SPG/ 0,76 PVB/ 5 SPG	21
C2		Zweiseitig, oben u. unten	1000	bel.	500	800	6 SPG/ 0,76 PVB/ 6 SPG	22
			800	bel.	500	1000	5 ESG/ 0,76 PVB/ 5 ESG	23
			800	bel.	500	1000	8 SPG/ 1,52 PVB/ 8 SPG	24
		Zweiseitig, links u. rechts	500	800	1000	1100	6 SPG/ 0,76 PVB/ 6 SPG	25
			500	1000	800	1100	6 ESG/ 0,76 PVB/ 6 ESG	26
			500	1000	800	1100	8 SPG/ 1,52 PVB/ 8 SPG	27
C3	MIG	Allseitig	500	1500	1000	3000	6 ESG/ SZR/ 4 SPG/ 0,76 PVB/ 4 SPG	28
			500	1300	1000	3000	4 SPG/0,76 PVB/4 SPG/ SZR/12 ESG	29
	einfach	Allseitig	500	1500	1000	3000	5 SPG/ 0,76 PVB/ 5 SPG	30

* Mit „innen" ist die Angriffsseite, mit „außen" die Absturzseite der Verglasung gemeint.

MIG: Mehrscheiben-Isolierverglasung
SZR: Scheibenzwischenraum, mindestens 12 mm
SPG: Spiegelglas (Float-Glas)
ESG: Einscheiben-Sicherheitsglas aus Spiegelglas
PVB: Polyvinyl-Butyral-Folie

Tabelle 2
Glasaufbauten mit nachgewiesener Stoßsicherheit. (Anmerkung: Die statischen Nachweise unter den Einwirkungen nach den Abschnitten 4.1 und 4.2 sind stets zusätzlich zu führen!)

6.3.3

Konstruktive Bedingungen für die Anwendung von Tabelle 3 auf punktförmig über Bohrungen gelagerte Verglasungen der Kategorie C1

Mit durchgehender Verschraubung und beidseitigen kreisförmigen Klemmtellern jeweils im Eckbereich der Glastafeln befestigte rechteckige Geländerfüllungen (max. Höhe 1,0 m) im Innenbereich (keine planmäßigen statischen Querlasten) aus VSG. Verschraubung und Klemmteller bestehen aus Stahl. Der Abstand der Glasbohrungsränder von den Glaskanten muss zwischen 80 und 250 mm betragen. Die Verglasungen müssen rechteckig und eben sein und dürfen außer den Befestigungsbohrungen nicht durch zusätzliche Bohrungen oder Ausnehmungen geschwächt sein. Die Klemmteller müssen die Glasbohrung mindestens 10 mm überdecken. Der direkte Kontakt zwischen Klemmtellern, Verschraubung und Glas ist durch geeignete Zwischenlagen zu verhindern. Jede Glashalterung muss für eine statische Last von mindestens 2,8 kN ausgelegt sein. Die in Tabelle 3 genannten Vorgaben für die VSG-Tafeln sind einzuhalten. Zulässige Abweichungen von der Rechteckform sind im Anhang D angegeben. Die Einzelscheiben von VSG dürfen keine festigkeitsreduzierende Oberflächenbehandlung (z. B. Emaillierung) besitzen.

Tabelle 2
Vorgaben für punktförmig über Bohrungen gelagerte Geländerausfachungen aus VSG

Spannweite* in mm		Tellerdurch-messer in mm		Glasaufbau in mm
min.	max.			
500	1200	≥ 50	≥	(6 ESG/ 1,52 PVB/ 6 ESG)
500	1600	≥ 70	≥	(8 ESG/ 1,52 PVB/ 8 ESG)
500	1600	≥ 70	≥	(10 TVG/1,52 PVB/ 10 TVG)

* Maßgebender Abstand zwischen den Punkthaltern

6.3.4

Konstruktive Bedingungen für die Anwendung von Tabelle 4 auf Brüstungen der Kategorie B

Für die VSG-Scheiben, den Handlauf und die Klemmkonstruktion am Fußpunkt der Scheiben sind die in Abschnitt 5.5 vorgesehenen statischen Nachweise zu führen. Eine schematische Darstellung in Anhang B zeigt die für die Anwendung der Tabelle 4 einzuhaltenden grundsätzlichen konstruktiven Vorgaben. Die Verglasungen müssen rechteckig und eben sein und dürfen außer den Befestigungsbohrungen nicht durch zusätzliche Bohrungen oder Ausnehmungen geschwächt sein. Die in Tabelle 4 genannten Vorgaben für die VSG-Tafeln sind einzuhalten. Die Einzelscheiben von VSG dürfen keine festigkeitsreduzierende Oberflächenbehandlung (z. B. Emaillierung) besitzen. Zulässige Abweichungen von der Rechteckform sind in Anhang D angegeben.

Breite in mm		Höhe in mm		Glasaufbau in mm
min.	max.	min.	max.	
500	2000	900	1100	≥ (10 ESG/ 1,52 PVB/ 10 ESG)
500	2000	900	1100	≥ (10 TVG/ 1,52 PVB/ 10 TVG)

Tabelle 3
Vorgaben für VSG-Tafeln für Kategorie B

6.4 Nachweis der Stoßsicherheit mittels Spannungstabellen

6.4.1

Für durch Stoßereignisse nach Abschnitt 6.2.2 beanspruchte linienförmig gelagerte rechteckige Einfachverglasungen sind in Anhang C in tabellarischer Form mittels rechnerischer Untersuchungen ermittelte maximale Biegezugbeanspruchungen für eine Pendelfallhöhe von 450 mm angegeben. Die bei einer Fallhöhe des Pendelkörpers von 900 mm auftretenden Spannungswerte erhält man durch Multiplikation der Tabellenwerte mit dem Faktor 1,4.

Anmerkung:
Die auf Basis der in Anhang C angegebenen Tabellen ermittelten Glasdicken können von den auf Versuchserfahrungen basierenden Angaben in Tabelle 2 abweichen. Literaturhinweise zu den angewandten Rechenverfahren sind im informativen Anhang E angegeben.

6.4.2

Allgemeine konstruktive Vorgaben und Beschränkungen:

- Alle Verglasungen müssen den grundsätzlichen Vorgaben dieser Regel entsprechen.
- Die Verglasungen müssen linienförmig im Sinne der TRLV gelagert sein.
- Die Verglasungskonstruktionen müssen den Vorgaben in den Abschnitten 6.3.1 und 6.3.2 entsprechen.
- Die PVB-Folie von VSG muss eine Mindestdicke von 0,76 mm aufweisen.

- Isolierverglasungen der Kategorie A sind grundsätzlich mit den Aufbauten VSG/VSG, ESG/VSG oder VSG/ESG (jeweils innen/außen) herzustellen.
- Die in den Tabellen C1 und C2 (Anhang C) vorgegebenen kleinsten Glasabmessungen dürfen nicht unterschritten und die größten Glasabmessungen nicht überschritten werden.
- Die Tabellenwerte dürfen nicht auf andere Lagerungsarten übertragen werden.

6.4.3

Nachweisführung

Es ist nachzuweisen, dass die mittels der Tabellen des Anhangs C ermittelten maximalen Biegezugspannungen im Glas die in Abschnitt 6.4.4 angegebenen zulässigen Werte nicht überschreiten. Dabei sind die nachfolgenden Bedingungen zu beachten:

- Es gelten abhängig von der Kategorie der Verglasung die in Abschnitt 6.2.2 angegebenen Pendelfallhöhen.
- Die Anwendung der Tabelle C2 (zweiseitige Lagerung) ist auf Verglasungen der Kategorien C1 und C2 beschränkt.
- Isolierverglasungen müssen allseitig gelagert sein.
- Allseitig gelagerte Scheiben mit einem Seitenverhältnis größer 3:1 sind als zweiseitig gelagert zu betrachten.
- Die Angriffsseite von Isolierverglasungen ist ohne Ansatz der Mitwirkung der Außenscheibe für die volle planmäßige Pendelfallhöhe auszulegen. Die Außenscheibe von Isolierverglasungen ist grundsätzlich für eine Pendelfallhöhe von 450 mm nachzuweisen.
- Druckdifferenzen zwischen dem eingeschlossenen Gasvolumen und der Umgebungsluft aus Temperatur- und atmosphärischen Druckschwankungen sowie Änderungen der Höhenlage zwischen Herstell- und Einbauort entsprechend den TRLV (Abschnitt 4.2) brauchen bei den Spannungsnachweisen nicht berücksichtigt zu werden.
- Zwischenwerte der Tabellen nach Anhang C dürfen linear interpoliert werden.

6.4.4

Zulässige Spannungen

Für stoßartige Einwirkungen dürfen für Spiegelglas (SPG), Teilvorgespanntes Glas (TVG) und Einscheiben-Sicherheitsglas (ESG) folgende Biegespannungen (Tabellenwerte) nicht überschritten werden:

- SPG: 80 N/mm^2
- TVG: 120 N/mm^2
- ESG: 170 N/mm^2

Anmerkungen;
Die hier genannten „zulässigen Spannungen" gelten nur bei kurzzeitiger Einwirkung durch den Pendelschlag nach Abschnitt 6.2 dieser Regeln.

Anhang A:
Relevante Flächen der Auftreffstellen

Die Auftreffstellen des Pendelschlagversuchs werden wie folgt eingegrenzt. Hierbei ist zu beachten, dass bei Pendelschlagversuchen im Randbereich der relevanten Fläche der Schwerpunkt des Stoßkörpers auf der Grenzlinie liegen muss. Befindet sich die Unterkante der Verglasung nicht in Bodenhöhe, so sind weiterhin die Abstände zur Bodenhöhe maßgebend.

1. Abstand zur Lagerung (linien- oder punktförmig):
   ≥ 250 mm
2. Abstand vom Boden:
   ≥ 500 mm
3. Abstand vom Boden (Kategorie A):
   ≥ 1500 mm

Bild A1:
Beispiel Kategorie A, alle Maße in mm

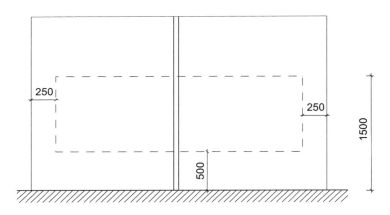

Bild A2:
Beispiel Kategorie B, alle Maße in mm

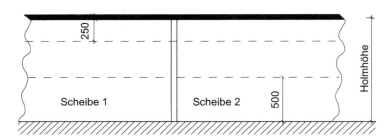

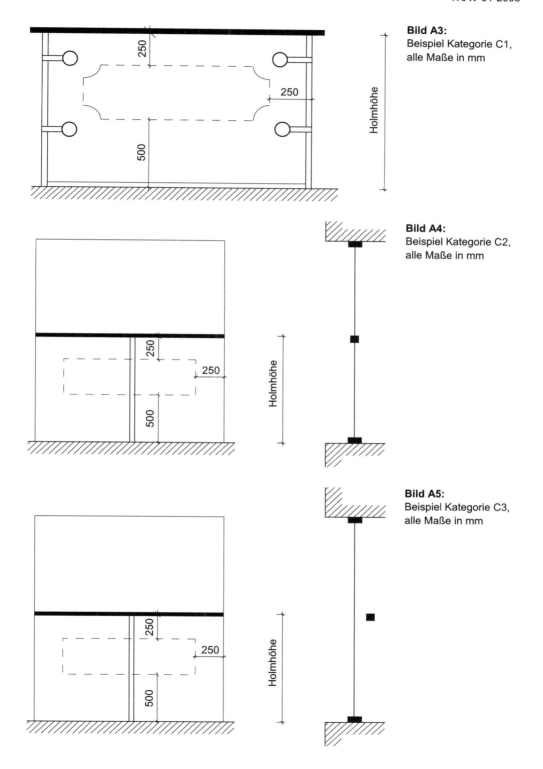

Bild A3:
Beispiel Kategorie C1,
alle Maße in mm

Bild A4:
Beispiel Kategorie C2,
alle Maße in mm

Bild A5:
Beispiel Kategorie C3,
alle Maße in mm

Anhang B:
Konstruktive Vorgaben für von Versuchen freigestellte Brüstungen der Kategorie B

Konstruktionsmerkmale Handlauf
- Tragendes U-Profil mit beliebigem nichttragenden Aufsatz oder tragender metallischer Handlauf mit integriertem U-Profil
- Verhinderung von Glas-Metall-Kontakt durch in das U-Profil eingelegte druckfeste Elastomerstreifen (Abstand ca. 200 bis 300 mm)
- Verbindung des Handlaufs mit den Scheiben durch Verfüllung des verbleibenden Hohlraums im U-Profil mit Dichtstoffen nach DIN 18545-2 Gruppe E
- Glaseinstand im U-Profil ≥ 15 mm

Konstruktionsmerkmale Einspannung
- Einspannhöhe ≥ 100 mm
- Klemmblech aus Stahl (Dicke ≥ 12 mm)
- Verschraubungsabstand ≤ 300 mm
- Klotzung am unteren Ende der Scheiben
- Kunststoffhülse über Verschraubung
- Glasbohrungen mittig zum Klemmblech (25 mm ≤ d ≤ 35 mm)
- In Längsrichtung durchgehende Zwischenlagen aus druckfestem Elastomer
- Die Klemmung der Scheiben darf auch über hinreichend steife andere Haltekonstruktionen realisiert werden

Bild B1:
Schematische Darstellung, nicht maßstäblich

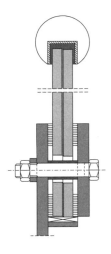

Anhang C:
Spannungswerte für den vereinfachten rechnerischen Nachweis der Stoßsicherheit nach Abschnitt 6.4

L1 in m	1,0	1,0	1,5	1,5	1,5	2,0	2,0	2,0
L2 in m	1,0	2,0	1,0	2,0	3,0	2,0	3,0	4,0
6	184	188	197	193	194	192	193	192
8	154	159	163	157	158	151	152	151
10	133	141	140	134	135	129	129	132
12	95	106	104	95	97	93	93	95
14	81	93	91	84	85	82	82	84
15	74	86	84	81	82	76	76	77
16	67	79	76	77	79	70	69	71
20	37	45	44	50	52	48	46	47
22	33	40	39	45	48	44	44	44
24	29	36	35	40	43	40	40	41
27	23	28	28	32	35	33	34	35
30	17	21	20	24	26	25	27	28

(Glasdicke t in mm)

L_1, L_2: Seitenlänge der Verglasung
t: Glasdicke (bei VSG-Tafeln ist t die Summe der Einzelscheibendicken)

Tabelle C1
Maximale Kurzzeitspannungen in N/mm2 bei einer Pendelfallhöhe von 450 mm bei allseitig linienförmiger Lagerung

Die Verglasungen können sowohl im Hochformat als auch im Querformat eingebaut werden. Die Spannungen bei einer Pendelfallhöhe von 900 mm ergeben sich durch Multiplikation der Tabellenwerte mit dem Faktor 1,4.

L1 in m	1,0	1,0	1,5	1,5
L2 in m	1,0	≥ 2,0	1,0	≥ 2,0
6	240	223	226	195
8	192	183	167	157
10	159	155	129	126
12	136	134	110	105
14	107	105	99	94
15	96	94	94	89
16	87	85	89	85
20	62	60	75	71
22	52	50	65	61
24	44	43	58	54
27	36	34	49	45
30	29	28	43	39
38	19	19	31	28

(Glasdicke t in mm)

L_1: Länge der freien Kante
L_2: Länge der gelagerten Kante
t: Glasdicke (bei VSG-Tafeln ist t die Summe der Einzelscheibendicken)

Tabelle C2
Maximale Kurzzeitspannungen in N/mm2 bei einer Pendelfallhöhe von 450 mm bei zweiseitiger Lagerung

Die Verglasungen können sowohl im Hochformat als auch im Querformat eingebaut werden. Die Spannungen bei einer Pendelfallhöhe von 900 mm ergeben sich durch Multiplikation der Tabellenwerte mit dem Faktor 1,4.

Anhang D:
Zulässige Abweichungen von der Rechteck-form bei von Stoßversuchen freigestellten Verglasungen

Die Stoßsicherheit der in Tab. 2, Tab. 3, Tab. 4 und An-hang C aufgelisteten Rechteckverglasungen gilt als er-bracht. Dies kann für Verglasungen der Kategorien B, C1 und C2 auch dann angenommen werden, wenn die von Versuchen freigestellten Rechteckverglasungen so auf Pa-rallelogrammform transformiert werden, dass die Stützungs-verhältnisse entsprechend der nachfolgend dargestellten Vorgaben erhalten bleiben. Der Nachweis der Tragfähigkeit unter statischer Belastung bleibt von dieser Nachweiser-leichterung unberührt.

Bild D1
Kategorie B

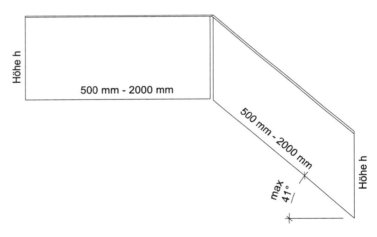

Bild D2
Kategorie C1

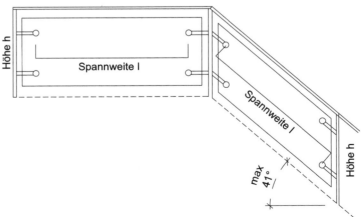

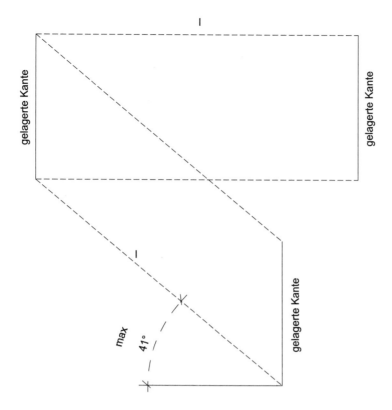

Bild D3
Kategorie C2

Anhang E:
Hinweise zur Ermittlung der Spannungswerte in Anhang C (informativ)

Mit den Mitteln moderner Rechentechnik lassen sich auch komplexe dynamische Vorgänge simulieren. Im Rahmen von Forschungsvorhaben [1], [2] wurde gezeigt, dass gemessene Stoßsignale (Dehnungen, Beschleunigungen) sehr gut mit transienten nichtlinearen FEM-Berechnungen im Einklang stehen. Die aus den Forschungsvorhaben gewonnenen Erkenntnisse wurden genutzt, um einfache Bemessungstabellen zu entwickeln. Der Anwendungsbereich der Bemessungstabellen wurde im Rahmen dieser technischen Regeln auf den versuchstechnisch abgesicherten Erfahrungsbereich beschränkt.

Grundsätzlich können beliebige Stützungs- und Abmessungsverhältnisse mittels numerischer Simulationen untersucht werden. Insbesondere für grundsätzliche Machbarkeitsstudien, die Optimierung von Konstruktionen oder Versuchsplanungen können diese Analysen, die hohe Ansprüche an die verwendeten Programmsysteme und den Ausbildungsstand der Anwender stellen, wertvolle Erkenntnisse liefern. Nähere Hinweise zum Verfahren und Beispiele zur Kalibrierung der Rechenmodelle können [1] und [2] entnommen werden.

Literatur:

* Bezugsquelle: Fraunhofer-Informationszentrum Raum und Bau, Postfach 800469, 70504 Stuttgart, Tel. 0711 9702524

[1] Deutsches Institut für Bautechnik (Hrsg.) Wörner, J.-D.; Schneider, J. (Autoren): Abschlussbericht zur experimentellen und rechnerischen Bestimmung der dynamischen Belastung von Verglasungen durch weichen Stoß; TU Darmstadt/Deutsches Institut für Bautechnik, 2000.*

[2] Deutsches Institut für Bautechnik (Hrsg.) Völkel, G.E.; Rück, R. (Autoren): Untersuchung von vierseitig linienförmig gelagerten Scheiben bei Stoßbelastung; FMPA Baden-Württemberg/Deutsches Institut für Bautechnik, 1999.*

Grundsätze für die Prüfung und Zertifizierung der bedingten Betretbarkeit und Durchsturzsicherheit von Bauteilen bei Bau- und Instandhaltungsarbeiten

Grundsätze für die Prüfung der Arbeitssicherheit (GS-BAU-18)

Fassung Februar 2001 (Auszug)

1   Vorbemerkungen

Diese Grundsätze enthalten die für die Prüfung und Zertifizierung der bedingten Betretbarkeit oder Durchsturzsicherheit von Bauteilen bei Bau- oder Instandhaltungsarbeiten grundlegenden Vorschriften und Regeln der Technik. Sie ergänzen und erläutern die Prüf- und Zertifizierungsordnung der Prüf- und Zertifizierungsstellen im BG-PRÜFZERT (BGG 902 bisherige ZH 1/419) Ausgabe Januar 1993.

In diesen Grundsätzen wird festgelegt, welche Anforderungen Bauteile erfüllen müssen, damit sie z. B.

- bei Bauarbeiten,
- in der Dokumentation nach DIN 4426 beschriebenen Instandhaltungsarbeiten oder
- nach der Verordnung über Sicherheit und Gesundheitsschutz auf Baustellen (BaustellV) in der Unterlage beschriebenen Instandhaltungsarbeiten an der baulichen Anlage

als Arbeitsplatz oder Verkehrsweg genutzt werden können, oder wenn sie sich in der unmittelbaren Nähe von diesen befinden.

Bauteile, die diese Anforderungen nicht erfüllen, gelten als „nicht begehbare Bauteile" im Sinne des § 11 der Unfallverhütungsvorschrift „Bauarbeiten" (BGV C 22, bisherige VBG 37) und erfordern zusätzliche Arbeitsplätze und Verkehrswege.

Bei der Durchführung der Prüfung müssen realistische Umwelt-, Witterungs- und Temperatureinflüsse auf das Bauteil berücksichtigt werden.

2 Anwendungsbereich

Diese Grundsätze finden Anwendung auf die Prüfung und Beurteilung der Tragfähigkeit von Bauteilen und Verglasungen, die als Arbeitsplatz oder Verkehrsweg für die Ausführung von Bau- oder Instandhaltungsarbeiten einschließlich Reinigungsarbeiten bedingt betretbar oder durchsturzsicher sein müssen.

Sie finden keine Anwendung auf Bauteile und Verglasungen, die

- in öffentlich zugänglichen Verkehrsbereichen angeordnet sind,
- gegen seitliches Abstürzen schützen sollen und den entsprechenden Nachweis hierfür erbracht haben (z. B. Geländer, Shedverglasungen mit absturzsichernder Funktion),
- aufgrund allgemeiner praktischer Erfahrung als ausreichend sicher beurteilt werden können.

3 Begriffsbestimmung

Im Sinne dieser Grundsätze werden folgende Begriffe bestimmt.

3.1 Bauteile

Bauteile sind Bestandteile einer baulichen Anlage, die in diese auf Dauer oder vorübergehend eingebaut werden. Sie können auch aus mehreren Einzelteilen zusammengesetzt werden.

3.2 Bedingt betretbare Bauteile

Bauteile, die für Bauarbeiten und Instandhaltungsarbeiten betreten werden können. Sie erfüllen die Prüfanforderungen dieser Grundsätze.

3.3 Durchsturzsichere Bauteile

Bauteile, die vom Bauherrn oder Hersteller für ein Betreten nicht geplant sind, aber in einem horizontalen Abstand von < 2,00 m und vertikal in gleicher Höhe oder nicht höher als 0,50 m oberhalb von Arbeitsplätzen und Verkehrswegen eingebaut werden und zu diesen nicht abgesperrt sind. Formgebung, Größe oder Neigung der Bauteile zur Fallrichtung stürzender Personen schließen aus, dass die Aufprallkräfte in vollem Umfang auf das Bauteil einwirken können. Dieses sind z. B. Bauteile, die nicht ohne zusätzliche Hilfsmittel (z. B. lastverteilende Beläge) betreten werden können.

3.4 Bedingt betretbare Bauteile

Verglasungen, die nach DIN 4426 Ausgabe 2001 Abschnitt 8 „Einrichtungen zur Instandhaltung baulicher Anlagen" dokumentiert werden oder nach der Unterlage der Baustellenverordnung (BaustellV) § 3 (2) Nr. 3 entsprechend der Unterlage nur für Wartungs- und Inspektionsarbeiten betreten werden. Sie erfüllen die Prüfanforderungen dieser Grundsätze.

3.5 Durchsturzsichere Verglasungen

Verglasungen, die nicht bestimmungsgemäß betreten werden, aber in einem horizontalen Abstand von < 2,00 m und vertikal in gleicher Höhe oder nicht höher als 0,50 m oberhalb von Arbeitsplätzen und Verkehrswegen liegen und zu diesen nicht abgesperrt sind. Größe und Neigung der Bauteile zur Fallrichtung stürzender Personen schließen aus, dass die Aufprallkräfte in vollem Umfange auf die Verglasung einwirken können. Dieses sind z. B. Bauteile, die nicht ohne zusätzliche Hilfsmittel betreten werden können.

3.6 Unterlage nach Baustellenverordnung

Eine Zusammenstellung der zu berücksichtigenden erforderlichen Angaben zum Sicherheits- und Gesundheitsschutz bei möglichen späteren Arbeiten an der baulichen Anlage. Sie ist vom Bauherrn oder einem von ihm beauftragten Dritten zu erstellen.

3.7 Dokumentation

Angaben über die Nutzungsbedingungen und ggf. erforderlichen Prüfungen der nach DIN 4426 „Einrichtungen zur Instandhaltung baulicher Anlagen – sicherheitstechnische Anforderungen an Arbeitsplätze und Verkehrswege – Planung und Ausführung" geforderten Einrichtungen.

4 Prüfanforderungen

4.1 Allgemeine Anforderungen

4.1.1 Örtliche und sachliche Zuständigkeit

Die Prüfungen und Zertifizierungen werden durchgeführt vom

Fachausschuss „Bau"
Prüf- und Zertifizierungsstelle im BG-PRÜFZERT
Steinhäuser Straße 10
76135 Karlsruhe
Tel. (0721) 8102-610

Grundlage der Prüfung sind Berechnungsunterlagen als Nachweise über Standsicherheit und Tragfähigkeit, die sich in Übereinstimmung mit den „Einheitlichen Technischen Baubestimmungen" des Normausschusses Bauwesen im DIN befinden müssen. Der Nachweis kann auch durch Versuche geführt werden, wenn Art und Umfang der Versuche zuvor mit der Prüfstelle abgesprochen wurden und die Versuche an einer in der Bundesrepublik Deutschland amtlich anerkannten Materialprüfanstalt durchgeführt werden.

Die Prüf- und Zertifizierungsstelle kann den Antragssteller veranlassen, Teilprüfungen an dem Erzeugnis von anderen Sachverständigenstellen durchführen zu lassen. Die daraus resultierenden Prüfberichte und Prüfzeugnisse, die Angaben über die der Prüfung zugrunde gelegten Prüfanforderungen und Prüfergebnisse enthalten müssen, sind der Prüfstelle kostenfrei vorzulegen.

4.1.2 Stoßkörper

Zur Simulation des stürzenden menschlichen Körpers ist
folgender Prüfkörper zu verwenden:
Ein Sack aus grobem Leinen, der einen Sack gleicher Größe
aus dünnem Polyethylen enthält; dieser Sack ist mit gehärte-
ten Vollglaskugeln mit einem jeweiligen Durchmesser von
(3 ± 0,5) mm gefüllt, wobei die Masse M der Säcke und der
Kugeln (50 ± 0,2) kg betragen muss. Die Form des Sackes
ist in Bild 1 dargestellt (siehe auch DIN EN 596:1995).

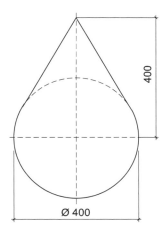
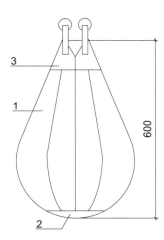

Bild 1
Leinensack

Die Seitenwand des sphärokonischen Sackes wird aus 8
zusammengenähten Streifen aus grobem Leinen (ungefähr
600 g pro m²) hergestellt.

Der Boden des Sackes wird durch ein eingenähtes rundes
Lederstück mit einem Durchmesser von 120 mm verstärkt.

Das obere Ende des Sackes ist leicht abgestumpft, um eine
Öffnung mit einem Durchmesser von 80 mm zu erhalten.
Diese Öffnung wird durch ein eingenähtes Lederband verstärkt, an dem 4 Ringe in gleichem Abstand voneinander
befestigt sind, die von einem Hängering zusammengehalten
werden.

4.1.3 Versuchsaufbau

Der Versuchsaufbau muss die Verhältnisse der zur Ausführung kommenden Konstruktion hinsichtlich Material, Abmessungen, Befestigung und Stützkonstruktion ausreichend

genau wiedergeben. Es sind die jeweils ungünstigsten Ausführungsvarianten zu prüfen. Bei der Versuchsdurchführung sind abhängig vom verwendeten Baustoff ggf. die realistischen Betriebstemperaturen (z. B. Sommer- oder Winterverhältnisse) zu berücksichtigen.

4.1.4 Anzahl der zu prüfenden Bauteile

Die Anzahl der zu prüfenden Bauteile wird abhängig von den unterschiedlichen Einbauzuständen und dem verwendeten Material von der Prüfstelle festgelegt. Im Allgemeinen sind Prüfungen an mindestens zwei gleichen Bauteilen je Versuchsaufbau erforderlich.

Falls der Schädigungsgrad der Konstruktion nach Teilprüfung eine sinnvolle Weiterführung der Versuche zulässt, dürfen die Prüfungen an den vorgeschädigten Bauteilen fortgesetzt werden.

4.1.5 Auftreffstelle

Auftreffstellen sind in der Regel die Stützweiten-Mitten und die Auflagerbereiche des Bauteiles.

Als Auftreffstellen sind diejenigen Stellen des Bauteiles zu wählen, bei deren dynamischer Beanspruchung die größte Wahrscheinlichkeit eines Versagens besteht. Sie sind von der Prüfstelle festzulegen.

4.1.6 Fallhöhe

4.1.6.1 Allgemeines

Die Fallhöhe ist der vertikale Abstand zwischen der Auftreffstelle und dem niedrigsten Punkt des darüberhängenden Stoßkörpers. Sie wird abhängig von Material und Konstruktion von der Prüfstelle festgelegt.

Bei Vorliegen entsprechender Erfahrung können die Auswirkungen ungünstiger Betriebstemperaturen z. B. Sommer- oder Winterbedingungen durch eine von der Prüfstelle festzulegende vergrößerte Fallhöhe berücksichtigt werden.

4.1.6.2 Fallhöhe für bedingt betretbare Bauteile

Für bedingt betretbare Bauteile muss die Fallhöhe mindestens 1,20 m + x betragen.

4.1.6.3 Fallhöhe für durchsturzsichere Bauteile

Für durchsturzsichere Bauteile muss die Fallhöhe mindestens 0,60 m betragen.

x = die ggf. erforderliche Vergrößerung der Fallhöhe z. B. wegen besonderer Lagerung, Temperatur und Witterungseinflüsse. Sie wird von der Prüfstelle festgelegt.

4.1.7 Versuchsdurchführung

4.1.7.1 Bedingt betretbare Bauteile

Der Stoßkörper wird auf die ggf. unter weiteren Personenlasten stehende Konstruktion abgeworfen. Nach dem Abwurf ist der Stoßkörper unverzüglich durch eine Personenlast (m = 100 kg, Aufstandsfläche 20 cm x 20 cm) in ungünstigster Stellung zu ersetzen. Die Belastung ist mindestens 15 Minuten auf dem zu prüfenden Bauteil zu belassen.

4.1.7.2 Durchsturzsichere Bauteile

Der Stoßkörper wird auf die Konstruktion abgeworfen, und ist 15 Min. auf dem zu prüfenden Bauteil zu belassen.

4.2 Zusätzliche Prüfanforderungen für Verglasungen

4.2.1 Grundsätzliches

Bei einer bedingt betretbaren bzw. durchsturzsicheren Verglasung handelt es sich in der Regel um eine Überkopfverglasung. Die bauaufsichtlichen Anforderungen an diese Verglasung werden durch diese Grundsätze nicht ersetzt. Sie regeln ausschließlich die zusätzlichen Anforderungen.

Da es bei durchsturzsicheren und bedingt betretbaren Verglasungen materialbedingt nie auszuschließen ist, dass ein scharfkantiger Gegenstand zum Bruch der obersten Verglasungsschicht führt, wird diese für Prüfungen grundsätzlich vorgeschädigt.

4.2.2 Bedingt betretbare Verglasung

4.2.2.1 Versuchsdurchführung Teil 1

Im ersten Versuchsteil wird überprüft, ob das zu prüfende Glasbauteil in der Lage ist, die planmäßigen Betretungslasten bei stoßbedingtem Ausfall der obersten Verglasungsschicht zu tragen. Dazu wird die oberste Glasschicht der unter planmäßiger Betretungslast stehenden Konstruktion durch Anschlagen gebrochen. Es ist ein statisch ungünstig wirkender Rissverlauf anzustreben. Die Betretungslasten sind mindestens 15 Minuten auf der geschädigten Konstruktion zu belassen.

4.2.2.2 Versuchsdurchführung Teil 2

Die Prüfungen des zweiten Versuchsteils dienen dazu, das Verhalten der Konstruktion bei Stoßeinwirkung durch den Sturz einer Person zu untersuchen. Dazu wird die durch den ersten Versuchsteil vorgeschädigte und ggf. unter weiteren Betretungslasten stehende Konstruktion Abwürfen entsprechend Abschnitt 4.1.7.1 unterzogen.

4.2.2.3 Durchsturzsichere Verglasung

Für durchsturzsichere Verglasung ist bei geschädigter oberster Verglasungsschicht der Versuch nach 4.1.6.3 und 4.1.7.2 durchzuführen.

4.3 Versuchsauswertung

Über die Versuche ist von der versuchsdurchführenden Stelle ein Bericht anzufertigen. Darin sind die geprüfte Konstruktion, die durchgeführten Prüfungen und das Versuchsergebnis zu dokumentieren. Die Nutzungsanweisung ist beizulegen.

Das Bauteil darf bei den Prüfungen beschädigt werden. Lösen sich bei den Prüfungen Bruchstücke aus dem Bauteil, die eine darunterliegende Verkehrsfläche gefährden können, so ist dies im Prüfbericht zu vermerken, damit erforderlichenfalls während der durchzuführenden Arbeiten diese Verkehrsflächen gesperrt werden.

4.3.1

Ein Bauteil oder eine Verglasung gilt als „bedingt betretbar"
im Sinne dieser Prüfgrundsätze, wenn es vom Stoßkörper
nicht durchschlagen wird und es trotz ggf. auftretender Beschädigungen in der Lage ist, die Betretungslast mindestens
15 Minuten zu halten.

4.3.2

Ein Bauteil oder eine Verglasung gilt als „durchsturzsicher"
im Sinne dieser Prüfgrundsätze, wenn es vom Stoßkörper
nicht durchschlagen wird und in der Lage ist, den Stoßkörper nach dem Stoß mindestens 15 Minuten zu halten.

4.3.3

In dem Bericht ist ferner anzugeben, für welchen Zeitraum
unter Berücksichtigung
• des verwendeten Materials,
• der ordnungsgemäßen Inspektion und Wartung,
• der vorgesehenen Nutzungsdauer,
die Konstruktion die festgestellte Gebrauchseigenschaft
behält.

5 Kennzeichnung

Prüfgegenstände, die vom Verwender an der Arbeitsstelle
aus Einzelteilen zusammengesetzt werden müssen, dürfen
mit dem GS-Zeichen bzw. mit dem BG-PRÜFZERT Zeichen
versehen werden, wenn in dessen unmittelbarer Nähe dauerhaft der Hinweis „Gebrauchsanleitung beachten" oder
diese selbst angebracht wird.